数据科学与大数据技术专业系列规划教材

Data Science Fundamentals with Python

Python 数据科学

基础与实践

U0287804

王仁武 / 编著

人民邮电出版社

北 京

图书在版编目（CIP）数据

Python数据科学基础与实践 / 王仁武编著. -- 北京：
人民邮电出版社，2021.11（2024.1重印）
数据科学与大数据技术专业系列规划教材
ISBN 978-7-115-55609-7

Ⅰ. ①P… Ⅱ. ①王… Ⅲ. ①软件工具－程序设计－
高等学校－教材 Ⅳ. ①TP311.561

中国版本图书馆CIP数据核字(2020)第255931号

内 容 提 要

本书采用数据科学领域中流行的编程语言之一——Python，讲解如何进行数据获取、数据分析、数据挖掘、文本挖掘和深度学习的相关知识，旨在帮助读者掌握从事数据科学工作的必备技能。

全书共9章，主要内容包括数据科学概述、Python 基础知识、Python 数据科学常用库、Python 数据获取、Python 数据分析、Python 数据挖掘、Python 文本挖掘、深度学习基础和深度学习应用。

本书可作为普通高等院校数据科学与大数据技术、大数据应用与管理等专业相关课程的教材，也可作为数据分析从业人员的参考书。

◆ 编　　著　王仁武
　　责任编辑　许金霞
　　责任印制　王　郁　马振武

◆ 人民邮电出版社出版发行　　北京市丰台区成寿寺路 11 号
　　邮编　100164　　电子邮件　315@ptpress.com.cn
　　网址　https://www.ptpress.com.cn
　　北京天宇星印刷厂印刷

◆ 开本：787×1092　1/16
　　印张：19.75　　　　　　　　　2021 年 11 月第 1 版
　　字数：560 千字　　　　　　　2024 年 1 月北京第 3 次印刷

定价：69.80 元

读者服务热线：**(010)81055256**　印装质量热线：**(010)81055316**
反盗版热线：**(010)81055315**
广告经营许可证：京东市监广登字 20170147 号

随着大数据与人工智能时代的到来，企业获取数据和信息变得越来越容易，对数据分析和利用的难度却日渐加大。数据逐渐成为企业重要的数字资产、现代商业社会的核心竞争力。随着过去几年数据科学的广泛应用，各类组织机构开始重新审视并希望充分利用自己的数字资产。各企事业单位对"数智化"转型有着迫切需求。几乎每家企业都在关注如何构建自己的数据中台，如何利用数据中台构建企业自己的数据银行，并将其作为企业各项业务的支撑。数据科学正是在这样的新时代背景下而备受学者和业界的重视。

截至 2019 年 3 月，全国设立数据科学与大数据技术专业的高校达到 483 所。同时，许多计算机与软件工程专业、统计与应用数学专业，以及图书情报专业也开设了数据科学方面的课程，而其他一些学科（例如经济管理大类中的经济学、金融学、企业管理、会计学等专业）也开设了相关的选修课程。事实上，Python 编程语言已经成为数据科学与人工智能领域的重要语言，相关专业更关注 Python 在数据科学方面的理论与实践。

"数智"时代，企业对既懂业务又具备数据分析和挖掘技能的人员是有迫切需求的。同样，在大众创业、万众创新的大背景下，学校在培养该类学生时也应注意其数据分析意识和素养的培养，应适当设置有关理论方法和实训的课程。因此，本书以 Python 编程为基础，注重数据管理、数据分析流程、数据中价值的分析挖掘、数据可视化，具有强化数据分析操作性和实战性的特点。本书有助于改善传统教学过程中"重理论、轻实践，重讲授、轻训练"的教学模式，在课程设计上兼顾数据思维、信息分析、技术支持、领域应用等具体环节，并通过提高学生的动手操作能力增强学生的就业竞争力与创新能力，真正培养出符合数据驱动时代社会需求的复合型专业人才。

本书分为基础篇、分析篇、挖掘篇和深度学习篇 4 个部分。

基础篇：包括数据科学概述（第 1 章）、Python 基础知识（第 2 章）与 Python 数据科学常用库（第 3 章）。主要内容涉及数据科学的概念、数据科学家的概念、数据科学家的必备技能、Python 与数据科学的关系、Python 编程的基本语法、Python 范儿编程和数据科学领域中常用的 Python 包（NumPy、Pandas、Matplotlib）的基本使用方法等。

分析篇：包括 Python 数据获取（第 4 章）和 Python 数据分析（第 5 章）。第 4 章内容包括 Python 数据获取的各种方法（从文件中获取、从数据库中获取、从网络接口获取、从网页获取），对获取的数据可采用 Pandas 进行数据清洗、数据集成与数据转换等数据预处理工作。第 5 章先介绍基础的数据分析方法（对比、分组、结构、分布与交叉等），然后介绍描述性统计分析、主成分分析、回归分析等常用的数据分析方法，每个分析方法都会结合 Python 的代码进行演示实现。

挖掘篇：包括 Python 数据挖掘（第 6 章）和 Python 文本挖掘（第 7 章）。数据挖掘部分首先简单介绍 Python 中知名的机器学习与数据挖掘库 Scikit-learn 的使用，然后结合实例详细介绍数据挖掘中常用的几个算法：决策树算法、朴素贝叶斯分类器、人工神经网络、集成学习、关联分析的 Apriori 与 FP-Growth 算法、聚类分析算法等。文本挖掘部分首先详细介绍文本挖掘的一般流程，以及文本挖掘的核心、基础文本特征提取与文本表示，然后以文本分类、文本情感分析、主题模型这 3 个应用为例结合 Python 相关代码做具体阐述。

深度学习篇：包括深度学习基础（第 8 章）与深度学习应用（第 9 章）。随着人类社会进入大数据与人工智能时代，数据科学与人工智能紧密结合，甚至逐渐融合。人工智能的相关技术正成为数据科学的基石与推动力，而人工智能的核心技术就是深度学习。深度学习基础部分首先介绍了深度学习的基本概念及其与传统机器学习的区别；然后重点介绍了目前最为常用的一个深度学习开发框架 PyTorch 的基本编程技术；最后介绍了最主要的两个深度学习技术（卷积神经网络与循环神经网络）。深度学习应用部分以图片数据和文本数据为例，分别介绍了使用 PyTorch 进行图片分类、迁移学习，以及文本命名实体识别。

本书所有实例的代码和数据可在人邮教育社区（www.ryjiaoyu.com）下载，建议使用 Jupyter Notebook 学习和使用本书的代码。

在本书的撰写过程中，李亚南、郅惠、邢晓鸣、王泽栋、刘娅娴、赖佳敏等多名研究生参与了章节内容的试读与代码的测试，谢谢你们的帮助与支持！同时，本书还得到了上海市软科学研究计划项目“重大需求挖掘的智能化方法探索”的支持。此外，本书在写作过程中还参考了一些国内外文献，在此谨对有关作者表示衷心的感谢。

数据科学发展迅速，本书中难免有疏漏和不足之处，敬请各位读者批评指正。

王仁武

华东师范大学

2021 年 5 月

目录

基础篇

1

分 析 篇

挖 掘 篇

深度学习篇

基 础 篇

第 **1** 章　数据科学概述

数据科学（Data Science）是近十年学界和业界的热门话题。数据科学已经在诸如 IT、金融、医学、自动驾驶等众多领域，甚至几乎在各行各业得到了广泛使用。近几年，国内几百家高校开设了与数据科学有关的专业。数据科学人才是这个时代紧缺的人才，数据科学家是这个时代的宠儿。要想成为数据科学家则需要掌握一定的技能，Python 语言将在这方面助我们一臂之力。数据科学概述的知识框架如图 1-1 所示。

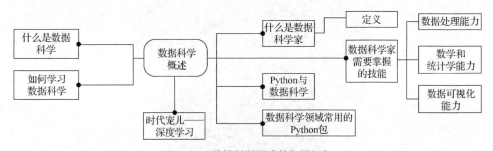

图 1-1　数据科学概述的知识框架

1.1　什么是数据科学

近十年来，"数据科学"的概念越来越热门。但对于究竟什么是"数据科学"，不同的时期、不同的专家给出了不同的答案。有些专家认为数据科学是计算机科学的一个分支，而另外一些专家则认为数据科学就是统计学的发展。此外，有专家认为数据科学是统计学加上它在计算技术方面的扩展，还有专家认为数据科学是计算机科学技术与数学、统计学知识及专业应用知识三者的交集。实际上数据科学集成了众多领域的知识，如信号处理、数学、统计学、概率模型技术和理论、不确定性建模、数据工程、计算机编程、模式识别、数据可视化、数据仓库、机器学习，以及从数据中获取规律和知识的高性能计算等。数据科学作为一门交叉学科，本书则比较偏向于"数据科学是一门包括了计算机、数学和统计知识、实质性专业知识的，强调以数据为导向的分析与决策的交叉学科"的定义。

本质上，数据科学是利用计算机强大的运算能力对各类数据进行处理，从海量数据中提取与分析信息，挖掘与发现知识的一门学科。这种数据驱动的研究模式已发展成科学研究的第四范式。正如《第四范式：数据密集型科学发现》这本书中将科研范式变革描述为它从几千年前的经验科学演化到近几百年的理论科学，直到几十年前兴起的计算科学乃至当前的 eScience 科学研究模式。随着第四科学研究范式的到来，各个学科领域逐步演化为计算学和信息学两大主要分支，例如生物领域的计算生物学与生物信息学等。在第四范式的科研模式中，大数据时代的背景特色浓郁，大数据生于科研又服务于科研，对于数据的生产、使用、管理、传播等提出了一定的要求。这个时候数据不是副产品，不是生产、科研、商业活动中的配角，我们要在数据的全生命周期中去管理和利用数据。数据更需要从科学、系统、全面的角度得到审视与研究。专业的数据研发团队力量膨胀，数据工作者的地位逐渐提升，数据工作者的社会认可度也随着"数据科学家"标签的诞生而得到提升，这些都推动着一种暂且称为"数据科学"的学科快速发展。所以数据科学是一门交叉、复杂、外延可以广泛延伸、具有巨大实践意义的新兴学科。

1.2 如何学习数据科学

数据科学的学习是一件既有趣又艰辛的事情。Metamarkets 公司的时任 CEO Mike Driscoll 认为，研究数据科学，一方面需要如极客那般刻苦钻研，一方面需要像统计学家那样拥有近乎完美的理论。但是数据科学家不只是极客与统计学家，数据科学家还要有扎实的编程能力。例如，既要熟练使用 **Python** 来处理与分析数据，又要掌握抽象的概率统计。数据科学是一项关于数据的工程，它需要从业者同时具备理论基础和工程经验。图 1-2 所示的韦恩图说明了研究数据科学需要的技能。

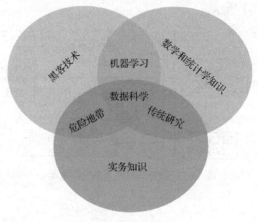

图1-2 韦恩图

1.3 什么是数据科学家

数据科学家，顾名思义就是数据科学的从业者。不同公司、不同机构对数据科学家的定位与描述存在一定差异。下面是数据科学家的一些特征。

■ IBM 从商业数据分析的角度认为数据科学家"一半是分析师，一半是艺术家"。

■ 格雷洛克风险投资公司把数据科学家描述成"能够管理和洞察数据的人"。

曾任埃森哲战略变革研究院主任的 Thomas H. Davenport 与美国科学促进会科学与技术政策研究员 D.J. Patil 则从不同角度对数据科学家给出了更多的描述，如下。

- 具有好奇心，倾向于用探索数据的方式来看待周围的世界。
- 具有问题分析与整理能力，能够把大量散乱的数据变成结构化的可供分析的数据，还能找出丰富的数据源、整合其他可能不完整的数据源，并整理成结果数据集。
- 具有快速学习的能力，能够在新的竞争环境中不断地挑战变化。随着新数据不断地流入，数据科学家能够适应从临时数据分析到持续的数据交互分析。
- 具有问题转化能力。尽管经常会遇到技术瓶颈，但他们能够找到新颖的解决方案。
- 精通业务。当他们有所发现，便交流他们的发现，并建议新的业务方向。
- 展示与沟通能力很强。他们能很有创造力地展示视觉化的信息，并且能容易地找到模式清晰而有说服力的方式来进行沟通。
- 能够提供决策支持。他们会把蕴含在数据中的规律提供给他人，从而影响产品、流程和决策。

1.4 数据科学家需要掌握的技能

尽管对数据科学家应该具备的技能已经有了很多讨论，如掌握计算机、数学、统计学、数据处理、数据可视化、机器学习、深度学习、沟通交流技巧，以及掌握某一领域的业务知识等，但是总结下来，本书认为数据科学家掌握下面 3 个方面的技能是最有必要的。

1. 数据处理能力：数据的获取和整理

数据科学家首先要能够获取与处理数据。数据以各种形式存在于各组织机构中，可能是文本文件、各种办公软件形成的文件、图片、音/视频等，也可能是信息系统存储的数据库中的数据。数据库可以是关系数据库，也可以是文档数据库，甚至还可以是大数据的存储架构 Hadoop/Spark。而更多的数据是存储在 Web 站点中，以网页的形式存在。数据科学家要能存取这些数据，并能对这些数据进行数据清洗、格式转换等处理工作。

2. 数学和统计学能力：数据挖掘

数据挖掘的核心技术是机器学习，数据挖掘将机器学习技术很好地应用到了具体业务中。数据科学家必须掌握数据挖掘与机器学习知识，而机器学习主要是大量的有监督与无监督的算法。Python 的 Scikit-learn 包中就含有这些算法，它们可以非常方便地、开源地、容易地被使用。但是如果要真正掌握这些算法的核心原理，数学与统计学知识必不可少。另外，数据科学不只是获取数据而后猜测其意义，它也包含假设检验，以确保你的数据结论是有效的。这也说明统计已成为数据科学家必备的一项基本技能。

3. 数据可视化能力：数据的提炼和展示

"一图胜千言"。可视化是数据分析的初步探索工作，也是每个阶段的关键步骤。数据可视化既是技术又是艺术。擅长数据可视化，对我们的数据科学生涯来说是锦上添花。

1.5 Python 与数据科学

随着 NumPy、Pandas、Matplotlib、SciPy、Scikit-learn 等众多程序库的开发，Python 越来越适合做科学计算，几年前就超越了 MATLAB 与 R 语言，现已经成为数据科学领域的首选语言。Python 不仅仅是脚本语言，还是一门真正的通用程序设计语言，应用范围相当广泛。除了应用于数据科学领域，Python 还可以用于众多的开发领域，如网络管理、网站开发、系统管理、通用业务应用程序开发等。Python 有众多程序库的支持，可跨平台，且完全开源。

尽管 Python 这门编程语言只是个"不经意之作"，但在 1994 年开始的几次 Python 研讨会中，很多人就已经参与并做出重要贡献，且有意将其打造成数学计算工具。20 多年过去了，Python 越战越勇，它已经成为数据科学与人工智能领域的首选语言之一。

Python 在数据科学领域的成功，要感谢其数据科学包 NumPy、Pandas 等的强大。随着 NumPy 的前身——Numeric 的诞生，Python 获得了一个高效且强大的数值运算工具。随后，NumPy 不断完善，再结合拥有强大数据处理与分析能力的 Pandas，使得 Python 成了数据科学领域编程语言"一哥"。关于 Pandas 必须提一下，它提供了超强的 DataFrame（数据框）功能，该数据框类似于 R 语言的数据框，但性能更强大。这也是 Python 能够超越 R 语言的一个重要原因。

在编程语言排行榜中，Python 长期位于前列。截至 2020 年 6 月，Python 在 TIOBE 流行编程语言排行榜中长期位于第三名。从图 1-3 中可以看出，Python 的排名比 R 语言高出了很多。

Jun 2020	Jun 2019	Change	Programming Language	Ratings	Change
1	2	︿	C	17.19%	+3.89%
2	1	﹀	Java	16.10%	+1.10%
3	3		Python	8.36%	-0.16%
4	4		C++	5.95%	-1.43%
5	6	︿	C#	4.73%	+0.24%
6	5	﹀	Visual Basic	4.69%	+0.07%
7	7		JavaScript	2.27%	-0.44%
8	8		PHP	2.26%	-0.30%
9	22	︽	R	2.19%	+1.27%
10	9	﹀	SQL	1.73%	-0.50%
11	11		Swift	1.46%	+0.04%
12	15	︿	Go	1.02%	-0.24%
13	13		Ruby	0.98%	-0.41%
14	10	︾	Assembly language	0.97%	-0.51%
15	18	︿	MATLAB	0.90%	-0.18%

图 1-3　2020 年 6 月 TIOBE 流行编程语言排行榜（前 15 名）

1.6　数据科学领域常用的 Python 包

用户掌握以下 5 个 Python 包，就可以完成绝大多数的数据分析与数据挖掘任务。

1. NumPy

NumPy 是 Python 进行高效数值计算的基础，如同样的运算，NumPy 要比 Python 内置的列表（list）快十几倍到几十倍。在后文的相关知识中大家会体会到，Python 自己的列表不适合做数值运算，NumPy 的诞生弥补了这一不足。NumPy 强大的科学计算功能依赖于两个基本对象：多维数组对象 ndarray 和通用函数 ufunc。ndarray 是存储单一数据类型的多维数组，而 ufunc 则是能够对数组进行运算的函数，可以面向数组的每一个元素进行计算。

NumPy 不提供高级数据分析功能，但有了 NumPy 的 ndarray 数组和面向数组每个元素计算的 ufunc，更高级别的数据分析工具（如 Pandas）便如虎添翼。

2. SciPy

SciPy 是一款方便、易于使用、专为科学和工程设计的 Python 工具包。它包括统计、优化、整合、线性代数模块、傅里叶变换、信号和图像处理、常微分方程求解器等。SciPy 库依赖于 NumPy，SciPy 库的建立就是为了其和 NumPy 数组一起工作，并提供许多数据科学与工程中需要用到的计算功能。

3. Pandas

Pandas 是 Python 的一个数据分析包，由专注于 Python 数据包开发的 PyData 开发团队开发和维护。Pandas 是为了解决数据分析任务而创建的。Pandas 提供了标准的数据模型、大量能够快速且便捷地处理数据的函数和方法，以及能够高效地操作大型数据集所需的工具。Pandas 建立在 NumPy 之上，可使以 NumPy 为中心的应用变得简单。正是 Pandas 使得 Python 成为强大而高效的数据分析工具，从而使其在许多领域逐渐取代 R 语言。Pandas 包含高级数据结构，它是一款可以让数据分析变得快速与简单的工具。

Pandas 提供了两种基本数据结构：序列与数据框。利用它们可以完成类似 SQL 数据库的绝大部分操作。Pandas 最初被作为金融数据分析工具而开发出来，因此 Pandas 为时间序列分析提供了很好的支持。Pandas 的名称来自面板数据（panel data）和 Python 数据分析（data analysis），panel data 是经济学中关于多维数据集的一个术语。Pandas 还提供了 Panel 数据结构。

另外，Pandas 也是进行数据清洗、整理的工具之一。

4. Matplotlib

Matplotlib 是 Python 的一个可视化模块，它让用户可以方便地制作线条图、饼图、柱状图及其他专业图形。通过数据绘图，我们可以将枯燥的数字转换成容易被人们理解的图表，从而给人留下更加深刻的印象。在 Jupyter Notebook 中使用时，Matplotlib 还有一些互动功能，如缩放和平移。本质上，Matplotlib 是基于 NumPy 的一套 Python 工具包。这个包提供了丰富的数据绘图工具，主要用于绘制一些统计图形，图 1-4 所示为各式各样的例子。

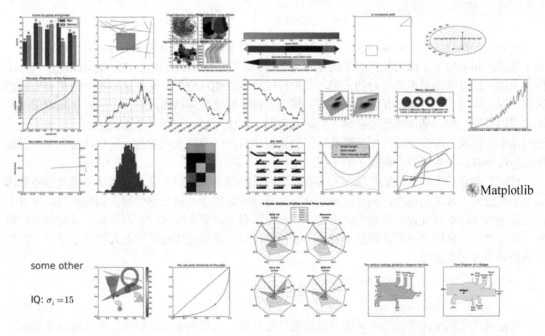

图 1-4 各种统计图形

Matplotlib 有一套允许定制各种属性的默认设置，用户可以设置 Matplotlib 中的每一个属性，如图像大小、每英寸点数、线宽、色彩和样式、子图、坐标轴和网格属性、文字和字体属性等。用户也可更改相关属性，以达到更为理想的效果。图 1-5 所示为一个三维图。

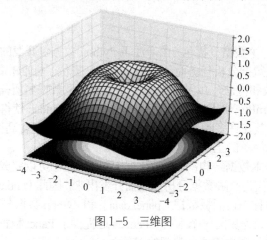

图 1-5　三维图

5. Scikit-learn

Scikit-learn 是基于 Python 的机器学习模块，它的基本功能主要被分为 6 个部分：分类、回归、聚类、数据降维、模型选择和数据预处理。具体内容可以参考官方网站上的文档。

Scikit-learn 自带一些经典的数据集，如用于分类的 iris 和 digits 数据集，以及用于回归分析的 boston house prices 数据集。Scikit-learn 建立在 SciPy 之上，提供了一套常用的机器学习算法，使用者能够通过一个统一的接口来使用这些算法。

1.7　时代宠儿——深度学习

随着人类社会进入大数据与人工智能时代，数据科学与人工智能紧密结合，甚至逐渐融合。人工智能的相关技术正成为数据科学的基石与推动力，而人工智能的核心技术就是深度学习。从广义上讲，深度学习是机器学习的子类，其在特征提取、图片分类、文本建模等方面都有较好的表现。深度学习算法的基础是各类神经网络模型。神经网络是包括输入层、中间层（隐藏层）和输出层的多层结构，基本流程是在输入层输入数据，在中间层（包括多个隐藏层）处理数据，在输出层输出结果。深度学习模型能够从给定的数据中自动学习特征或参数，无须任何人工干预或手动特征提取，不易受到主观意识的干扰。

传统机器学习大多数只能实现弱人工智能。但是随着大数据的发展，机器学习越来越不能满足人们对强人工智能的追求，因此以神经网络为基础的深度学习越来越受到人们的重视。深度学习对数据科学的重要性也日益增强，于是本书安排了有关内容介绍深度学习基础、深度学习的框架、深度学习经典模型（都是通过 Python 代码实现的），希望能够帮助读者入门深度学习，以适应数据科学未来的发展。

本章小结

数据科学是利用计算机的运算能力对数据进行处理，从数据中提取信息，进而形成"知识"的一门学科。

数据科学的学习是一件既有趣又艰辛的事情。学习者需要刻苦钻研，需要理论基础和工程经验。

数据科学家是能够管理和洞察数据的人,需要掌握统计学、数据处理、可视化、计算机科学、机器学习、沟通和演讲的技巧及某一领域的专业知识。

Python 在数据科学方面常用的工具包有 NumPy、SciPy、Pandas、Matplotlib、Scikit-learn 等。

习题

1. 什么是数据科学?
2. 什么是数据科学家?
3. 数据科学家需要掌握哪些技能?
4. 简述 Python 与数据科学的关系。
5. 简述 Python 在数据科学领域常用的工具包。

第**2**章 Python 基础知识

Python 是一门面向对象的计算机编程语言，也是一门功能十分强大的通用型语言，至今已有 30 年的发展历史。值得一提的是，它语法简洁，结构清晰，深受编程入门者的喜爱。与其他编程语言最大的不同在于，Python 采用缩进来定义语句块，它包含一组完善且容易理解的标准库，有众多的公共资源可以调用，而且它功能强大，能够轻松完成许多领域的任务。

总的来说，Python 是一门易读、易维护、对新人友好，并且受大量用户欢迎、用途广泛的编程语言，可以应用于多个领域，例如 Web 和 Internet 开发、科学计算和统计、人工智能、用户界面开发等领域。

目前，Python 语言在国内外都非常流行。有数据显示，Python 语言是国内外大学（如麻省理工学院、斯坦福大学及南京大学等）计算机科学系入门课程中最受欢迎的编程语言。谷歌公司在很多项目中使用 Python 作为网络应用程序开发的后端编程语言，包括 Gmail 等；国内的豆瓣与知乎等知名网站也是基于 Python 搭建的；此外，很多游戏也将 Python 作为后端开发语言。

根据上面的简单介绍，可以看到 Python 正越发受到重视，下面将逐一介绍 Python 的相关概念。Python 基础知识的知识框架如图 2-1 所示。

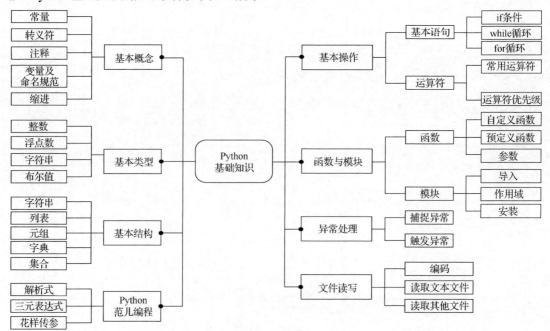

图 2-1　Python 基础知识的知识框架

8

2.1 Python 介绍

Python 是由荷兰人 Guido van Rossum（吉多·范罗苏姆）于 20 世纪 90 年代开发出来的编程语言。当初他只是想要尝试编写一种替代 ABC 这门编程语言的脚本语言，如今 Python 竟成为风靡全球的编程语言。Python 语法相对简单，符合人们的思维习惯，通过自带的集成环境直接执行源程序代码，而且可以在 Windows、Linux 等操作系统上运行。它最强大之处就在于拥有丰富、实用的第三方库，让我们能高效、灵活地编写程序以应付各领域的工作。

编程语言多种多样，但是有开源和闭源之分。Python 就是一门开放核心源代码（即开源）的编程语言。它编写代码的效率非常高，而且代码非常易读，适用于多人参与的项目。它支持面向对象的编程方式，同样也可以面向过程，非常灵活。它不但免费，而且可以任意复制、分发。正因为 Python 开源、灵活、容易获得，所以每一位使用者都可以阅读并修改代码。

本书中我们将使用 Anaconda 环境中的 Jupyter Notebook 来编写程序。下面将详细介绍 Anaconda 和 Jupyter Notebook 的使用方法。

2.1.1 Jupyter Notebook 简介及使用

1. Anaconda 简介

Anaconda 是一个 Python 的发行版，包含了 Python 很多常用的程序库，以及一个包管理器 Conda。Anaconda 能够通过包管理器 Conda 和推荐的基于浏览器的 Jupyter Notebook 开发环境，极大简化程序开发工作流程。这样不仅能够满足用户安装、更新、卸载工具包的需求，而且能够使用不同的虚拟环境隔离不同要求的项目，使用户更高效地工作。

2. Jupyter Notebook 简介

Anaconda 中的 Jupyter Notebook 是一款基于浏览器网页方式、用于交互计算的应用程序。其可被应用于以下过程：开发、文档编写、代码运行和结果展示。

Jupyter Notebook 提供了一个网页方式的开发环境，我们可以在其中编写代码、运行代码、查看结果和进行数据可视化。这些特性使其成为数据科学工作中一款非常便捷的工具，可以用于数据清洗、统计建模、机器学习模型的构建和训练等。

当你在构建项目原型时，Jupyter Notebook 的优势便凸显出来。因为在 Jupyter Notebook 中，你的代码是被写入独立的单元中并被单独执行的。这允许用户在测试项目中的特定代码块时无须每次都从代码的最开始执行。

Jupyter Notebook 具有良好的交互性，所以非常适合初学者使用。

3. Anaconda 环境的安装

接下来将介绍如何安装 Anaconda 环境和初次使用 Jupyter Notebook。

Anaconda 的安装步骤如下。

① 访问 Anaconda 官网。

② 单击 "Download Now" 图标，下载 Python 3.7 版本或者最新版本。根据计算机的版本选择 64-Bit Graphical Installer 或 32-Bit Graphical Installer。

③ 下载完成后，单击扩展名为.exe 的安装程序进行安装，在默认设置的 "Advanced Options" 中勾选 "Add Anaconda to the system PATH environment variable"，直接将 Anaconda 加入环境变量。然后按照安装程序提示继续安装，直到完成安装工作。

Jupyter Notebook 的初次使用步骤如下。

① 在搜索栏中搜索"cmd"或"Anaconda Prompt（Anaconda3）"，打开命令行窗口，输入 Jupyter Notebook，等待浏览器窗口弹出即可（使用的是计算机中的默认浏览器），注意命令行窗口进入的文件目录位置即 Jupyter Notebook 启动后的根目录位置；也可以直接打开 Anaconda 应用程序文件夹中的 Jupyter Notebook（Anaconda3）进行启动。

② 出现浏览器页面后，发现其左上角有个"Jupyter"图标，目录区显示当前目录下的子目录或文件。如果这时想要创建一个 Jupyter Notebook 文件，可以单击浏览器右上方的"New"按钮，再单击"Python 3"选项，此时出现标题为"Untitled"的 Jupyter Notebook 的空白使用界面，默认有一行空的单元格，我们即可在其中书写 Python 代码或文字描述。

4. Jupyter Notebook 使用说明

（1）输入、执行代码

在使用界面中，你会看到一个"In[]:"框，这个框叫作单元格。在单元格中输入需执行的代码，单击上方的"运行"按钮或按 Shift+Enter 快捷键执行代码。单元格下方将出现代码执行结果。例如，输入 1，按 Shift+Enter 快捷键，单元格下方得到结果 1。示例代码如下：

```
In: 1
Out: 1
```

其中，In[1]表示该代码在这个文件中第 1 次执行，Out[1]表示该结果在这个文件中第 1 次输出。

但需要注意的是，需要在同一个单元格中输出多个值时，应用 print 语句而不是直接输入。若直接输入，只会输出最后一个值。示例代码如下：

```
In: 1
    2
Out: 2

In: print(1)
    print(2)
Out: 1
     2
```

上述代码中，当直接输入两个数字时，Jupyter Notebook 只输出了最后一个值；当使用 print 语句时，则返回了两个值。因此，如果需要在同一单元格中输出多个值，应用 print 语句。另外，此时的 1 和 2 均被称为常量。关于更多常量的知识，可以参阅后文常量部分的内容。

（2）单元格格式

工具栏右侧有一个下拉框，它可以用于修改单元格格式。点开会看到有以下几个选项。

代码：单元格格式为正常的 Python 代码格式。

标记：单元格格式为 text 文档编辑格式，可在里面输入文本。

标题：单元格格式为标题格式。一个#号代表一级标题，两个#号代表 2 级标题，依此类推。

（3）修改文档名称并保存

修改文档名称：单击上方的"Untitled"或者单击"File"菜单中的"Rename"选项进行更名。

保存文件：按 Ctrl+S 快捷键保存文档，默认保存为.ipynb 格式，保存在主目录下。

（4）Jupyter Notebook 主目录

第一次启动 Jupyter Notebook 后所在的目录即为主目录或根目录。在 Jupyter Notebook（以下简称 Notebook）中指定主目录主要有以下两种方式。

　　① 打开指定目录，按住 Shift 键并且单击鼠标右键，单击"在此处打开 Powershell 窗口"选项，在弹出的命令行窗口中输入 jupyter notebook，即可弹出 Notebook 的使用界面。此时该指定目录即为主目录，启动后的 Notebook 中即显示了该主目录下的子目录与文件。

　　② 在命令行窗口中输入 cd/d C:\data 并回车，再输入 jupyter notebook 并回车，即可弹出 Notebook 的使用界面。其中，C:\data 为指定的目录，此时被设为主目录。读者可以根据自己的需要自行更改。

2.1.2　Python 基本概念

　　Python 不仅仅是脚本语言，它也是一门面向对象的编程语言。Python 中一切皆是对象，Python 中最常用的对象是常量和变量。常量是用于保存固定值的单元。在程序中，常量的值通常不能发生改变，常量的值类型通常为数字、字符串、布尔值。变量的概念基本上和数学中的方程变量是一样的，只是在 Python 程序中，变量不仅可以是数字，还可以是字符串等任意数据类型。除常量和变量，本小节还将介绍注释、缩进、转义符等基本操作。

1. 常量

　　常量的类型主要为数字、字符串、布尔值。数字又有整数、浮点数之分（另外还有虚数，在此不做介绍）。

　　（1）整数

　　Python 可以处理包含负数在内任意大小的整数，在程序中的表示方法和在数学上的写法完全相同，例如 2、-3、999、0 等。示例代码如下：

```
In: print(10)
    print(-5)
Out: 10
     -5
```

　　（2）浮点数

　　浮点数也就是小数。之所以称其为浮点数，是因为在科学记数法中，浮点数的小数点位置是可变的。例如，1.23 乘以 10^9，等于 12.3 乘以 10^8。示例代码如下：

```
In: print(1.23*10**9)
    print(12.3*10**8)
Out: 1230000000.0
     1230000000.0
```

　　对于过大或过小的浮点数，为了方便通常用科学记数法表示，用 e 代替 10。例如，10 的 10 次方可以写成 10e10，10 的-10 次方可以写成 10e-10。示例代码如下：

```
In: 10e2
Out: 1000.0


In: 10e-2
Out: 0.1
```

　　（3）字符串

　　字符串是用单引号或双引号引起来的任意文本，如'abc'、"xyz"等。需要注意的是，这里的单引号、双引号是英文状态下的引号，而且它们只是一种用于表示字符串的方式，并不是字符串的一部分。因此，字符串'xyz'只有 x、y 和 z 这 3 个字符。如果'本身也是一个字符，可以用""引起来，如"She's beautiful"。

　　关于一个字符串中同时出现单引号和双引号的情况，我们将在下面转义符中详细介绍。另外，还有三引号的字符串表示方法，后面的内容也会提到。

（4）布尔值

布尔值即逻辑值，表示真、假两种情况。真和假这两种布尔值分别用 True、False 表示，而且不可以同时存在。在 Python 中，可以直接用首字母大写的 True、False 表示布尔值，也可以通过布尔运算计算得到布尔值。示例代码如下：

```
In: print(True)
    print(False)
    print(10>1)
    print(10>100)
Out: True
     False
     True
     False
```

布尔值支持 and、or 和 not 等逻辑运算。其中"and"运算是"与"运算，只有所有值均为 True 时运算结果才是 True。示例代码如下：

```
In: print(True and True)
    print(True and False)
    print(False and False)
Out: True
     False
     False
```

"or"运算是"或"运算，只要其中有一个值为 True，运算结果就是 True。示例代码如下：

```
In: print(True or True)
    print(True or False)
    print(False or False)
Out: True
     True
     False
```

"not"运算是"非"运算，not 是一个单目运算符，可以实现 True 和 False 的转换。示例代码如下：

```
In: print(not True)
    print(not False)
Out: False
     True
```

布尔值经常应用在条件判断中。示例代码如下：

```
In: workingtime=20
    if workingtime>12:
      print("good")
    else:
      print("fighting")
Out: good
```

由于 workingtime 等于 20，20 大于 12，所以输出字符串 good。

2. 转义符

对于字符串中同时出现单引号和双引号的情况，我们可以使用转义符来实现字符串的可读。例如想用 Python 输出带双引号的"She's beautiful"字符串，可以写为"\"She's beautiful\""。

转义符除了能够帮助字符串实现单引号和双引号的输出，还有很多使用方式，如使用转义符\\来指示反斜杠本身。更多的转义字符及其描述如表 2-1 所示。

表 2-1　　　　　　　　　　　　　　　　　转义字符列表

转义字符	描述	转义字符	描述
\（在行尾时）	续行符	\n	换行
\\	反斜杠符号	\v	垂直制表符
\'	单引号	\t	水平制表符
\"	双引号	\r	回车
\a	响铃	\f	换页
\b	退格（Backspace）	\oyy	八进制数，yy 代表字符
\e	转义	\xyy	十进制数，yy 代表字符
\0	字符串，字符值为 0（空）	\other	其他的字符以普通格式输出

转义字符\可以转义很多字符，比如\n 表示换行，\t 表示水平制表符，字符\本身也要转义，所以\\表示的字符就是\。我们可以在 Python 的 Notebook 中的交互式命令行窗口用 print 语句输出字符串。示例代码如下：

```
In: print('Don\'t learn,\njust use it!')
Out: Don't learn,
     just use it!
```

如果字符串里面有很多字符需要转义，加入很多\会影响代码的可读性，因此为了简化，Python 允许使用 r 表示内部的字符串默认不转义。示例代码如下：

```
In: print('I\tlove python\\notebook')
Out: I    love python\notebook

In: print('\\python\tnotebook\\')
    print(r'\\python\tnotebook\\')
Out: \python    notebook\
    \\python\tnotebook\\
```

3. 注释

当我们在编写代码过程中，需要为部分代码添加文字解释以提高代码的可理解性时，或者要对他人的代码进行修改，需要保留一些并不执行的代码时，就需要对代码进行注释。在 Notebook 中用#注释单行代码。如果要注释的代码过长，则可用三引号进行注释。示例代码如下：

```
In: #假设要修改某位同学的代码，又想保留他的错误，可以用三引号实现代码块的注释
    '''
    a=1
    b=2
    c=3
    d=4
    e=5
    '''
    a=1.0
    b=2.0
    c=3.0
    d=4.0
    e=5.0
```

注释不仅仅可以对代码进行说明、解释，而且当一组代码执行产生问题时，还可以使用注释来检查或寻找产生问题的代码，这是学习过程中十分实用的方法。

按 Ctrl+？快捷键可以将选中的代码或文字批量注释，再按一次这个快捷键可以取消批量注释。

4. 变量及其命名规范

变量名必须是大小写英文字母、数字和下画线的组合，且不能用数字开头，例如变量 a、t_007、Answer 都是正确的变量命名方式。

在 Python 中，等号 "=" 是赋值符号，可以把任意数据类型的值赋给变量；同一个变量可以反复赋值，而且可以是不同数据类型的值。示例代码如下：

```
In: a=123
    print(a)        #a 是整数
    a='ABC'
    print(a)        #a 为字符串
Out: 123
     ABC
```

注意，不要将赋值语句中的等号等同于数学中的等号。示例代码如下：

```
In: x=10
    x=x+2
    x
Out: 12
```

如果单从数学上理解公式 $x = x + 2$，无论如何都是不成立的。但是在程序中，"=" 代表赋值，因此该语句先计算右侧的表达式 $x+2$，得到结果 12，再将结果赋给变量 x。此时，x 的值变成 12。

5. 缩进

缩进在 Python 中非常重要，它决定了代码行的层次，从而决定了语句执行的先后顺序。在 Python 中，规定同一层次的语句必须具有相同的缩进值。简而言之，Python 是用不同的缩进来表示不同的语句块的。例如，for 语句后具有相同缩进量的连续语句是其循环体。

但是为了避免跨平台时出现代码无法正常工作的情况，在编写 Python 代码时尽量不要混合使用制表符和空格来缩进。建议在每个缩进层次使用单个制表符、两个或四个空格。示例代码如下：

```
In: List=[1,2,3,4,5]
    num=0
    for i in List:
        if i<4:
            num=num+1
            print(num)
        else:
            pass
Out: 1
     2
     3
```

上述代码中，if 语句和 else 语句是同一层次的语句，是 for 语句后的循环体。num 语句和 print 语句是同一层次的语句，是 if 后面的语句块。因此 if 条件为真时，每次执行完 num 语句后，会立即输出 num 的值。

2.1.3　输入和输出

1. 输入

上文已展示了如何用 print 语句输出结果。对应地，Python 也提供了一个 input 语句来让用户输入字符串，并将字符串存放到一个变量里。例如，用户可以输入自己的姓名。示例代码如下：

```
In: name=input()
Out: Tom
```

当输入 name =input()并运行后，Python 就会在此代码下面显示输入框等待用户输入。这时可以输入任意字符，然后按 Enter 键完成输入。这里，用户输入的内容会存放到 name 变量中。接下来，用户可以直接输入 name 查看变量内容。示例代码如下：

```
In: name
Out: 'Tom'
```

在计算机程序中，变量不仅可以为整数或浮点数，还可以是字符串。因此，name 作为一个变量就是一个字符串。要输出 name 变量的内容，除了可以直接输入 name 后运行外，还可以用 print 语句。示例代码如下：

```
In: print(name)
Out: Tom
```

2. 输出

print 语句可以实现向屏幕上输出指定的文字。例如，输出 Hello,Python。示例代码如下：

```
In: print('Hello,Python')
Out: Hello,Python
In: print('The quick brown fox','jumps over','the lazy dog')
Out: The quick brown fox jumps over the lazy dog
```

print 语句也可以输出整数。示例代码如下：

```
In: print(300)
Out: 300
```

print 语句还可以输出计算结果。示例代码如下：

```
In: print(100+200)
Out: 300
```

为了美化界面，我们还可以在计算 100 + 200 的结果前加上说明。示例代码如下：

```
In: print('100+200=',100+200)
Out: 100+200= 300
```

对于数学公式 100+200，Python 解释器会自动计算出结果 300。但是，前面的'100+200 ='是字符串而非数学公式，Python 会把它视为字符串直接输出，而不会对字符串中的数字进行计算。

学习了输入和输出后，我们就可以把 print('hello, world')程序改成能够和用户进行交互的程序。示例代码如下：

```
In: name=input()
    print('hello,',name))
Out: Tom
    hello,Tom
```

运行上面的程序，第一行代码会让用户输入任意字符作为自己的名字，然后存入 name 变量中；第二行代码会根据用户的名字向用户说 hello，例如输入 Tom。示例代码如下：

```
In: name=input()
    print('hello,',name)
Out: Tom
In: name=input()
    print('hello,',name)
Out: Tom
    hello,Tom
```

但是程序在运行的时候，没有任何提示信息告诉用户需要输入自己的名字，这样会对用户不太友好，因此可以使用 input 语句显示一个字符串来提示用户输入信息。示例代码如下：

```
In: name=input('please enter your name:')
    print('hello,',name)
Out: please enter your name: Tom
```

再次运行这个程序就会发现，程序成功运行后，会首先输出 please enter your name:，这样，用户就可以根据提示输入名字，按 Enter 键后得到 hello,xxx 的输出结果，这里的 xxx 即为用户输入的名字。示例代码如下：

```
In: name=input('please enter your name:')
    print('hello,',name)
Out: please enter your name:Tom
    hello,Tom
```

2.1.4 运算符

1. 常用运算符

Python 包含着数学中的多种运算法则，如表 2-2 所示。

表 2-2　　　　　　　　　　　Python 的运算符

运算符	名称	说明	例子
+	加	两个对象相加	3 + 5 得到 8；'a' + 'b'得到'ab'
−	减	负数或是一个数减去另一个数	−5.2 是负数；50−24 得到 26
*	乘	两个数相乘或是返回一个被重复若干次的字符串	2 * 3 得到 6。'la' * 3 得到'lalala'
**	幂	返回 x 的 y 次幂	3 ** 4 得到 81（即 3 * 3 * 3 * 3）
/	除	x 除以 y	4.0/3 得到 1.3333333333333333
//	取整	返回商的整数部分	4 // 3 得到 1.0
%	取余	返回除法的余数	8%3 得到 2
<	小于	判断 x 是否小于 y。所有比较运算符返回 1 表示真，返回 0 表示假。这分别与特殊的变量 True 和 False 等价	5 < 3 返回 0（即 False），而 3 < 5 返回 1（即 True）；比较可以任意连接，如 3 < 5 < 7 返回 True
>	大于	判断 x 是否大于 y	5 > 3 返回 True；如果两个操作数都是数字，它们首先被转换为一种相同的类型，否则它总是返回 False
<=	小于或等于	判断 x 是否小于或等于 y	x = 3; y = 6; x <= y 返回 True
>=	大于或等于	判断 x 是否大于或等于 y	x = 4; y = 3; x >= y 返回 True
==	等于	比较两个对象是否相等	x = 2; y = 2; x == y 返回 True
!=	不等于	比较两个对象是否不相等	x = 2; y = 3; x != y 返回 True

2. 运算符优先级

表 2-3 所示为 Python 中的运算符优先级，并按照从高到低的顺序排列。这意味着在一个表达式中，如果没有括号，Python 会首先计算表中较上面的运算符，然后计算表下面的运算符。因此在书写 Python 代码时，为了代码的可读性，建议使用圆括号来对运算符和操作数进行分组，以便能够明确地指出运算的先后顺序。例如，在表达式 12+3 * 4 中，乘法先进行运算；而在表达式 (12 + 3) * 4 中，因有圆括号，故加法先进行运算。

表 2-3　　　　　　　　　　　　　　　运算符优先级（由高到低排列）

运算符	描述
**	指数运算符（最高优先级）
~、+、−	按位翻转、一元加号和一元减号运算符（最后两个的方法名为+@和−@）
*、/、%、//	乘、除、取模和取整运算符
+、−	加法、减法运算符
>>、<<	右移、左移运算符
&	位运算符，按位"与"运算
^、|	位运算符，按位"异或"运算、按位"或"运算
<=、<、>、>=	比较运算符
<>、==、!=	等于运算符
=、%=、/=、//=、−=、+=、*=、**=	赋值运算符
is、is not	身份运算符
in、not in	成员运算符
not、and、or	逻辑运算符

2.2　常见数据结构和基本语句

Python 中常见的数据结构可以统称为容器。序列（如字符串、列表、元组）、映射（如字典）和集合（set）是 Python 中 3 类主要的容器。本节将重点介绍字符串、列表、元组、字典、集合的概念及使用方法。

2.2.1　序列

序列为每个元素都分配一个数字，即它的位置，或称为索引。序列的索引值由 0 开始，到元素的个数−1 结束。序列包括字符串、列表和元组，其中字符串、元组的内容是不可改变的，而列表的内容是可改变的。

序列有着相同的访问模式：它的每一个元素都可以通过它的索引值得到，而要想一次得到多个元素，我们可通过切片操作实现。在利用 Python 解决各种实际问题的过程中，经常会遇到从某个对象中抽取部分值的情况，切片操作正是专门用于完成这一操作的"有力武器"。理论上讲，只要条件表达式得当，可以通过单次或多次切片操作实现任意切取目标值。切片操作的表达式为：<序列>[<起始位置> : <终止位置> : <步长>]。下文在介绍不同数据类型的序列时，将给出具体的切片例子进行分析。

下面先看看几个简单的字符串、列表、元组例子，初步了解字符串、列表和元组的表达形式。示例代码如下：

```
In: a='hello,"world"'            #字符串
    print(a)
    b=[1,2,3,4,'hello,world']     #列表
    print(b)
    c=('hello,world',2,3,4,5,6,7)  #元组
    print(c)
Out: hello,"world"
     [1,2,3,4,'hello,world']
     ('hello,world',2,3,4,5,6,7)
```

1. 字符串

字符串是程序中经常使用的对象。字符串的使用范围很广，如字符串的运算、利用切片操作取一个字符串中的部分字符、字符串的常用函数等。

（1）字符串连接

在 Python 中可使用"+"进行字符串的连接操作。在实际应用中，需要将字符串连续相加的情况是很少的，但当有这样的需求时，使用"+"操作符其实是最快的方式。示例代码如下：

```
In: s1='pyth'
    s2='on'
    s=s1+s2
    s
Out: 'python'
```

上述字符串 s1 和 s2 通过"+"连接在一起，形成了新的字符串 s。这个操作称为字符串的连接。

（2）提取部分字符串

在提取部分字符串前，先介绍一下利用切片操作进行部分字符串提取的表达形式。

<字符串名>[<起始位置> ： <终止位置> ： <步长>]

由此，可以得到从<起始位置>开始，间隔<步长>，到<终止位置>前一个字符结束的字符串。<起始位置>可省略，表示起始位置为 0；<终止位置>可省略，表示终止位置为末尾；<步长>省略表示步长为 1，不为 1 的步长不能省略。示例代码如下：

```
In: s='Python is a convenient programming tool'
    print(s[1])           #索引为 1 的字符
    print(s[0:10])        #索引为 0 到 10，步长为 1 到字符串
    print(s[:10])         #索引为 0 到 10，步长为 1 的字符串
    print(s[10:])         #索引为 10 到结尾，步长为 1 的字符串
    print(s[0:10:2])      #索引为 0 到 10，步长为 2 的字符串
    print(s[::-1])        #从起始位置到终止位置的字符，步长为-1
    print(len(s))         #字符串的长度
Out: y
     Python is
     Python is
     a convenient programming tool
     Pto s
     loot gnimmargorp tneinevnoc a si nohtyP
     39
```

子字符串的提取是基于切片思想进行的，切片思想在 Python 中具有十分重要的地位。在列表、元组中进行切片操作时，表达形式与上面的示例是相同的，只需将字符串名更换成列表名或元组

名，这部分内容在后面的相应内容中会有介绍。

（3）常用的字符串操作函数

常用的字符串操作函数及其描述如表 2-4 所示，其中 S 为字符串。

表 2-4 　　　　　　　　　　　常用的字符串操作函数及其描述

字符串函数	描述
S.count('a')	返回'a'在 S 中出现的次数
S.index('a')	返回 S 中第一个 a 的索引值，若不存在，则报错
S.upper()	将 S 中的字母全转换成大写字母
S.lower()	将 S 中的字母全转换成小写字母
S.find('a')	返回 S 中第一个 a 的索引值，若不存在，返回-1
S.rfind('a')	返回 S 中最后一个 a 的索引值，若不存在，返回-1
S.replace('a','e')	返回'a'被'e'取代后的字符串
S.split('a')	以列表的形式返回，S 中的 a 被切割掉
s.join(S)	用字符 S 将字符串 s 中每个元素连接起来形成新的字符串并返回
S.strip()	删除字符串首尾的空白字符
S.lstrip()	删除字符串首空白字符
S.rstrip()	删除字符串尾空白字符

上述字符串操作函数的示例代码如下：

```
In: S='  Banana  a'
    s='-'
    print(S.count('a'))          #返回'a'在 S 中出现的次数
    print(S.index('a'))          #返回 S 中的第一个 a 的索引值
    print(S.upper())             #将 S 中的字母全部换成大写字母
    print(s.lower())             #将 S 中的字母全部换成小写字母
    print(S.find('a'))           #返回 S 中第一个 a 的索引值，若不存在，返回-1
    print(S.rfind('a'))          #返回 S 中的最后一个 a 的索引值
    print(S.replace('a','e'))    #返回'a'被'e'取代后的字符串
    print(S.split('a'))          #以列表的形式返回,S 中的 a 被切割掉
    print(s.join(S))             #用字符串 s 将字符串 S 中每个元素连接起来形成新的字符串
    print(S.strip())             #删除 S 首尾的空白字符
    print(S.lstrip())            #删除 S 首空白字符
    print(S.rstrip())            #删除 S 尾空白字符
Out: 4
     4
       BANANA  A
     -
     4
     12
       Benene  e
     ['  B','n','n','  ','']
      - - -B-a-n-a-n-a- - - -a
     Banana  a
     Banana  a
       Banana  a
```

以上字符串操作函数为常用函数，若想查看更多的字符串操作函数，可以在单元格中输入 dir(str)，Notebook 将输出所有的字符串操作函数，再输入 help(str.函数名)，Notebook 将对此函数

给出详细的解释。示例代码如下：

```
In: dir(str)
Out: ['__add__',
      '__class__',
      '__contains__',
      '__delattr__',
      '__dir__',
      '__doc__',
      '__eq__',
      '__format__',
      '__ge__',
      '__getattribute__',

In: help(str.__add__)
Out: Help on wrapper_descriptor:

    __add__(self,value,/)
        Return self+value.
```

（4）字符串模块中的常量

用 import 调用 string 库，string 库中存在多个字符串常量。常用的字符串模块中的常量及其描述如表 2-5 所示。

表 2-5　　　　　　　常用字符串模块中的常量及其描述

字符串模块中的常量	描述	字符串模块中的常量	描述
string.digits	返回数字 0～9	string.punctuation	返回所有标点等
string.letters	返回所有字母，包含大小写	string.uppercase	返回所有大写字母
string.printable	返回可输出字符的字符串等	string.lowercase	返回所有小写字母

上述字符串模块中的常量的示例代码如下：

```
In: import string
    print(string.digits)              #数字0~9
    print(string.ascii_letters)       #所有字母（包含大小写）
    print(string.ascii_uppercase)     #所有大写字母
    print(string.ascii_lowercase)     #所有小写字母
    print(string.printable)           #可输出字符的字符串等
    print(string.punctuation)         #所有标点等
Out: 0123456789
    abcdefghijklmnopqrstuvwxyzABCDEFGHIJKLMNOPQRSTUVWXYZ
    ABCDEFGHIJKLMNOPQRSTUVWXYZ
    abcdefghijklmnopqrstuvwxyz
    0123456789abcdefghijklmnopqrstuvwxyzABCDEFGHIJKLMNOPQRSTUVWXYZ!"#$%&'()*
    +,-./:;<=>?@[\]^_`{|}~

    !"#$%&'()*+,-./:;<=>?@[\]^_`{|}~
```

2. 列表

列表是 Python 中最基本的数据结构，是对象的有序集合。列表中的内容是可以修改的，其长度也是可变的。

列表的定义语法如下。

<列表名称>[<列表项>]

列表定义的关键点是，用中括号（或称作方括号）将列表项括起来。其中多个列表项用逗号隔开，它们的类型可以相同，也可以不同，还可以是其他列表。例如：

```
date=[2019,11,25,10,59]
day=['sun','mon','tue','wed','thi','fri','sat']
today=[2019,11,25,'Mon']
data=[date,day]
```

以上几个列表均是合法的列表。使用列表时，通过<列表名>[索引号]的形式可以提取出单个或多个元素，索引号从 0 开始，即 0 是第 1 项的索引号。例如 date[0]的值是 2019、day[1]得到的值为 mon、data[1][3]得到的值为 wed。示例代码如下：

```
In: date=[2019,11,25,10,59]
    day=['sun','mon','tue','wed','thi','fri','sat']
    today=[2019,11,25,'sun']
    data=[date,day]
    print(date[0])
    print(day[1])
    print(data[1][3])        #输出 date 中索引为 1 的 day 中索引为 3 的值
Out: 2019
     mon
     wed
```

（1）创建一个列表

创建列表即使用方括号把用逗号分隔的不同的数据项括起来，如下所示：

```
list1 = ['Python','PyTorch''TensorFlow',2020]
list2 = [1,2,3,4,5,6,7 ]
list3 = ['a','b','c','d']
```

与字符串的索引一样，列表的索引也是从 0 开始的。

（2）访问列表中的值

我们可以通过索引来访问列表中的值，示例代码如下：

```
In: list1=['python','tensorflow',2019,2020]
    list2=[1,2,3,4,5,6,7,]
    list3=['a','b','c','d']
    print('list1[0]:',list1[0])
    print('list2[1:5]:',list2[1:5])
Out: list1[0]: python
     list2[1:5]: [2,3,4,5]
```

（3）更新列表

可以对列表的数据项进行修改或更新，也可以直接改变列表位置上的值。示例代码如下：

```
In: list=['python','tensorflow',2019,2020]
    print('list 中索引值为 2 的值:',list[2])
    list[2]=2018
    print('list 中索引值为 2 的修改值',list[2])
Out: list 中索引值为 2 的值: 2019
     list 中索引值为 2 的修改值 2018
```

（4）删除列表元素

可以使用 del 关键字直接删除列表中的元素。示例代码如下：

```
In: list=['python','tensorflow',2019,2020]
```

```
del list[2]
print('删除索引值为 2 的值后的列表为: ',list)
```
Out: 删除索引值为 2 的值后的列表为: ['python','tensorflow',2020]

（5）Python 列表的基本操作符

列表对"+"和"*"的操作与字符串中相似，"+"号用于列表的组合，"*"号用于列表的重复，如表 2-6 所示。

表 2-6　　　　　　　　　　　　　　Python 列表的基本操作符

Python 表达式	结果	描述
len([1,2,3])	3	长度
[1,2,3] + [4,5,6]	[1,2,3,4,5,6]	组合
['Hi!'] * 4	['Hi!','Hi!','Hi!','Hi!']	重复
3 in [1,2,3]	True	元素是否存在于列表中

（6）Python 列表截取

Python 的列表截取与字符串操作相似。

列表 L = ['a','b','c']，进行截取操作，如表 2-7 所示。

表 2-7　　　　　　　　　　　　　　Python 列表截取

Python 表达式	结果	描述
L[2]	'c'	读取列表中第三个元素
L[-2]	'b'	读取列表中倒数第二个元素
L[1:]	['b', 'c']	从第二个元素开始截取列表

（7）Python 列表操作的函数和方法

列表操作包含以下函数，如表 2-8 所示。

表 2-8　　　　　　　　　　　　　　Python 列表操作的函数

函数名	描述	函数名	描述
len(list)	返回列表元素个数	min(list)	返回列表元素中的最小值
max(list)	返回列表元素中的最大值	list(seq)	将元组转换为列表

列表操作包含以下方法，如表 2-9 所示。

表 2-9　　　　　　　　　　　　　　Python 列表操作的方法

列表操作方法	描述
list.append(obj)	在列表末尾添加新的对象
list.count(obj)	统计某个元素在列表中出现的次数
list.extend(seq)	在列表末尾一次性追加另一个序列中的多个值（用新列表扩展原来的列表）
list.index(obj)	从列表中找出某个值第一个匹配项的索引位置
list.insert(index, obj)	将对象插入列表
list.pop(obj=list[-1])	移除列表中的一个元素（默认最后一个元素），并且返回该元素的值
list.remove(obj)	移除列表中某个值的第一个匹配项
list.reverse()	将列表中的元素反向
list.sort([func])	对原列表进行排序

3. 元组

元组和列表十分类似，区别在于元组的内容是不可修改的，而用户可以对列表中的元素进行修改。元组通过在小括号（或称作圆括号）中用逗号分隔的元素来定义。例如，('Mondy','100 元',

22

3,4,'PYTHON')是一个元组。元组的基本使用方法与列表相同，只是不能修改、删除、增加其中的元素。示例代码如下：

```
In: garden=('Bird of Paradise','rose','tulip','lotus','olive','Sunflower')
    print('Number of flowers in the garden is',len(garden))
    i=2
    print('flower',i,'is',garden[i-1])
    new_garden=('Phlox','Peach Blossom',garden)
    i=1
    print('flower',i,'is',garden[i-1])
Out: Number of flowers in the garden is 6
    flower 2 is rose
    flower 1 is Bird of Paradise
```

元组数据也可以进行诸多运算，如表 2-10 所示。

表 2-10　　　　　　　　　　　　　　　　元组的运算

运算格式/举例	说明/结果	运算格式/举例	说明/结果
T1()	空元组	len(T3)	求元组的长度
T2=(2019,)	有一项的元组	T3+T4	合并
T3=(2019, 2, 9, 19, 54)	5 项，整数元组，索引号 0~4	T3*3	重复，T3 重复 3 次
T4= ('sun',('mon','tue','wed'))	2 项，嵌套的元组	for x in T3	循环，x 取 T3 中的每个项执行循环体
T3[i]，T4[i][j]	索引，T3[1]的值为 2，T4[1][1]的值为'tue'	19 in T3	判断 19 是否是 L2 中的项
T3[i:j]	切片，取 i 到 j-1 的项	—	—

2.2.2　字典

字典（dict）是无序对象的集合，通过键值对进行操作。类似于通讯录，通过姓名来查找电话号码、地址等信息，其中姓名就是键，而电话号码、地址就是姓名对应的值。但与通讯录不同，字典要求"一定要没有同名的人"，即键不能重复。

字典的定义如下。

```
<字典名>={键1:值1,键2:值2,键3:值3,…}
```

其中，键 1、键 2、键 3 各不相同且必须是独一无二的，而值可以是元组、列表等任何类型的数据。字典定义中使用的是大括号（或称作花括号）将键值对括起来，键值对通过逗号隔开，键和值之间用冒号隔开。注意：只能对字典中的键执行增加和删除操作，不能对其修改，而字典中的值可以修改。

字典的常用操作如表 2-11 所示。

表 2-11　　　　　　　　　　　　　　　　字典的常用操作

运算格式/举例	说明/结果
d1={}	创建名为 d1 的空字典
d2={'class':'jianhuan','year':'2011'}	创建包含两项名为 d2 的字典
d3={'xjtu':{'class':'huagong','year':'2011'}}	字典的嵌套
d2['class']，d3['xjtu']['class']	按照键访问字典的值
d2.keys()	获得字典 d2 键的列表

运算格式/举例	说明/结果
d2.values()	获得字典 d2 值的列表
len(d2)	求字典 d2 的长度
d2['year']=2020	改变字典 d2 中'year'键的值
del d2['year']	删除字典 d2 中的'year'键

1. 创建字典

我们可以直接创建一个字典，示例代码如下：

```
In: dict1={'Name':'Wang','Age':10,'class':'old'}
    dict1
Out: {'Name': 'Wang','Age': 10,'class': 'old'}
```

2. 增加键值对

给刚刚创建的字典增加一个新的键值对，用"字典名[键]=值"即可，示例代码如下：

```
In: dict1['grade']=95
    dict1
Out: {'Name': 'Wang','Age': 10,'class': 'old','grade': 95}
```

3. 访问字典的值

要访问字典中键对应的值，使用"字典名[键]"即可，示例代码如下：

```
In: dict={'Name':'wang','Age':50,'Class':'old'}
    print("dict['Name']:",dict['Name'])
    print("dict['Age']:",dict['Age'])
Out: dict['Name']: wang
     dict['Age']: 50
```

如果用字典里没有的键访问，会提示错误，示例代码如下：

```
In: dict={'Name':'wang','Age':50,'Class':'old'}
    print("dict['Li']:",dict['Li'])
Out: KeyError                         Traceback (most recent call last)
    <ipython-input-16-5ff7012f4233> in <module>
        1 dict={'Name':'wang','Age':50,'Class':'old'}
    ----> 2 print("dict['Li']:",dict['Li'])

    KeyError: 'Li'
```

4. 修改字典

前文提到字典中的键是不能修改的，但值是可以修改的，使用"字典名[键]=修改值"即可，示例代码如下：

```
In: dict1['grade']=100
    dict1
Out: {'Name': 'Wang','Age': 10,'class': 'old','grade': 100}
```

5. 删除字典元素

删除字典元素可以选择删除某一键值对，也可以清空整个字典。删除某一键值对使用"del

字典名[键]"即可，若要清空整个字典则可以使用"del 字典名"或"字典名.clear()"。示例代码如下：

```
In: dict={'Name':'wang','Age':50,'Class':'old'}
    del dict['Name']          #删除键是'Name'的键值对
    print(dict)
Out: {'Age': 50,'Class': 'old'}
```

```
In: dict={'Name':'wang','Age':50,'Class':'old'}
    dict.clear()              #清空词典中所有条目
    print(dict)
Out: {}
```

```
In: dict={'Name':'wang','Age':50,'Class':'old'}
    del dict
    print(dict)
Out: <class 'dict'>
```

6. 字典键的特性

通过字典键可以取出用户想要的任何 Python 对象，既可以是标准的对象，也可以是用户自定义的对象，但键在取值时有以下约束条件。

① 不允许同一个键出现两次。创建时如果同一个键被赋值两次，系统会默认使用最后一个值，示例代码如下：

```
In: dict={'Name':'wang','Age':50,'Name':'Li'}
    print("dict['Name']:",dict['Name'])
Out: dict['Name']: Li
```

② 键必须不可变，键可以是数字、字符串或元组，但不可以是列表。示例代码如下：

```
In: dict={['Name']:'wang','Age':50}
    print("dict['Name']:",dict['Name'])
Out: TypeError                        Traceback (most recent call last)
    <ipython-input-22-cd7acd961a8d> in <module>
    ----> 1 dict={['Name']:'wang','Age':50}
          2 print("dict['Name']:",dict['Name'])

    TypeError: unhashable type: 'list'
```

7. 字典内置函数和方法

Python 中字典包含了以下内置函数，如表 2-12 所示。

表 2-12　　　　　　　　　　　　　　　　字典内置函数

字典内置函数	描述
len(D)	计算字典 D 元素个数，即键的总数
str(D)	输出字典 D 可输出的字符串
type(D)	返回输入的变量类型，如果变量是字典就返回字典类型

Python 中字典包含了以下内置方法，如表 2-13 所示。

表 2-13 字典内置方法

字典内置方法	描述
D.clear()	删除字典 D 内所有元素
D.copy()	返回一个字典 D 的浅复制,也即浅拷贝,注意理解浅拷贝与深拷贝的概念
D.fromkeys(seq,[value])	创建一个新字典,以序列 seq 中的元素做字典的键,value 为字典所有键对应的初始值
D.get(key, default)	返回指定键的值,若值不在字典中则返回 default
D.items()	以列表的形式返回可遍历的(键,值)元组数组
D.keys()	以列表的形式返回一个字典所有的键
D.setdefault(key,default=None)	和 get()类似,但如果键已经不存在于字典中,将会添加键并将值设为 default
D.update(dict2)	把字典 dict2 的键值对更新到字典 D 中
D.values()	以列表的形式返回字典中的所有值
D.pop(key,default)	删除字典中给定 key 所对应的值,并返回被删除值,否则返回 default

8. 字典的特点

字典的特点在于使用键值对(key-value)存储,具有极快的查找速度。

举个例子,假设要根据同学的名字查找对应的成绩,如果用列表实现,则需要两个列表,示例代码如下:

```
In: names=['Machael','Bob','Tracy']
    scores=[95,75,85]
Out:
```

给定一个名字,要查找对应的成绩,就先要在 names 中找到对应的位置,再从 scores 取出对应的成绩,列表越长,耗时越长。如果用字典实现,只需要一个"名字"—"成绩"的对照表,直接根据名字查找成绩。无论这个表有多大,字典查找速度相比列表而言都会快很多。在 Python 中创建一个字典,示例代码如下:

```
In: d={'Micheal':95,'Bob':75,'Tracy':85}
    d['Micheal']
Out: 95
```

为什么字典查找速度会比列表快很多?想象一下小学时候查字典,假设字典包含了 1 万个汉字,我们要查某一个字,一种办法是把字典从第一页往后翻,直到找到我们想要的字为止。这种方法就是在列表中查找元素的方法,字典越大,我们找到想要找的那个字就会越慢。

第二种方法是先在字典的索引表里(如部首表)查这个字对应的页码,然后直接翻到该页,找到这个字,这种方法就是字典的实现方式。无论找哪个字,这种方法的查找速度都非常快,不会随着字典内容的增加而变慢。给定一个名字,例如 Tracy,字典在内部就可以直接计算出 Tracy 对应的存放成绩的"页码",也就是 85 这个数字存放的内存地址,然后直接取出来,所以速度非常快。这种 key-value 存储方式在放进去的时候,必须根据 key 算出 value 的存放位置,这样取的时候才能根据 key 直接拿到 value。

要把数据放入字典,除了可以在初始化时指定外,还可以通过 key 放入,示例代码如下:

```
In: d={'Micheal':95,'Bob':75,'Tracy':85}
    d['Adam']=67
    d
Out: {'Micheal': 95,'Bob': 75,'Tracy': 85,'Adam': 67}
```

由于一个 key 只能对应一个 value，所以多次向一个 key 放入 value 时，后面的值会把前面的值覆盖掉，示例代码如下：

```
In: d={'Micheal':95,'Bob':75,'Tracy':85}
    d['Adam']=45
    d['Adam']=90
    d
Out: {'Micheal': 95,'Bob': 75,'Tracy': 85,'Adam': 90}
```

如果 key 不存在，就会报错，示例代码如下：

```
In: d['Thomas']
Out: KeyError                          Traceback (most recent call last)
     <ipython-input-28-bf27a9c462ee> in <module>
     ----> 1 d['Thomas']

     KeyError: 'Thomas'
```

要避免 key 不存在的错误，有以下两种方法。

方法 1：通过 in 判断 key 是否存在。示例代码如下：

```
In: 'Thomas' in d
Out: False
```

方法 2：通过字典提供的 get()方法，如果 key 不存在，则返回 None 或自己指定的 value。示例代码如下：

```
In: d.get('Thomas',-1)
Out: -1
```

要删除一个 key，可以使用 pop(key)方法，对应的 value 也会从字典中删除，示例代码如下：

```
In: d={'Micheal':95,'Bob':75,'Tracy':85}
    print(d.pop('Bob'))
    print(d)
Out: 75
    {'Micheal': 95,'Tracy': 85}
```

2.2.3　集合

Python 中的集合是一个无序、不重复的元素集，它不支持索引、切片或其他类序列的操作。集合具有 4 种基础运算方法（并、交、差、补）和两种关系运算操作（判断子集关系和包含关系）。字典和集合非常相似，唯一区别仅在于集合没有存储对应的值。

1.　创建集合

可以传入列表或字符串到 set()中来创建集合，示例代码如下：

```
In: s=set([1,2,3])
    print(s)
Out: {1,2,3}
```

传入的参数[1,2,3]是一个 list，而显示的{1,2,3}只是告诉你这个集合内部有 1、2、3 这 3 个元素。
重复元素在集合中会自动被过滤，示例代码如下：

```
In: s=set([1,1,2,3,3,3])
    print(s)
Out: {1,2,3}
```

2.　集合的内置方法

和字典相似，集合中也内置了多种方法，如表 2-14 所示。

表 2-14   集合内置方法

集合内置方法	描述
S.add(a)	向集合中添加一个新的元素 a，如果元素已经存在，则不添加
S.remove(a)	从集合中删除一个元素 a，如果元素不在集合中，则会产生一个 KeyError 异常
S.discard(a)	从集合 S 中移除一个元素 a
S.clear()	清空集合内的所有元素
S.copy()	对集合进行一次浅复制
S.pop()	从集合 S 中删除一个随机元素，如果此集合为空，则引发 KeyError 异常
S.update(s1)	用集合 S 与 s1 得到的全集更新变量 S

3. 集合的基础运算方法

集合有 4 种基础运算方法：并、交、差、补。具体的描述如表 2-15 所示。

表 2-15   集合的 4 种基础运算方法

基础运算方法 （A、B 为两个集合）	描述
并运算：A|B	返回一个新集合，包含集合 A 和 B 中的所有元素
差运算：A–B	返回一个新的集合，包含在集合 A 中但是不在集合 B 中的元素
交运算：A&B	返回一个新集合，包含既在集合 A 中又在集合 B 中的元素
补运算：A^B	返回一个新集合，包含集合 A 和集合 B 的不相同元素

示例代码如下：

```
In: A={1,2,3,4}
    B={2,3,4,5}
    A|B
Out: {1,2,3,4,5}

In: A-B
Out: {1}

In: A&B
Out: { 2,3,4}

In: A^B
Out: {1,5}
```

4. 集合的关系运算操作

集合有两种关系运算操作：判断集合之间的子集关系和判断集合之间的包含关系。
假设存在集合 A 和 B。
输入 A<=B 或 A<B，通过返回的是 True 还是 False 来判断 A 是否是 B 的子集。
输入 A>=B 或 A>B，通过返回的是 True 还是 False 来判断 A 是否包含 B。
示例代码如下：

```
In: A={1,2,3,4,5,6,7}
    B={2,3,4,5}
```

```
Out:

In: A>B
Out: True
```

```
In: A<B
Out: False
```

由集合性质可知，B 是 A 的子集，故输入 A>B 时，返回 True；输入 A<B 时，返回 False。

2.2.4　基本语句

基本语句是告诉计算机做某些事情的指令，例如改变变量、向屏幕输出内容、引导用户输入及其他大量复杂的操作等。

Python 基本语句包含顺序结构、选择结构和循环结构。顺序结构即按照书写顺序依次执行。有时候我们需要根据特定的情况，有选择地执行某些语句，此时我们就需要一种选择结构的语句。另外，有时候我们还可以在给定条件下重复执行某些语句，这时我们称这些语句是循环结构。有了这 3 种基本的结构，我们就能够构建任意复杂的程序了。下面将主要介绍 Python 的一些入门语句，主要包括 if 条件语句、while 循环语句、for 循环语句的使用。

1．if 条件语句

Python 的 if 语句用来判定给出的条件是否得到满足，然后根据判断的结果决定是否执行后续的代码。if 语句由 3 部分组成：关键字 if 本身、测试条件真假的表达式（简称为条件表达式）和表达式结果为真（即表达式的值为非零）时要执行的代码。其语法格式如下：

```
if<条件>:
    <if 块>
else:
    <else 块>
```

if 语句用来检验一个条件，如果<条件>为真，if 块的代码会成功执行，否则将执行 else 块中的代码。其中，else 从句是可选的。

在语法格式中的 if 块和 else 块中，既可以包含多个语句，也可以只有一个语句。但是语句体由多个语句组成时，要有统一的缩进形式，否则就会出现逻辑错误（即语法检查没错，结果却未达到预期）。示例代码如下：

```
In: #示例A
    i=1
    if i<2:
        i=i+1
        if i<2:
            i+i+1
        print(i)
Out: 2
```

```
In: #示例B
    i=1
    if i<2:
        i=i+1
        if i<2:
```

```
        i+i+1
        print(i)
Out:
```

上述代码中，print(i)的缩进不同导致了输出结果的不同。示例 A 中的 print(i)的缩进与第二个 if 相同，位于第一个 if 的语句块内，执行完第二个 if 语句块后，i<2 的条件测试不通过，后续语句 i=i+1 没有执行，但仍输出了先前的 i 值。示例 B 中的 print(i)位于第二个 if 的语句块内，输出的是第二个 if 语句块执行后的结果，但因为 i<2 条件测试不通过，所以后续代码没有执行，程序直接返回了空值。

另外，经常会遇到需要检查两个以上条件的情形，对此可使用 Python 提供的 if-elif-else 语句。Python 最终只会执行 if-elif-else 中的一个语句体。在执行代码时，它会依次检查每个条件测试，直到找到通过测试的条件，然后程序会执行紧接着该条件后面的语句体并跳过后续的条件测试。elif 代码块可以根据情况同时使用多个。示例代码如下：

```
In: ticket=0
    age=10
    if age<6:
        ticket=0
    elif age<18:
        ticket=30
    elif age<60:
        ticket=60
    else:
        ticket=10
    print("门票价格为"+str(ticket)+"元")
Out: 门票价格为 30 元
```

上述代码以公园针对不同年龄段游客收取不同的票价为例，6 岁以下的儿童免费，6 岁及以上 18 岁以下的未成年儿童收取半价 30 元，18 岁及以上 60 岁以下的成年人收取全价 60 元。60 岁及以上的老人收取 10 元。程序依次判断每个 elif 条件，直到找到符合 age<18 的条件后结束后续条件测试并将票价 30 赋给 ticket。

2. while 循环语句

在 Python 语言中，除了顺序结构和选择结构，还有一种常见的结构：循环结构。所谓循环结构，就是在给定的条件为真的情况下，重复执行某些操作。具体而言，Python 语言中的循环结构包含两种语句，分别是 while 循环语句和 for 循环语句。

Python 中 while 语句的功能是：当给定的条件表达式为真时，重复执行循环体（即需要重复的操作），直到条件为假时才退出循环，并执行循环体后面的语句。while 语句的语法格式如下：

```
while <条件>:
<循环体>
```

示例代码如下：

```
In: i=1
    while i<10:
        print(i)
        i=i+1
Out: 1
    2
    3
```

```
4
5
6
7
8
9
```

在 while 循环中，<条件>后有一个冒号，<循环体>要使用缩进的格式。

3. for 循环语句

Python 中的 for 循环是从某个对象那里依次将元素读取出来，可以遍历任何序列的项目，如一个列表或一个字符串。其语法格式如下：

```
for <循环变量> in <序列>:
    <循环体>
```

它在一个序列的对象上递归，即逐一使用序列中的每个项目，对每个项目执行一次循环体。常用格式的示例代码如下：

```
for <循环变量> in range(N1,N2,N3):
    <循环体>
```

其中，N1 表示起始值，N2 表示终止值，N3 表示步长。<循环变量>依次取从 N1 开始、间隔 N3、到 N2-1 终止的数值，执行<循环体>。示例代码如下：

```
In: for i in range(1,10,3):
        print(i)
    print('The loop is over')
Out: 1
     4
     7
     The loop is over
```

2.3　函数和模块

很多时候，Python 程序中的语句都会组织成函数的形式。函数即完成特定功能的一个语句组，我们可以给它命名。这样，我们就可以通过函数名在程序的不同地方多次执行该语句组（这种操作方式通常叫作函数调用），不需要在所有地方都重复编写这些语句。另外，每次使用函数时可以提供不同的参数作为输入，以便对不同的数据进行处理；函数处理后，还可以将相应的结果返回给用户。

2.3.1　函数

函数包括自定义函数和系统自带函数(也称作内置函数)。自定义函数即用户自己编写的函数；而系统自带函数即 Python 中内置的函数，如之前使用过的 range()函数就是一个内置函数。Python 的函数名后都有一对小括号，可以接受参数传入，也可以没有参数。在称 Python 函数时，下面两种说法都可以，print 函数或 print()函数。

1. 调用函数

Python 内置了很多有用的函数，我们可以直接调用。要调用一个函数，首先需要知道函数的名称和所需参数。函数参数的作用是将数据传递给函数使用，有关参数的内容将在后文详细介绍。

每个函数的用法可以直接从 Python 的官方网站查看说明文档，也可以在命令行窗口中通过 help(abs)或 abs？查看 abs()函数的帮助信息。

调用 abs()函数，示例代码如下：

```
In: #abs(num):求 num 的绝对值
    print(abs(-11))
    print(abs(100))
    print(abs(-12.34))
Out: 11
    100
    12.34
```

调用函数的时候，如果传入的参数数量不对，会抛出 TypeError（类型错误）异常。如下面示例，Python 会明确地告诉你：abs()有且仅有一个参数，但你给出了两个。

```
In: abs(1,-1)
Out: TypeError                          Traceback (most recent call last)
    <ipython-input-2-4951b5b63279> in <module>
    ----> 1 abs(1,-1)

    TypeError: abs() takes exactly one argument (2 given)
```

如果传入的参数数量是对的，但参数类型不能被函数所接受，也会抛出 TypeError 异常，并且给出错误信息：str 是错误的参数类型。示例代码如下：

```
In: abs('a')
Out: TypeError                          Traceback (most recent call last)
    <ipython-input-3-f2001f88707b> in <module>
    ----> 1 abs('a')

    TypeError: bad operand type for abs(): 'str'
```

2. 常用函数

Python 中常用内置函数如表 2-16 所示。

表 2-16　　　　　　　　　　　　　Python 中常用内置函数

函数名	函数功能
id()	获取对象的内存地址
float()	将整数和字符串转换成浮点数
bin(),oct(),hex()	将十进制数转为二进制、八进制、十六进制数
eval()	执行一个字符串表达式，并返回表达式的值
int()	将一个字符串或数字转换为整数
type()	返回对象的类型
del()	删除变量/对象函数
abs()	返回绝对值
sum()	对序列进行求和计算
max()	返回给定参数的最大值
min()	返回给定参数的最小值
pow(x,y)	求 x 的 y 次方，相当于 x^y
round()	四舍五入
str()	转换为字符串
len()	获取字符串长度

函数名	函数功能
lower()	返回一个字符串中大写字母转换成小写字母后的字符串
upper()	返回一个字符串中小写字母转换成大写字母后的字符串
swapcase()	返回一个字符串中的大写字母转小写字母、小写字母转大写字母后的字符串
capitalize()	返回一个字符串中的首字母大写、其余字母小写的字符串
str2.count(str1,start,end])	返回 str1 在 str2 中出现的次数。可以指定一个范围，若不指定则默认查找整个字符串
str2.find(str1,start,end)	从左往右检测 str2，返回 str1 第一次出现在 str2 中的下标；若找不到则返回-1。可以指定查询的范围，若不指定则默认查询整个字符串
str.strip([chars])	移除字符串 str 头尾指定的字符或字符序列，默认为空格或换行符
str.split(str1=" ",num=string.count(str1))[n]	通过指定分隔符 str1 对字符串进行拆分，并返回分隔后的字符串列表；str1 表示分隔符，默认为空格；num 表示分隔次数；[n]表示选取第 *n* 个分片
sorted()	对所有可迭代的对象进行排序操作
reversed()	反转序列，生成一个新的序列
zip()	用于将可迭代的对象作为参数，将对象中对应的元素打包成一个个元组，然后返回由这些元组组成的列表
enumerate()	用于将一个可遍历的数据对象（如列表、元组或字符串）组合为一个索引序列，同时列出数据和数据下标，一般用在 for 循环当中

3. 自定义函数

当我们自己定义一个函数时，通常使用 def 关键字，其语法格式如下：

```
def <函数名>(<形参表>):
    <函数体>
```

其中，函数名可以是任何有效的 Python 标识符；形参表是调用该函数时传递给它的值，可以由一个或多个参数组成，当有多个参数时各个参数由逗号分隔；函数体是函数每次被调用时执行的代码，可以由一个语句或多个语句组成，函数体需要写成正确的缩进格式。此外，小括号后面的冒号是必不可少的，否则会导致语法错误。

（1）return 的含义

自定义函数过程中，函数体中一般包括 return 语句。return 语句的作用是结束函数调用，并将结果返回给调用者。不过，对于函数来说，该语句是可选的，并且可以出现在函数体的任意位置。如果没有 return 语句，那么该函数就会在函数体结束位置将控制权返回给调用方。

我们以自定义一个求正数的 pos_num()函数为例详细说明 return，示例代码如下：

```
In: def pos_num(num):
        if num>0:
            return num
        else:
            return
Out:
```

函数体内部的语句在执行时，一旦执行到 return，函数就执行完毕，并将结果返回。因此，函数内部通过条件判断和循环可以实现非常复杂的逻辑。如果没有 return 语句，函数执行完毕也会返回结果，只是结果为 None。return None 也可以简写为 return。示例代码如下：

```
In: pos_num(-2)
Out:

In: pos_num(1)
Out: 1
```

（2）空函数与 pass 语句

如果需要定义一个什么也不做的空函数，可以使用 pass 语句，示例代码如下：

```
In: def nop():
        pass
Out:
```

pass 可以用来作为占位符，如果目前还没有想好如何写该函数的代码，就可以先放一个 pass，让代码能执行起来。示例代码如下：

```
In: def non_adult(age):
        if age>=18:
            pass
Out:
```

如果缺少了 pass，就会有语法错误。

（3）返回多个值

函数可以返回多个值，示例代码如下：

```
In: def n_profit(a,b,n):
        na=a*n
        nb=b*n
        return na,nb
Out:


In: n_profit(100,200,12)
Out: (1200,2400)
```

返回的多个值以括号的形式给出。

4. 参数

（1）形参和实参

在定义函数时，函数名后面小括号中的变量名称叫作"形式参数"，简称为"形参"；在调用函数时，函数名后面小括号中的变量名称叫作"实际参数"，简称为"实参"。在下面的函数定义中，我们定义的函数将传给它的数值增 1，然后将增加后的值返回给调用者，示例代码如下：

```
In: def add(x):
        x=x+1
        return x
    add(2)
Out: 3
```

上述代码中，定义函数时括号中的"x"即为形参，调用 add()函数时传入的 2 就是实参。

（2）函数的默认参数

定义函数时需要确认参数的名称和位置。对于函数的调用者来说，只需要知道如何传递正确的参数，以及函数将返回什么样的值就能够调用该函数。Python 的函数定义非常简单，但灵活度却非常大。除了可以正常定义的必选参数外，还可以使用默认参数、可变参数和关键字参数，使得函数定义出来的接口不但能处理复杂的参数，还能简化调用者的代码。

我们仍以具体的例子来说明如何定义函数的默认参数。先写一个计算 x 平方的函数，示例代码如下：

```
In: def power(x):
        return x*x
Out: 1
```

当我们调用上述 power()函数时，必须传入有且仅有的一个参数 x，示例代码如下：

```
In: power(5)
Out: 25
```

如果还要计算 x 的 n 次方（n=3,4,5,6,…），则可以把 power(x)修改为 power(x,n)。示例代码如下：

```
In: def power(x,n):
        s=1
        while n>0:
            s=s*x
            n=n-1
        return s
Out:
```

修改后的 power()函数可以计算任意数的 n 次方，示例代码如下：

```
In: power(5,2)
Out: 25
```

```
In: power(5,3)
Out: 125
```

由于现实生活中我们经常计算 x^2，所以可以把第二个参数 n 的默认值设定为 2，此时则需使用默认参数。示例代码如下：

```
In: def power(x,n=2):          #设置定义函数的默认参数
        s=1
        while n>0:
            s=s*x
            n=n-1
        return s
    power(5)
Out: 25
```

这样，当我们调用 power(5)时，相当于调用 power(5,2)。

而对于 n>2 的其他情况，就必须明确地传入 n 的数值，如 power(5,3)。可以看出，默认参数可以简化函数的调用。但设置默认参数时，需要注意以下几点。

① 必选参数在前，默认参数在后。

② 在设置默认参数时，如果函数有多个参数，把变化大的参数放前面，变化小的参数放后面。变化小的参数可以作为默认参数。

（3）默认参数详解

在定义函数时，我们可以用赋值符号给某些形参指定默认值，这样在调用该函数的时候，如果调用方没有为该参数提供值，则使用默认值；如果在调用该函数的时候为该参数提供了值，则使用调用方提供的值。这种指定默认值的参数称为默认参数。

需要注意默认参数在形式参数表中的位置，即默认参数必须在所有标准参数之后定义，示例代码如下：

```
In: def f(arg1,arg2=2,arg3=3):
        print("arg1=",arg1)
        print("arg2=",arg2)
        print("arg3=",arg3)
Out:
```

这里，我们给参数 arg2 和 arg3 指定了默认值，函数体的作用是输出该函数 3 个参数的值。在交互式环境下执行该函数，示例代码如下：

```
In: f(10)
Out: arg1=10
```

```
        arg2=2
        arg3=3

In: f(10,10)
Out: arg1=10
        arg2=10
        arg3=3

In: f(10,10,10)
Out: arg1=10
        arg2=10
        arg3=10
```

现在对上述代码做一些解释。

首先，看一下通过 f(10)进行函数调用时的情形，因为 arg1 没有默认值，必须为它提供实参，所以 f(10)中的实参 10 将传递给形参 arg1。由于没有给默认参数 arg2 和 arg3 传递实参，所以它们采用默认值 2 和 3。

然后，用 f(10,10)来调用函数，这次第一个实参按顺序传给 arg1，第二个实参按顺序传给 arg2，所以这时默认参数的值将是 10，而非默认值 2。对于 arg3，由于没有给它传递实参，所以它的值依旧为默认值 3。

最后，我们用 f(10,10,10)来调用函数，这次传递了 3 个实参，所以它们的值都会变成 10，包括后两个默认参数。

使用默认参数的好处在于，如果某个参数大部分情况下都取某个固定的值，那么就可以为这个参数定义一个默认值，这样以后在使用这个函数时会带来很大的便利；如果偶尔情况有变，还可以给它传递更适合的值。

5. 局部变量和全局变量

Python 中的任何变量都有其特定的作用域，在函数内部定义的变量一般只能在该函数内部使用，这些只能在程序的特定部分使用的变量称为局部变量；同理，能够为整个程序所使用的变量称为全局变量。

上面是从空间的角度来考察变量的局部性和全局性。如果从时间的角度来看，不妨简单地认为在程序运行的整个过程中，全局变量一直占据着内存，并且它的值可以供所有函数访问；而局部变量则只有在其所在函数被调用时才会给它分配内存，当函数返回时，其所占内存就会被释放，所以它只能供其所在的函数访问——换句话说，当某个函数退出时，其局部变量原先所占的内存将被分配给其他函数的局部变量。

下面提供一个例子来了解局部变量和全局变量，示例代码如下：

```
In: globalInt=9
    def myAdd():
        localInt=3
        return globalInt+localInt
    print(myAdd())
    print(globalInt)
    print(localInt)
```

上述代码中，我们定义了一个全局变量 globalInt，该变量将在整个程序中有效；然后定义了一个函数 myAdd()，并在这个函数中定义了一个局部变量 localInt，该局部变量只能在函数 myAdd()中有效。在代码的最后部分，我们先输出函数的返回值，然后分别输出全局变量 globalInt 和局部变量 localInt 的值。代码的执行结果为：

```
Out: 12
     9
NameError                              Traceback (most recent call last)
<ipython-input-24-d79f17f99788> in <module>
      5 print(myAdd())
      6 print(globalInt)
----> 7 print(localInt)

NameError: name 'localInt' is not defined
```

上述代码的执行结果表明，自定义函数 myAdd()既可以访问局部变量 localInt，也可以使用在外部定义的全局变量 globalInt，所以调用该函数时返回的结果为 12。然后输出全局变量 globalInt 的值 9，这说明它全局可用。最后输出局部变量 localInt 的值时遇到了错误，错误提示说 localInt 没有被定义，这是因为局部变量 localInt 只能在定义它的函数 myAdd()中有效（或者说可见），而超出函数范围之外的代码是看不到它的。根据"先定义后使用"的原则，Python 解释器会认为该程序使用了未定义的变量名。

2.3.2 模块

1. 模块的定义

模块是一个包含了已经定义的函数和变量的文件，模块的文件名一般以.py 为扩展名。Python 模块其实也是一个 Python 文件。首先，它是一个文件的概念，里面放着代码；其次，Python 模块的另一个含义是"名字空间"或"命名空间"。名字空间从字面意思理解就是存放名字的地方，模块里面定义的函数或变量都是有名字的。其实也可以按照面向对象的方法来理解，因为 Python 是面向对象的语言，所以可以把模块当作对象，模块里面定义的变量和函数就是模块的属性与方法，下次在程序的其他地方调用模块的属性或方法时，就可以直接通过"模块名.属性名"或"模块名.方法名"来调用。

模块有下面几个特性。

① 模块语句在第一次导入的时候就执行了。在代码的任何地方导入一个模块，它都会生成一个空对象，然后从头到尾执行模块里面的语句。例如在模块中定义了 def 语句，或者有赋值语句，系统会先生成模块对象的属性，然后存储到模块的名字空间里。

② 如果想查看模块里面的属性，可以通过 dir()方法。例如，pandas 是一个模块，dir(pandas)就可以查询 pandas 的属性。

③ 模块里的变量和函数里的变量不太一样，模块里的变量在模块第一次导入以后就可以使用了，而函数里的变量要在函数运行的时候才能够使用。

模块名就是不包含扩展名的 Python 文件名，且该文件与当前文件在同一个文件夹中。使用模块中的函数时，函数名前要有模块名再加一个"."。例如，编写两个模块文件，前一个模块（module_max.py）有一个求最大值的函数，后一个模块文件要使用前面模块文件中的求最大值函数。前一个模块的示例代码如下：

```
In: def funcMax(a,b):
    if a>b:
       return a
    else:
       return b
    def funcMin(a,b):
    if a<b:
```

```
        return a
    else:
        return b
Out:
```

其中，module_max 为模块名，funcMax(a,b)为自定义函数求 a、b 中的最大值，funcMin(a,b) 为自定义函数求 a、b 中的最小值。后一个模块文件如果要使用前一个模块文件中函数的方法，见下面模块的调用。

2. 模块的导入

Python 导入模块有以下 3 种方法。

（1）使用 import 导入模块

模块的特性决定了在程序中只要导入了一个模块，就可以引用它的任何公共函数、类或属性。

用 import 语句导入模块，就是在当前的名字空间中建立一个到该模块的引用。这种引用必须使用全称，也就是说，当使用在被导入模块中定义的函数时，必须包含模块的名字。所以不能只使用函数名，而应该使用"模块名.函数名"的形式来保证模块调用的正确性。示例代码如下：

```
In: import module_max
    module_max.funcMax(9,37)
Out: 37
```

上述代码先导入了 module_max 模块，再调用模块中定义的函数 funcMax()求 9 和 37 中的最大值。

（2）使用 from 语句导入模块

用 from 语句导入模块，可以采用以下 3 种方式："from 模块名 import 函数名""from 模块名 import 函数名 1,函数名 2""from 模块名 import *"来实现。

示例代码如下：

```
In: from module_max import funcMax
    funMax(9,37)
Out: 37
```

这种方法与使用 import 调用函数的区别是函数被直接导入本地名字空间，所以即使不加上模块名的限定也可以直接使用。上述的"*"表示该模块的所有函数都被导入当前的名称空间。

但需要注意的是，如果模块包含的属性和方法与你使用的某个模块同名，必须使用"模块名.属性名"来避免名字冲突。

（3）使用内置函数 __import__()导入模块

除了前面两种导入模块的方法以外，我们还可以使用内置函数 __import__()来导入模块。import 与 __import__()的区别是，import 后面跟的是模块名，而 __import__()的参数是一个字符串，例如，import pandas 等价于 __import__('pandas');另外，import 不能导入以数字开头和包含空格的模块，而 __import__()函数可以。

3. 作用域

作用域是指变量的生效范围，例如局部变量、全局变量描述的就是不同的生效范围。也就是说，Python 中变量的作用域是由它在源代码中的位置决定的。

下面阐述 Python 的作用域规则，示例代码如下：

```
In: if True:
        i=0
    print(i)
Out: 0
```

在以上这段代码中，if 子句并没有引入一个局部作用域，变量 i 仍然处在全局作用域中，因此，变量 i 对于接下来的 print 语句是可见的。

接下来看一个例子：

```
In: i=0
    def f():
      i=8
      print(i)
    f()
    print(i)
Out: 8
     0
```

运行结果为 8 和 0。i = 8 是一个名字绑定操作，它在函数 f() 的局部作用域中引入了新的变量 i，屏蔽了函数 f 前面的全局变量 i，因此 f 内部的 print 语句看到的是局部变量 i，f 外部的 print 语句看到的是全局变量 i。

我们再看下一个例子：

```
In: i=0
    def f():
      print(i)
      i=0
    f()
Out: UnboundLocalError                Traceback (most recent call last)
     <ipython-input-3-a68b0244d44f> in <module>
            3    print(i)
            4    i=0
     ----> 5 f()

     <ipython-input-3-a68b0244d44f> in f()
            1 i=0
            2 def f():
     ----> 3     print(i)
            4     i=0
            5 f()

     UnboundLocalError: local variable 'i' referenced before assignment
```

运行结果为 UnboundLocalError: local variable 'i' referenced before assignment。在这个例子当中，函数 f() 中的变量 i 是局部变量，但是在 print 语句使用它的时候，它还未被绑定到任何对象之上，所以抛出异常。

```
In: #注意上面一步已经定义过 i=0,这里需要删除
    del i  #如果上面一步 i=0 代码未执行，则不需要删除 i
    print(i)
    i=0
Out: NameError                        Traceback (most recent call last)
     <ipython-input-5-98f0f88bbd9b> in <module>
            1 #注意上面一步已经定义过 i=0,这里需要删除
            2 del i  #如果上面一步 i=0 代码未执行，则不需要删除 i
     ----> 3 print(i)
            4 i=0
     NameError: name 'i' is not defined
```

不论是以交互的方式运行，还是以脚本文件的方式运行，结果都为 NameError: name 'i' is not

defined。这里的输出结果又与上一个例子不同，这是因为它在顶级作用域（模块作用域）中。对于模块代码而言，代码在执行之前，没有经过什么预处理；但是对于函数体而言，代码在执行之前已经过了一个预处理，因此不论名字绑定发生在作用域的哪个位置，它都能感知出来。Python虽然是一个静态作用域语言，但是名字查找却是动态发生的，因此直到运行的时候才会发现名字方面的问题。

在 Python 中，名字绑定在所属作用域中引入新的变量，同时绑定到一个对象。名字绑定发生在以下几种情况之下。

参数声明：参数声明在函数的局部作用域中引入新的变量。

赋值操作：对一个变量进行初次赋值会在当前作用域中引入新的变量，后续赋值操作则会重新绑定该变量。

类和函数定义：类和函数定义将类名和函数名作为变量引入当前作用域，类体和函数体将形成另外一个作用域。

import 语句：import 语句在当前作用域中引入新的变量，一般是在全局作用域。

for 语句：for 语句在当前作用域中引入新的变量（循环变量）。

except 语句：except 语句在当前作用域中引入新的变量（异常对象）。

4. 第三方模块的安装

在 Anaconda 中，安装第三方模块主要有两种方法：使用 pip install 和使用 conda install。目前官方推荐使用 pip install 的方法。

（1）使用 pip install

使用 Notebook 安装第三方模块，只需要在命令行窗口或 Anaconda Prompt (Anaconda3)中输入 pip install 加上第三方包的名称即可。

现在，以下载并安装一个强大的第三方库——Pandas 为例子来进行说明。一般来说，第三方库会在 Python 官网（pypi.Python.org）注册。要安装一个第三方库，首先要知道该库的名称，可以在官网或者 pypi 上搜索。安装 Pandas 的命令如下：

```
(base)C:\Users\Administrator>pip install pandas
```

等待下载成功并安装后，在命令行窗口中输入 import pandas 命令，如果没有报错则说明安装成功，可以直接使用。

其他常用的第三方库还有很多，诸如用于科学计算的 NumPy 库、用于生成文本的模板工具 Jinja2 等。

当我们试图加载一个模块时，Python 会在指定的路径下搜索对应的.py 文件，如果找不到，就会报错。例如：

```
In: import mymodule
Out: ModuleNotFoundError                Traceback (most recent call last)
    <ipython-input-6-789c0ce43099> in <module>
    ----> 1 import mymodule

    ModuleNotFoundError: No module named 'mymodule'
```

在默认情况下，Python 解释器会搜索当前目录、所有已安装的内置模块和第三方模块，搜索路径存放在 sys 模块的 path 变量中。示例代码如下：

```
In: import sys
    sys.path   #下面显示的内容，每个操作者环境不一样，可能有所不同
Out: ['D:\\Anaconda3\\python38.zip',
     'D:\\Anaconda3\\DLLs',
```

```
    'D:\\Anaconda3\\lib',
    'D:\\Anaconda3',
    '',
    ...]
```

如果我们要添加自己的搜索目录，有以下两种方法。

方法 1：直接修改 sys.path，添加要搜索的目录。示例代码如下：

```
In: import sys
    sys.path.append('/Users/Michael/my_py_scripts')
Out:
```

这种方法是在运行时修改，运行结束后失效。

方法 2：设置环境变量 Path，该环境变量的内容会被自动添加到模块搜索路径中。设置方式与设置 Path 环境变量类似。注意，只需要添加你自己的搜索路径，Python 自己本身的搜索路径不受影响。

（2）使用 conda install

conda 是一个开源的软件包管理系统和环境管理系统，用于安装多个版本的软件包及其依赖关系，并可以在它们之间轻松切换。conda 是为 Python 程序创建的，适用于 Linux、OSX 和 Windows，也可以打包和分发其他软件。

conda 是一个与语言无关的跨平台环境管理器。对于用户，最显著的区别可能是 pip 在任何环境中安装 Python 包，conda 在 conda 环境中安装任何包。

此外，用户还可以通过清华镜像源下载第三方模块，下载速度会有较大提升，将清华镜像库设置为安装包来源默认地址。

2.4　异常处理

2.4.1　什么是异常

异常是一个事件，该事件会在代码执行过程中发生，影响代码的正常执行。一般情况下，Python 代码在出现错误时就会抛出一个异常。

Python 允许代码在执行过程中检测错误，每检测到一个错误，Python 解释器就会抛出一个异常并报出详细的错误信息。我们以创建一个异常为例，示例代码如下：

```
In: 1/0
Out: ZeroDivisionError                    Traceback (most recent call last)
    <ipython-input-1-9e1622b385b6> in <module>
    ----> 1 1/0

    ZeroDivisionError: division by zero
```

在上述示例代码中，我们进行了一个除零的操作（这显然是非法的），于是 Python 抛出了 ZeroDivisionError: division by zero 异常。

在用 Python 编写代码时，认真查看报错信息十分重要，我们可以通过阅读报错信息，并结合相关说明文档了解异常详情。同时 Notebook 也方便我们在初学时可以编写多个小代码块查找异常。

2.4.2　常见异常

表 2-17 列出了常见的异常及其描述。

异常名称	描述
IOError	输入/输出操作失败
OverflowError	数值运算超出最大限制
ZeroDivisionError	除（或取模）零（所有数据类型）
ImportError	导入模块/对象失败
LookupError	无效数据查询的基类
RuntimeError	一般的运行时错误
SyntaxError	Python 语法错误
IndentationError	缩进错误
TabError	Tab 和空格混用
NameError	未声明/未初始化对象（没有属性）

表 2-17 常见的异常及其描述

2.4.3 捕捉异常

1. 异常捕捉基本语句

异常捕捉语句的一般形式是 try-except，语法格式如下：

```
try:
    <代码 1>
except:
    <代码 2>
```

其中 try 语句代表捕捉语句的开始，代码 1 的部分属于正常执行的代码模块；except 语句用于捕捉异常信息，并可以给出出错信息（英文提示）。下面详解 try-except 语句的工作过程。

① 执行 try 语句，代表捕捉异常机制开始。

② 执行代码 1，如果代码 1 中没有错误，则忽略后续 except 语句和代码 2，代码正常执行完毕。

③ 如果在代码 1 中发现错误，则终止代码 1 的执行，转而执行 except 语句。

④ except 语句捕捉到异常信息并执行代码 2 语句，异常处理结束。

2. 带 finally 语句的异常处理

在程序运行过程中，有时需要无论是否报错，最后都要执行一些代码。finally 语句提供了这样的支持功能，try-except-finally 语句的基本语法格式如下：

```
try:
    <代码 1>
except:
    <代码 2>
finally:
    <代码 3>
```

在上述语句块中，无论程序执行过程中是否出现异常，finally 语句后面的代码都会执行。

2.4.4 触发异常

在 Python 中，我们可以使用 raise 语句尝试自己触发异常，基本语法格式如下：

```
raise [Exception]
```

语句中的 Exception 是异常的类型，例如 SyntaxError（语法错误）。下面是一个触发异常的实际例子，示例代码如下：

```
In: def test_age(age):
        if age<1:
            raise Exception("Invalid age!",age)
    test_age(0)
Out: Exception                        Traceback (most recent call last)
    <ipython-input-2-b7a5fa0893e7> in <module>
        2    if age<1:
        3        raise Exception("Invalid age!",age)
    ----> 4 test_age(0)

    <ipython-input-2-b7a5fa0893e7> in test_age(age)
        1 def test_age(age):
        2    if age<1:
    ----> 3        raise Exception("Invalid age!",age)
        4 test_age(0)

    Exception: ('Invalid age!',0)
```

2.5 文件读写

Python 对文件的读写，尤其对数据文件的读写是数据分析中比较基础的操作，但是使用场景非常丰富。

本节将详细介绍如何对文本文件、Word 文件、Excel 文件进行读写操作。

2.5.1 编码

1. 什么是编码

相信大家都遇到过这样的情况：打开一个文档的时候，发现文档中的内容全部是乱码。其实这就是编码错误的问题。那编码为什么会影响文档内容的显示呢？在计算机中，所有数据的原型都是 0 或 1，因为只有这样，计算机才能正常地解读各类数据。但在日常的使用过程中，输入的都是各种字符，计算机需要把这些字符转化为 0 和 1，而这个过程就是编码。

2. 计算机编码的分类

计算机编码也分为多种，常见的有 ASCII、GB2312、GBK、GB18030、Unicode、UTF-8 等，接下来会做一个简单的介绍。

（1）ASCII 编码

ASCII（American Standard Code for Information Interchange）是基于罗马字母表的一套计算机编码系统，主要用于显示现代英语和其他西欧语言。它是最早的单字节编码系统，只能用 8 位来表示（1 字节），最多只能表示 256 个符号，也就是只能包括英文大小写字母、特殊符号和阿拉伯数字。

（2）GB2312 编码

GB2312 又称为 GB 2312—1980 字符集，它覆盖了 99.75%的简体中文汉字，没有覆盖到繁体中文汉字。GB2312 中简体中文用 16 位表示（2 字节），半角下的英文字母和数字用 8 位表示（1 字节），全角下的英文字母和数字用 16 位表示（2 字节）。

（3）GBK 编码

GBK字符集是 GB2312 的扩展版，覆盖到了繁体中文汉字，完全兼容 GB2312 编码。GBK 中简繁体中文用 16 位表示（2 字节），半角下的英文字母和数字用 8 位表示（1 字节），全角下的英文字母和数字用 16 位表示（2 字节）。

（4）GB18030 编码

GB18030 的全称是 GB 18030—2000《信息交换用汉字编码字符集基本集的补充》，是我国于 2000 年 3 月 17 日发布的新的汉字编码国家标准。GB18030 是在 GBK 的基础上进行了扩展，该标准的字符总编码空间超过 150 万个编码位，收录了 27484 个汉字，覆盖中文、日文、朝鲜语和中国少数民族文字。

（5）Unicode 编码

Unicode 字符集编码（Universal Multiple-Octet Coded Character Set，通用多八位编码字符集），简称为 UCS，它是支持世界上超过 650 种语言的国际字符集。Unicode 字符集编码有以下两种标准。

UCS-2 标准：规定 1 个字符必须用 2 字节存储，大于 2 字节的需要用 UCS-4 标准。

UCS-4 标准：规定 1 个字符全部用 4 字节存储。

（6）UTF-8 编码

UTF-8 是 Unicode 编码的压缩和优化版本，其中 ASCII 中的内容在 UTF-8 中占用 1 字节保存，欧洲字符在 UTF-8 中占用 2 字节保存，东南亚字符在 UTF-8 中占用 3 字节保存，辅助平面字符则占用 4 字节。

还有 UTF-16 和 Utf-32 编码，UTF-8 最少用 1 字节去表示，UTF-16 最少用 2 字节去表示。

3. Python 的默认编码及编码的转化

Python 3 的默认编码方式是 Unicode。虽然目前有了 Unicode 和 UTF-8，通用性已经得到了解决，但是由于历史原因，市面上的文件和程序依然是存在着各类编码。那么在实际应用中就涉及了编码的转化。

在讲解编码的转化前，我们需要先了解一下 decode 与 encode：decode（解码）的作用是将其他编码的字符串转换成 Unicode 编码，encode（编码）的作用是将 Unicode 编码转换成其他编码的字符串。

对于编码的转化，任何转化都是以 Unicode 作为媒介的。要进行编码转化，都需要先用 decode 方法将其转换成 Unicode 编码，再使用 encode 方法将其转换成其他编码。通常，在没有指定特定的编码方式时，使用系统默认编码创建的代码文件。

2.5.2　读取文本文件

文件的读写有 3 种形式：读、写和追加。我们将通过示例来进行讲解。

首先，读取当前目录下的 demo.txt 文件，该文件内容如下：

1. 读模式 r 和读写模式 r+

（1）读模式 r

读模式 r 的特点如下。

① 只能读，不能写。

② 文件必须存在，否则会报错。

我们通过以下代码实现文件的读取。

```
In: f=open('demo.txt','r',encoding='utf-8')  #注意编码格式
    contents=f.read()
    print(contents)
Out: 射雕英雄传
    倚天屠龙记
    碧血剑
    Wu Xia
```

解析如下。

① 如果被读取的文件在当前目录，则可以直接写文件名，否则需添加路径。

② open()函数：顾名思义，open()函数的作用就是打开一个文件，open()函数接收的参数为文件存放的路径，返回的是一个表示文件的对象。在这里，open('demo.txt','r')的意思就是返回一个文件名为"demo.txt"的对象。

③ read()函数：有了表示"demo.txt"的文件对象后，我们使用 read()函数读取这个文件的全部内容，并将其作为一个长长的字符串存储在变量 contents 中。这样，输入 contents 的值就可将这个文本文件的全部内容显示出来。

④ 如果不写'r'，即写成 f = open('demo.txt')，也是默认读模式。

⑤ 有时需要添加解码格式 encoding，格式为：

```
f = open('demo.txt','r',encoding='utf-8')
```

（2）读写模式 r+

读写模式 r+的特点如下。

① 可以读，也可以写。

② 写的时候是覆盖写，会把文件最前面的内容覆盖。

③ 文件必须存在，否则会报错。

示例代码如下：

```
In: f=open('demo.txt','r+',encoding='utf-8')
    f.write('郭靖')
    f.seek(0)
    contents=f.read()
    print(contents)
Out: 郭靖英雄传
    倚天屠龙记
    碧血剑
    Wu Xia
```

解析如下。

① 这里的 seek(0)是指将文件指针移到开头，后面部分会详细说明。

② 此时，原文本已经被修改。

2. 写模式 w 和写读模式 w+

（1）写模式

写模式 w 的特点如下。

① 只能写，不能读。

② 写的时候是覆盖写，会把原来文件的内容清空。

③ 当文件不存在时，即默认创建一个新文件。

例如，写入"郭靖"时，原来的内容会全部被清空，示例代码如下：

```
In: f=open('demo.txt','w')
    f.write('郭靖')
```

```
demo.txt - 记事本
文件(F)  编辑(E)  格式(O)  查看(V)  帮助(H)
郭靖
```

（2）写读模式 w+

写读模式 w+的特点如下。

① 可以写，也可以读。

② 写的时候是覆盖写，会把原来文件的内容清空。

③ 当文件不存在时，默认创建一个新文件。

3. 追加模式 a 和追加读模式 a+

（1）追加模式 a

追加模式 a 的特点如下。

① 只能写，不能读。

② 写的时候是追加写，即在原内容末尾添加新内容。

③ 当文件不存在时，默认创建一个新文件。

例如，将"黄蓉"加入文本的末尾，示例代码如下：

```
In: f=open('demo.txt','a')
    f.write('\n黄蓉')
```

```
demo.txt - 记事本
文件(F)  编辑(E)  格式(O)  查看(V)  帮助(H)
射雕英雄传
倚天屠龙记
碧血剑
Wu xia
黄蓉
```

（2）追加读 a+模式

追加读 a+模式的特点如下。

① 可以读，也可以写。

② 写的时候是追加写，即在原内容末尾添加新内容。

③ 当文件不存在时，默认创建一个新文件。

上述模式都可以再加一个 b 字符，如 rb、wb、ab，加入 b 字符用来告诉函数库打开的文件为二进制文件，而非纯文字文件。

到这里，文件的读、写和追加就全部介绍完了。在这里做一个简单的整理，如表 2-18 所示。

表 2-18　　　　　　　　　　　　　　　文件打开模式及对应的特点

文件打开模式	对应的特点
r	只读。该文件必须已存在
r+	可读可写。该文件必须已存在，是覆盖写，会把文件最前面的内容覆盖
rb	表示以二进制方式读取文件。该文件必须已存在
w	只写。如果文件不存在，默认创建一个新文件；如果文件已存在，则覆盖写
w+	写读。如果文件不存在，默认创建新文件并写入数据；如果文件已存在，则覆盖写
wb	表示以二进制写方式打开，只能写文件。如果文件不存在，创建该文件；如果文件存在，则覆盖写

续表

文件打开模式	对应的特点
a	追加写。若打开的是已有文件则直接对已有文件操作；若文件不存在则创建新文件，只能执行写（追加在后面），不能读
a+	追加读写。打开文件方式与写入方式和"a"一样，但是可以读
ab	表示以二进制方式追加写。若打开的是已有文件则直接对已有文件操作；若文件不存在则创建新文件，只能执行写（追加在后面），不能读

4. 文件指针

文件指针用来获取当前位于文件字符串的位置。

文件指针是很重要的，我们通过以下例子能够看到，read()将 demo.txt 的内容全部读了出来，但是 readline()什么都没有读出来。

```
In: f=open('demo.txt','r')
    f.write('read读取的内容:',f.read())
    print('readline读取的内容:',f.readline())
Out: read读取的内容：射雕英雄传
    倚天屠龙记
    碧血剑
    Wu Xia
    readline读取的内容：
```

原因就是 read()读完后，文件指针此时在文件末尾，接着 readline()（读取第一行内容）是从这个位置（末尾）开始读取的，所以肯定是没有内容的。因此，这时就需要对指针的位置进行调整。

seek()函数是用来移动文件指针的。在上述例子中，加一句 f.seek(0)，即可将指针移动至开头，此时，readline()就从头开始进行读取了。需要注意的是，seek(num)中的 num 指的是字符，不是行。

移动文件指针只是针对读模式，用追加模式写的时候，还是在末尾写。

```
In: f=open('demo.txt','r')
    print('read读取的内容:',f,read())
    f.seek(0)
    print('readline读取的内容:',f.readline())
Out: read读取的内容：射雕英雄传
    倚天屠龙记
    碧血剑
    Wu Xia
    readline读取的内容：射雕英雄传
```

5. 关闭文件

关闭文件有以下两种方式。

一是通过 f.close()来进行关闭，示例代码如下：

```
In: f=open('demo.txt','r')
    contents=f.read()
    print(contents)
    f.close()
Out: 射雕英雄传
    倚天屠龙记
```

```
        碧血剑
        Wu Xia
```

二是使用 with 自动关闭文件，示例代码如下：

```
In: with open('books.txt','r') as f:
        print(contents)
Out：射雕英雄传
        倚天屠龙记
        碧血剑
        Wu Xia
```

6. 其他常用操作

除了以上介绍的操作外，还有一些常用的操作，限于篇幅原因，不再逐一演示。在这里做一个简单的介绍，如表 2-19 所示。

表 2-19　　　　　　　　　　　　　　　　其他常用操作

函数名	操作说明
f.readline()	读取第一行
f.readlines()	读取每一行，并放到一个列表里
f.readline(num)	输出前 num 个字符
f.tell()	输出当前指针的位置
f.encoding	输出当前使用的字符编码
f.name	输出文件名
f.flush()	刷新
f.truncate()	清空文件
f.truncate(num)	从头开始，第 num 个字符后截断并清除

2.5.3　Word 文件与 Excel 文件的读取

我们一般通过 docx 和 excel 的扩展包来实现对 Word 和 Excel 文件的读取，本小节只是简单地展示如何通过这两种扩展包来实现文件的读取。读者如果想进一步了解相关的操作，可以去学习其他扩展包的使用方法，限于篇幅，这里不再展开讲解。

1. 读取 Word 文件

① 安装 Python-docx 扩展包：pip install Python-docx。
② 导入 docx 模块并打开 demo 文件，示例代码如下：

```
In: form docx import Document
    docx1=Document('demo.docx')
```

2. 读取 Excel 文件

① 安装 xlrd 扩展包：pip install xlrd。
② 导入 xlrd 模块并打开 demo 文件，示例代码如下：

```
In: import xlrd
    xlsx1=xlrd.open_workbook('demo.xlsx')
```

2.6 Python 范儿编程

Python 范儿编程，即 Pythonic。简单来说，就是指你写的代码具有浓厚的 Python 风格。Pythonic 的写法简练、明确、优雅，绝大部分时候执行效率高，代码少且不容易出错。一个优秀的程序员在编写代码时，不应该仅追求代码的正确性，还应该考虑代码的简洁性，这恰恰就是 Pythonic 的精神所在。下面将给出实例让大家进一步了解非 Pythonic 和 Pythonic 的区别。示例代码如下：

```
In: ## Pythonic
    List=[1,2,3,4,5]
    for i in range(len(List)):
      List[i]= List[i]+1
      i=i+1
    print(List)
Out: [2,3,4,5,6]


In: #Pythonic
    List=[1,2,3,4,5]
    [element+1 for element in List]
Out: [2,3,4,5,6]
```

由上述代码可以看出，Pythonic 具有更高的简洁性和可读性。下面将带大家进一步了解如何写出 Python 范儿代码。首先来了解一下解析式，上述代码[element+1 for element in List]是解析式的一个简单例子。

2.6.1 解析式

思考一下，如何使用代码找到 0~9 之间的偶数？作为一个新手，我们可能会这么写：

```
In: #number=range(10)
    size=10
    even_numbers=[]

    n=0
    while n<size:
      if n%2==0:
        even_numbers.append(n)
      n +=1
    print(even_numbers)
Out: [0,2,4,6,8]
```

我们做的事情在数学上看起来像什么呢？其实可以用以下公式概括。

$$\{x \mid x \in \{0,1,2,\cdots,9\},\ x\%2==0\}$$

用这个公式的思维方式来改写我们的代码：

```
In: even_numbers=[x for x in range(10) if x%2==0]
    print(even_numbers)
Out: [0,2,4,6,8]
```

这种代码形式就称为解析式（或推导式）。

代码形式：{expr(item) for item in iterable if cond_expr(item)}（或用中括号、小括号括起来）。

第一部分（expr(item)）：对元素的操作（运算与函数都可以）。

第二部分（for item in iterable）：遍历行为。

第三部分（if cond_expr(item)）：筛选条件（可选）。

最后用小括号、中括号、大括号括住 3 部分，得到不同的数据结构或对象。

下面是一些解析式的例子，可以帮助读者更好地理解这种编程方式。

示例 1：生成 0~10 所有自然数的平方数。代码如下：

```
In: print([ x**2 for x in range(10)])
Out: [0,1,4,9,16,25,36,49,64,81]
```

示例 2：将字符串"ABC"和"DEF"解析成列表['A-D','A-E','A-F','B-D','B-E','B-F','C-D','C-E','C-F']，可以使用[a+'-'+b for]的形式。代码如下：

```
In: [a+'-'+b for a in "ABC" for b in "DEF"]
Out: ['A-D', 'A-E', 'A-F', 'B-D', 'B-E', 'B-F', 'C-D', 'C-E', 'C-F']

In: {a+':'+b for a in "ABC" for b in "DEF"}
Out: ['A:D', 'A:E', 'A:F', 'B:D', 'B:E', 'B:F', 'C:D', 'C:E', 'C:F']

In: {a:b for a in "ABC" for b in "DEF"}
Out: {'A': 'F', 'B': 'F', 'C': 'F'}
```

注意到上面最后一句代码的执行结果是一个字典，因为字典中键（key）不能重复，所以只获得 3 个键值对。

示例 3：字典中也可以进行类似的操作。代码如下：

```
In: language={"Scala":"Martin Odersky",\
              "Clojure":"Richy Hickey",\
              "C":"Dennis Ritchie",\
              "Standard ML":"Robin Milner"}
    ['{0:<12} created by {1:<15}'.format(la,ua)\
    for la,ua in language.items()]
Out: ['Scala        created by Martin Odersky ',
      'Clojure      created by Richy Hickey   ',
      'C            created by Dennis Ritchie ',
      'Standard ML  created by Robin Milner   ']
```

示例 4：尝试一下更有挑战性的多重解析。代码如下：

```
In: print([(x+1,y+1) for x in range(4) for y in range(4)])
    print([(x+1,y+1) for x in range(4) for y in range(4) if y<x])
    print([(x+1,y+1) for x in range(4) for y in range(x)])
Out:
    [(1,1),(1,2),(1,3),(1,4),(2,1),(2,2),(2,3),(2,4),(3,1),(3,2),(3,3),(3,4),
    (4,1),(4,2),(4,3),(4,4)]
    [(2,1),(3,1),(3,2),(4,1),(4,2),(4,3)]
    [(2,1),(3,1),(3,2),(4,1),(4,2),(4,3)]
```

2.6.2 三元表达式

Python 中的三元表达式是对 if-else 语句的一种简写，它允许将一个 if-else 代码块连接起来，在一行代码或一个语句中实现输出。其语法格式如下。

```
value = true-expression if condition else false-expression
```

此处的 true-expression 和 false-expression 可以是任意的 Python 表达式，这种表达式的效果和以下代码是一致的。

```
if condition:
    value = true-expression
else:
    value = false-expression
```

示例代码如下：

```
In: number=1
    print("there","is" if number==1 else "are",number,"gram"+("s" if number>1
else""),"in a kilogram")
    b='Hello' if number==1 else 'Bye'
    #对应于b=(number==1 ? "Hello":"Bye")
    b
Out: there is 1 gram in a kilogram
     'Hello'

In: x=5
    'Positive' if x>=0 else 'Negative'
Out: 'Positive'
```

在 if-else 代码块中，代码的执行是按照顺序逐行进行的，因此，三元表达式的"if"侧边和"else"侧边可能会消耗计算内存，但是只有真分支会被采用。

三元表达式的使用可以使代码简单且易于维护，但是如果条件和真假表达式非常复杂，则会降低代码的可读性。

2.6.3　花样传参：zip()函数与星号（＊）操作

本小节主要介绍 Python 中比较重要的 zip()函数与一个＊和两个＊的花样传参的应用。zip()函数被称作拉链函数，而＊(args)经常和 zip()函数一起使用，用于传递参数，可以表示数量不定的多个参数。＊＊(kwargs)则用于传递关键字型参数，即由键值对（key-value）构成的多个参数。下面分别给出它们的操作示例。

1. zip()函数

zip()函数也被称为拉链函数，用于将可迭代的对象作为参数，并将对象中对应的元素打包成一个个元组，然后返回由这些元组组成的列表。

如果各个迭代器的元素个数不一致，则返回的列表长度与最短的对象相同。利用＊操作符，可以将元组解压为列表。

示例代码如下：

```
In: war3_char=['Orc','Humans','Undead','Night Elves']
    dota_hero=['Blade Master','Archmage','Death King','Demon Hunter']
    Your_choice=zip(war3_char,dota_hero)
    print(Your_choice)
Out: <zip object at 0x7ff3f585f400>

In: list(Your_choice)
Out: [('Orc', 'Blade Master'),
      ('Humans', 'Archmage'),
      ('Undead', 'Death King'),
      ('Night Elves', 'Demon Hunter')]
```

若要取回原来的列表，可以像下面这样操作。

```
In: choice1,choice2,choice3,choice4=Your_choice
    print(zip(choice1,choice2,choice3,choice4))
Out: <zip object at 0x00000181BDDE0E80>
```

＊的使用介绍如下。

用＊把 Your_choice 的内容而不是它本身作为参数传递。

示例代码如下：

```
In: print(zip(*Your_choice))
Out: <zip object at 0x00000181BDDA9380>
```

*的作用是告诉 Python，即将传入的参数 Your_choice 不是单独一个序列，而是要把 Your_choice 中的每一项作为参数。在下面的字典里按值来排序，取到值最大或值最小的那条记录。

示例代码如下：

```
In: Base_Damage={'Blade Master':48,'Death King':65,'Tauren Chieftain':51}
    print(zip(Base_Damage.values(),Base_Damage.keys()))
    max_Damage=max(zip(Base_Damage.values(),Base_Damage.keys()))
    min_Damage=min(zip(Base_Damage.values(),Base_Damage.keys()))

    print(max_Damage,min_Damage)
Out: <zip object at 0x7ff3f58693c0>
     (65, 'Death King') (48, 'Blade Master')
```

2. 星号（*）操作

上面已经讲过，能在列表前加*，使其保持顺序地作为一个个参数（argument）传给方法或函数，示例代码如下：

```
In: def triplesum(a,b,c):
        return a*100+b*10+c

    print(triplesum(*[1,2,3]))
    print(triplesum(1,2,3))
Out: 123
     123
```

另一种带默认值的参数叫 keyword arguments(kargs)，使用方法是在字典前加**。

示例代码如下：

```
In: def triplesum_default(a=0,b=0,c=0,*args):
        return a*100+b*10+c

    def ntuplesum_default(*args):
        sum=0
        for i in args:
          sum*=10
          sum+=i
        return sum

    print(triplesum_default(*[1,2,3,4]))
    print(ntuplesum_default(*[1,2,3,5]))
    print(ntuplesum_default(1,2,3,5,6,7,8))
    print(triplesum_default(*[1,3]))
    print(triplesum_default(**{'b':2,'c':3,'a':1}))
    print(triplesum_default(**{'c':3,'a':1}))
Out: 123
     1235
     1235678
     130
     123
     103
```

Python 范儿编程属于 Python 编程语言的高级使用,熟练掌握这一技能,可以使代码更加简洁,减少一些重复操作,但同时也会降低代码的可读性。读者可以根据自身情况,选择合适的方式进行代码实现,不必拘泥于使用高级用法,这正是 Python 语言灵活性的一种体现。

本章小结

Python 具有简单、易学、易用的特征,是最受欢迎的程序设计语言之一。Python 语法简洁、清晰,特色之一是使用空白符作为语句缩进。

本章详细介绍了常量、转义符、注释、变量和缩进等 Python 基础知识。这不仅能够为读者的 Python 学习打下坚实的基础,也能够帮助读者学习其他编程语言。

Python 的基本数据结构有列表、元组、集合和字典。Python 的一些入门语句主要包括 if 语句、while 语句、for 语句,其风格和 C 语言、Java 很类似。

Python 中的函数和数学中的函数非常相似:它们可以带有参数,并且具有返回值。

Python 除了具备一些基础的功能,还可以通过导入模块的方式扩展其功能。例如,Math 模块提供了很多有用的数学函数。学习模块的安装和调用方法能帮助我们快捷、便利地实现很多非常强大的功能。

在 Python 中,"万物皆对象"。针对 Python 这种面向对象的语言,编程方式的落地需要使用"对象"和"类"来实现。换句话说,面向对象编程其实就是对"对象"和"类"的使用。类是一个模板,模板里可以包含多个函数,在函数里可以实现一些具体功能;对象则是根据模板创建的实例,通过实例对象可以执行类中的函数。在后续的学习中,读者会更深入地理解何为"万物皆对象"。

习题

1. 将列表从大到小排列。列表为[4,77,5,8,1]。

知识点:sorted()、reverse()。

2. 返回 "however" 中字符 "e" 的第一个索引和最后一个索引。

知识点:not in、find()、rfind()。

3. 创建一个函数,该函数接收 3 个整型参数(a、b、c)并返回相等值的数量。

知识点:定义函数、if 循环语句。

4. 输入一个月份,返回对应的天数(需要用到 input()函数)。

知识点:input()、运算符。

5. 用 Pythonic 完成以下题目。创建一个函数:返回单词中的大写字母的索引列表。例如,Word 的索引列表为[0,1]。

知识点:Pythonic、切片、len()、range()、isupper()。

6. 计算字母 A 在列表 S 中出现的次数。S=[[A,C,V,D,R],[A,Y,U,A,F,E],O,E,[D,A]]。

知识点:str()、count(letter)。

7. 修改字典。字典中含有学生的姓名和成绩,经过成绩复查,发现:张花的总成绩多加了 10 分;小牛的成绩并未加上去,小牛的成绩为 66 分;何明为其他班的同学,他的成绩不应该记录在字典中。请输出更正后的字典。原始数据如下。

张花:98。

李明:45。

何明:77。

知识点：字典的值修改，新增键、删除键。

8. 输出输入列表中缺少的列表长度。如果列表中含有空列表或列表为空，则输出 error。

知识点：set()、min()、max()、pop()，涉及 Pythonic。

9. 创建一个函数：检验字符串是否可以形成回文字符串。若可以，输出字符串；若不可以，返回 False。回文字符串是指第一个字母与最后一个字母相同，第二个字母与倒数第二个字母相同，依此类推所组成的字符串。例如，avcscva 是回文字符串。

知识点：sum()、count()。

10. 最少移除几次才能使两个字符串所含字母相同。

提示　创建一个函数，该函数返回最少移除字母的次数，以使两个字符串所含字母相同。

举例：

```
min_removals("abcde", "cab")→2        #删除 d、e 后分别为 abc 和 cab
min_removals("deafk", "kfeap")→2      #分别从第一个和第二个单词中删除 d 和 p
```

第 **3** 章 Python 数据科学常用库

在编程语言中，我们将一些相关功能的模块集合称为库。Python 拥有大量的标准库和第三方库。这些开源库各自包含了预建的类或函数模块，能够满足不同场景下由使用者提出的各类需求。与此同时，这些开源库都可以在 Python 中轻松地下载、安装和调用。对于非专业的使用者而言，即使没有彻底理解各类库中函数功能的代码实现方式，也可以通过阅读说明文档和教材轻松调用库中的函数来实现各项功能，这极大地降低了非专业人员使用 Python 的门槛。

丰富且强大的第三方库正是 Python 最强大的能力之一，也可以说是 Python 在世界范围内广泛流行的最主要原因之一。本章将介绍 Python 常用于数据科学的几个库。读者也可以从各个库官网的说明文档中了解其全部信息。

本章后面的内容将逐一介绍 Python 中这些数据科学常用库的基本使用方法，Python 数据科学常用库的知识框架如图 3-1 所示。

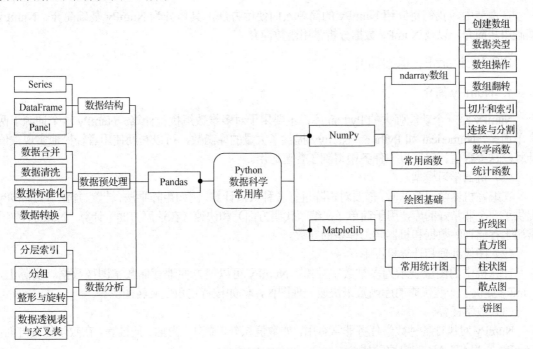

图 3-1 Python 数据科学常用库的知识框架

3.1　Python 数据分析概述

数据分析是指利用数学知识和计算机手段，对收集到的海量数据进行处理和分析，并在此过程中归纳总结出有价值的信息，最终实现对现有数据的详尽分析和获得结论。数据分析囊括了数学与计算机科学，是两者结合的一门学科。通过数据分析，我们可以筛选和提炼收集到的包括结构化和非结构化的各种数据，以掌握数据中隐藏的规律，进而利用发现的规律对数据走向进行预测，来支撑管理与决策。数据分析工作一般分为以下 4 个工作流程：读取数据；数据清洗；分析建模；结果展示。

Python 中，NumPy、Pandas 和 Matplotlib 是最为常用的 3 个数据分析包，这 3 个包的功能涵盖了读取数据、数据清洗、分析建模、结果展示这 4 个数据分析工作流程。

Numpy 引入了一个强大的数组对象——ndarray。ndarray 以 n 维数组的方式对数据进行存储和处理，相较 Python 自身的嵌套列表结构，极大提高了多维数据处理、分析的效率，为科学计算提供了巨大的帮助。

为了更好地进行数据分析工作，在 NumPy 的基础上产生了一个更具针对性的数据分析工具包——Pandas。Pandas 拥有高效、便捷地对大型数据集进行操作与分析所需的工具箱，其功能覆盖了读取数据、数据清洗、分析建模等的数据分析过程。Pandas 是 Python 进行数据分析工作的核心库。

Matplotlib 是一个用于数据可视化的绘图工具，可以很好地完成数据分析中数据展示的工作。

3.2　NumPy 数值计算

在本节中，我们将介绍 NumPy 的简单入门使用方法，具体分为 NumPy 基础简介、NumPy 基础用法简介，以及 NumPy 数据分析常用函数简介。

3.2.1　NumPy 基础简介

1．NumPy 简介

NumPy 是一个功能强大的 Python 库，主要用于对多维数组执行计算。NumPy 这个词源于两个单词——Numerical 和 Python。NumPy 提供了大量的库函数，可以帮助使用者轻松地实现数值计算。这类数值计算在以下任务中得到了普遍运用。

（1）机器学习模型

在编写机器学习算法时，需要对矩阵进行各种数值计算，例如矩阵乘法、转置、加法等。NumPy 提供了一个非常好的库，用于简单（在编写代码方面）和快速（在速度方面）计算。NumPy 数组常用于存储训练数据和机器学习模型的参数。

（2）图像处理和计算机图形学

计算机中的图像表示为多维数字数组。NumPy 可以很方便地存储数字图像数据。实际上，NumPy 提供了一些优秀的库函数来快速处理图像，例如按特定角度旋转图像等。

（3）数学任务

NumPy 对执行各种数学任务非常有用，如数值积分、微分、内插、外推等。在数学任务方面，NumPy 是 MATLAB 的快速替代。

2．NumPy 的安装和调用

使用 pip install NumPy 命令即可轻松安装 NumPy。由于之前我们已经安装了 Anaconda，其中已经包含了 NumPy 包，因此无须再次安装，可以直接调用。我们可以使用 pip list 命令查看已经安装的包及其版本信息。调用 NumPy 包时使用 import 命令，为了减少后续输入时间，一般通过别名的方式 as 将 NumPy 简略为 np，后面使用 NumPy 时，只需输入两个字母 np 即可。示例代码如下：

```
In: import numpy as np
```

3. 数组的概念

NumPy 中，最重要的数据对象是 ndarray，即多维数组对象。它是存储着相同类型数据的 n 维数组。由于在 ndarray 上的操作都是在编译过的代码上执行的（底层代码是 C 语言开发的），所以效率比 Python 自带的基本数据结构 list（列表）要高很多。Python 科学计算库都用到了 NumPy 的数组，例如后面要介绍的 Pandas。这些库内部操作是将序列类型（例如列表）转换为 NumPy 的 ndarray 数组类型，而且输出通常就是 NumPy ndarray 数组。

ndarray 的重要属性包括以下几个。

① ndarray.ndim：秩，即数组维度的数量。

② ndarray.shape：数组的维度大小，对一个 n 行 m 列的矩阵来说，shape 为(n,m)。

③ ndarray.size：数组中元素的总个数，其值为 ndarray.shape 中 $n×m$ 的值。

④ ndarray.dtype：每个元素的类型，可以是 NumPy.int32、NumPy.int16 或 NumPy.float64 等。

⑤ ndarray.itemsize：每个元素所占字节大小。

⑥ ndarray.data：指向数据内存。

在下面 NumPy 的学习内容中提到的数组就是 ndarray 多维数组对象。

3.2.2　NumPy 基础用法简介

1. 创建数组

有多种方法创建数组，下面示范几种常用的方法。示例代码如下：

```
In: a=np.array((0,1,2,3,4))
    b=np.arange(4)
    c=np.ones((2,3))
    d=np.empty((2,3))
    e=np.eye(3,3)
    f=np.linspace(0,8,num=4)
    print(a)
    print(b)
    print(c)
    print(d)
    print(e)
    print(f)
Out: [0 1 2 3 4]
    [0 1 2 3]
    [[1. 1. 1.]
     [1. 1. 1.]]
    [[0. 0. 0.]
     [0. 0. 0.]]
    [[1. 0. 0.]
     [0. 1. 0.]
     [0. 0. 1.]]
    [0.        2.66666667 5.33333333 8.        ]
```

从上述代码中我们可以看到 NumPy 中提供了很多种创建数组的方法,除了可以直接向 array() 函数传递序列外,还可以使用许多函数直接创建一些包含特定数字的数组或随机数组。NumPy 中用于创建数组的函数及功能介绍如表 3-1 所示。

表 3-1 　　　　　　　　　　　　　　　　创建数组的函数及功能介绍

函数名	功能介绍
np.array()	将序列传入数组
np.arrange()	返回间隔均匀的数组（默认步长为 1）
np.empty()	创建给定形状的空数组
np.ones()	创建一个全为 1 的数组
np.zeros()	创建一个全为 0 的数组
np.full()	创建一个全部填充为指定值的数组
np.eye()	创建一个向左倾斜对角线上为 1，其余为 0 的数组
np.linspace()	创建在指定间隔内返回均匀间隔的数组

2. NumPy 数据类型

NumPy 支持的数据类型比 Python 内置的数据类型要多很多,其中部分数据类型对应为 Python 内置的数据类型。表 3-2 所示为 NumPy 常用数据类型。

表 3-2 　　　　　　　　　　　　　　　　NumPy 常用数据类型

名称	描述	名称	描述
bool_	布尔型数据类型（True 或者 False）	uint32	无符号整数（0 到 $2^{32}-1$）
int_	默认的整数类型	uint64	无符号整数（0 到 $2^{64}-1$）
intc	一般是 int32 或 int 64	float_	float64 类型的简写
intp	用于索引的整数类型	float16	半精度浮点数，包括 1 个符号位、5 个指数位、10 个尾数位
int8	字节（-128 到 127）	float32	单精度浮点数，包括 1 个符号位、8 个指数位、23 个尾数位
int16	整数（-32768 到 32767）	float64	双精度浮点数，包括 1 个符号位、11 个指数位、52 个尾数位
int32	整数（2^{31} 到 $2^{32}-1$）	complex_	complex128 类型的简写，即 128 位复数
int64	整数（-2^{63} 至 $2^{63}-1$）	complex64	复数，表示双 32 位浮点数（实数部分和虚数部分）
uint8	无符号整数（0 到 255）	complex128	复数，表示双 64 位浮点数（实数部分和虚数部分）
uint16	无符号整数（0 到 65535）		

数据类型对象（Dtype）用来描述与数组对应的内存区域如何使用，这依赖如下几个方面。

① 数据的类型（整数、浮点数或 Python 对象）。

② 数据的大小（例如，整数使用多少个字节存储）。

③ 数据的字节顺序（小端法或大端法）。

④ 数据是结构化类型的情况下，其字段的名称、每个字段对应的数据类型和每个字段所取的内存块。

⑤ 数据是子数组类型的情况下，其形状和数据类型。

字节顺序是通过对数据类型预先设定"<"或">"来决定的。"<"表示小端法（低位数组存放在低地址）；">"表示大端法（高位数组存放在低地址）。

dtype 对象的构造形式如下：

```
numpy.dtype(object,align,copy)
```

参数含义如下。

object：要转换为的数据类型对象。

align：如果为 True，填充字段使其类似 C 语言的结构体。

copy：复制其他数据类型的 dtype 并赋予当前对象，如果为 False，则引用内置数据类型。

下面我们通过实例展示 dtype。示例代码如下：

```
In: import numpy as np
    dt = np.dtype('i8')
    print(dt)
Out: int64
```

其中 int8、int16、int32、int64 这 4 种数据类型可以使用字符串'i1'、'i2'、'i4'、'i8'代替。每个内置类型都有一个唯一定义它的字符代码，如表 3-3 所示。

表 3-3　　　　　　　　　　　　　　　内置数据类型的字符代码

字符代码	数据类型	字符代码	数据类型
b	布尔型	m	timedelta（时间间隔）
i	（有符号）整型	M	datetime（日期时间）
u	无符号整型 integer	O	（Python）对象
f	浮点型	S, a	(byte-) 字符串
c	复数浮点型	U	Unicode

3. 数组的基本操作

（1）修改数组形状

numpy.reshape()函数可以在不改变数据的条件下修改形状，语法格式如下：

```
numpy.reshape(arr,newshape,order='C')
```

相关参数说明如下。

arr：要修改形状的数组。

newshape：整数或整数数组，如(2,3)表示 2 行 3 列，新的形状应当兼容原有形状。

order：'C'——按行，'F'——按列，'A'——原顺序。

下面我们通过代码示例了解具体用法，注意示例中使用的是 ndarray.reshape()。示例代码如下：

```
In: import numpy as np
    a = np.arange(9)
    print('原数组:')
    print(a)
    b = a.reshape(3,3)
    print('修改数组: ')
    print(b)
Out: 原数组:
     [0 1 2 3 4 5 6 7 8]
     修改数组:
```

```
[[0 1 2]
 [3 4 5]
 [6 7 8]]
```

（2）数组的四则运算

我们直接通过代码了解数组间加、减、乘、除的含义，示例代码如下：

```
In: import numpy as np
    arr=np.array([[1,2,3],[3,2,1]])
    print(arr*arr)    #数组相乘
    print(arr+arr)    #数组相加
    print(arr-arr)    #数组相减
    print(arr/arr)    #数组相除
    print(1/arr)
Out: [[1 4 9]
  [9 4 1]]
 [[2 4 6]
  [6 4 2]]
 [[0 0 0]
  [0 0 0]]
 [[1. 1. 1.]
  [1. 1. 1.]]
 [[1.         0.5        0.33333333]
  [0.33333333 0.5        1.        ]]
```

从上述示例中可以看出，数组间的四则运算相当于将两个数组各自相同位置的数进行运算，再放回原位置形成一个新的数组。

（3）数组元素迭代

numpy.ndarray.flat 是一个数组元素迭代器，要对数组中每个元素进行迭代时可以使用该函数。这里返回的是一个复制得到的数组，修改该数组不会影响原始数组。示例代码如下：

```
In: import numpy as np
    a = np.arange(9).reshape(3,3)
    print('原数组：')
    for row in a:
        print(row)
    print('迭代数组元素：')
    for ele in a.flat:
        print(ele)
Out: 原数组：
 [0 1 2]
 [3 4 5]
 [6 7 8]
 迭代数组元素：
 0
 1
 2
 3
 4
 5
 6
 7
 8
```

numpy.ravel()函数。该函数用于展开数组元素，这里返回的是数组视图，即修改会影响原始数组。

该函数接收两个参数，语法格式如下：

```
numpy.ravel(a,order='C')
```

相关参数说明如下。

order：'C'——按行，'F'——按列，'A'——原顺序，'K'——元素在内存中的出现顺序。

示例代码如下：

```
In: import numpy as np
    a = np.arange(8).reshape(2,4)
    print('原数组: ')
    print(a)
    print('用 ravel 函数展开: ')
    print(a.ravel())
Out: 原数组:
    [[0 1 2 3]
     [4 5 6 7]]
    用 ravel 函数展开:
    [0 1 2 3 4 5 6 7]
```

4. 数组的翻转

NumPy 中的数组对象类似于矩阵，因此矩阵中的转置（或翻转）、轴对换等操作也可以通过相关的函数实现。下面介绍 3 个主要的函数：transpose()、T()和 swapaxes()。

（1）transpose()

numpy.transpose()函数用于对换数组的维度，语法格式如下：

```
numpy.transpose(arr, axes)
```

相关参数说明如下。

arr：要操作的数组。

axes：整数列表，对应维度，通常所有维度都会对换。

示例代码如下：

```
In: import numpy as np
    a = np.arange(9).reshape(3,3)
    print('原数组: ')
    print(a)
    print('对换数组: ')
    print(np.transpose(a))
Out: 原数组:
    [[0 1 2]
     [3 4 5]
     [6 7 8]]
    对换数组:
    [[0 3 6]
     [1 4 7]
     [2 5 8]]
```

下面我们通过坐标图直观展示上述数组翻转的原理。在 NumPy 二维数组中，1 轴沿着列的方向，0 轴沿着行的方向，如图 3-2 所示。

（2）T()

T()函数的作用类似于 transpose()函数，与 self.transpose()相同，即数组转置。示例代码如下：

```
In: import numpy as np
    a = np.arange(6).reshape(2,3)
    print('原数组: ')
    print(a)
    print('数组转置: ')
    print(a.T)
Out: 原数组:
    [[0 1 2]
     [3 4 5]]
    数组转置:
    [[0 3]
     [1 4]
     [2 5]]
```

我们同样用图示展示翻转原理，如图 3-3 所示。

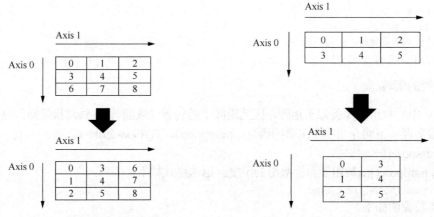

图 3-2　Transpose()函数数组翻转原理图　　　　图 3-3　T()函数数组翻转原理图

（3）swapaxes()

numpy.swapaxes()函数用于交换数组的两个轴，语法格式如下：

```
numpy.swapaxes(arr,axis1,axis2)
```

相关参数说明如下。

arr：输入的数组。

axis1：对应第一个轴的整数。

axis2：对应第二个轴的整数。

示例代码如下：

```
In: import numpy as np
    a = np.arange(8).reshape(2,2,2)
    print('原数组: ')
    print(a)
    print('swapaxes 函数: ')
    print(np.swapaxes(a,2,0))
Out: 原数组:
    [[[0 1]
      [2 3]]

     [[4 5]
```

```
        [6 7]]]
    swapaxes 函数:
    [[[0 4]
      [2 6]]

     [[1 5]
      [3 7]]]
```

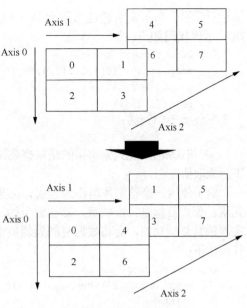

图 3-4 swapaxes()函数数组翻转原理图

上述示例中,首先构造了一个三维数组,然后交换 0 轴到 2 轴,最后得出上面的结果。swapaxes() 函数经常用于多维数组的轴对换操作。上述示例代码翻转原理如图 3-4 所示。

5. 数组的切片和索引

(1)一般索引

与 Python 中 list 的切片操作相同,ndarray 数组对象可以通过索引或切片对内容进行访问和修改。ndarray 数组可以基于 0~n 的下标进行索引,切片对象可以通过内置的 slice()函数,并设置 start、stop 及 step 参数从原数组中切割出一个新数组。示例代码如下:

```
In: import numpy as np
    a=np.arange(12)
    s=slice(2,10,2)
    print (a[s])
    b=a[2:10:2]
    print(b)
Out: [2 4 6 8]
     [2 4 6 8]
```

上述示例中使用了两种方法。首先通过 arange()函数创建 ndarray 对象;然后,分别设置起始、终止和步长的参数为 2、10 和 2。同样地,也可以通过冒号分隔切片参数(如 start:stop:step)来进行切片操作。

冒号的用法。如果中括号中只放置一个参数,将返回与该索引相对应的单个元素,例如,[2] 的返回结果为 2;如果为[2:],表示从该索引开始以后的所有项都将被提取;如果使用了两个参数,如[2:10],则提取两个索引(不包括停止索引)之间的项。示例代码如下:

```
In: import numpy as np
    a=np.arange(10)
    print(a[5])
    print(a[2:])
    print(a[2])
    print(a[2:5])
Out: 5
     [2 3 4 5 6 7 8 9]
     2
     [2 3 4]
```

(2)高级索引

NumPy 比一般的 Python 序列提供了更多的索引方式。除了之前看到的用整数和切片的索引外,数组还可以采用布尔索引及花式索引。

① 布尔索引:NumPy 中允许不通过索引元素位置,而通过寻找满足指定布尔值条件的元素

来进行索引。布尔索引通过布尔运算（如采用比较运算符）来获取符合指定条件的元素的数组。示例代码如下：

```
In: import numpy as np
    x=np.array([[0,1,2],[3,4,5],[6,7,8],[9,10,11]])
    print('大于 5 的元素: ')
    print(x[x>5])
Out: 大于 5 的元素:
     [ 6  7  8  9 10 11]
```

② 花式索引：花式索引指的是以整数数组为索引值，将索引数组的值作为目标数组某个轴的下标来取值。

对于使用一维整型数组作为索引，如果目标是一维数组，那么索引的结果就是对应位置的元素；如果目标是二维数组，那么索引的结果就是对应下标的行。与切片不同的是，花式索引实现的是复制功能，会将数据复制到新数组，使得新数组的变更不会对旧数组产生影响。示例代码如下：

```
In: import numpy as np
    x=np.arange(24).reshape((6,4))
    print(x)
    print(x[[3,2,1,4]])
Out: [[ 0  1  2  3]
      [ 4  5  6  7]
      [ 8  9 10 11]
      [12 13 14 15]
      [16 17 18 19]
      [20 21 22 23]]
     [[12 13 14 15]
      [ 8  9 10 11]
      [ 4  5  6  7]
      [16 17 18 19]]
```

6. 数组的连接与分割

NumPy 中可以非常方便地实现数组的连接和分割操作。

（1）数组连接

数组连接通常通过 concatenate()和 stack()函数实现，下面我们将分别对其进行介绍。

① numpy.concatenate()函数用于沿指定轴连接相同形状的两个或多个数组，语法格式如下：

```
numpy.concatenate((a1, a2, ···), axis)
```

相关参数说明如下。

a1,a2,…：表示相同类型的数组。

axis：表示沿着哪个轴连接数组，默认为 0。

示例代码如下：

```
In: import numpy as np
    a = np.array([[2,4],[6,8]])
    print('数组 a: ')
    print(a)
    b = np.array([[1,3],[5,7]])
    print('数组 b: ')
    print(b)
    print('沿轴 0 连接数组: ')
```

```
print(np.concatenate((a,b)))
print('沿轴1连接数组: ')
print(np.concatenate((a,b),axis = 1))
```
Out: 数组 a:
　　[[2 4
　　 [6 8]]
　　数组 b:
　　[[1 3]
　　 [5 7]]
　　沿轴 0 连接数组:
　　[[2 4
　　 [6 8]
　　 [1 3]
　　 [5 7]]
　　沿轴 1 连接数组:
　　[[2 4 1 3]
　　 [6 8 5 7]]

图 3-5 和图 3-6 所示分别为 concatenate()函数沿 0 轴和沿 1 轴连接的数组。

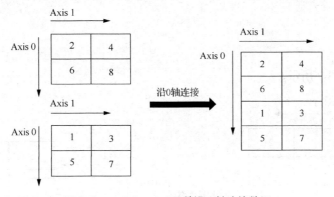

图 3-5　concatenate()函数沿 0 轴连接数组

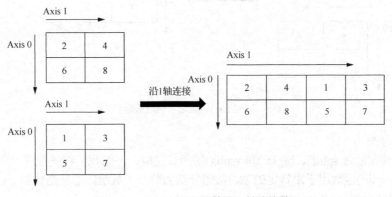

图 3-6　concatenate()函数沿 1 轴连接数组

② **numpy.stack()**函数用于沿新轴连接数组，语法格式如下：

```
numpy.stack(arrays, axis)
```

相关参数说明如下。

arrays：相同形状的数组。

axis：返回数组中的轴，数组将沿着它来堆叠。

示例代码如下：

```
In: import numpy as np
    a = np.array([[1,2],[3,4]])
    print('数组a: ')
    print(a)
    b = np.array([[5,6],[7,8]])
    print('数组b: ')
    print(b)
    print('沿0轴堆叠数组: ')
    print(np.stack((a,b),0))
Out: 数组a:
    [[1 2]
     [3 4]]
    数组b:
    [[5 6]
     [7 8]]
    沿0轴堆叠数组:
    [[[1 2]
     [3 4]]

     [[5 6]
     [7 8]]]
```

堆叠过程如图 3-7 所示。

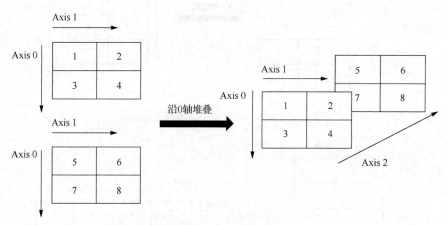

图 3-7 stack()函数沿 0 轴堆叠数组

（2）数组分割

数组分割通常通过 split()、hsplit()和 vsplit()等函数完成，下面我们将进行逐一介绍。

① numpy.split()函数用于沿特定的轴将数组分割为数个子数组，语法格式如下：

```
numpy.split(ary,indices_or_sections,axis)
```

相关参数说明如下。

ary：被分割的数组。

indices_or_sections：如果是一个整数，就用该数平均切分；如果是一个数组，则沿轴将数组切分（左开右闭）。

axis：该参数决定沿着哪个维度进行切分，默认为 0，即横向切分。当该参数为 1 时，纵向切分。

示例代码如下：

```
In: import numpy as np
    a = np.arange(9)
    print('数组a: ')
    print(a)
    print('将数组分为三个大小相等的子数组: ')
    b = np.split(a,3)
    print(b)
    print('将数组按一维数组位置分割: ')
    b = np.split(a,[2,5])
    print(b)
Out: 数组a:
    [0 1 2 3 4 5 6 7 8]
    将数组分为三个大小相等的子数组:
    [array([0, 1, 2]), array([3, 4, 5]), array([6, 7, 8])]
    将数组按一维数组位置分割:
    [array([0, 1]), array([2, 3, 4]), array([5, 6, 7, 8])]
```

具体示例如图 3-8 和图 3-9 所示。

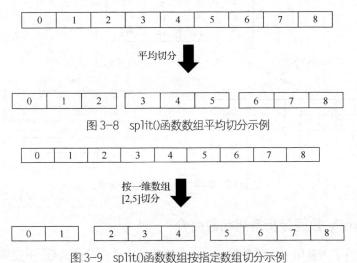

图 3-8　split()函数数组平均切分示例

图 3-9　split()函数数组按指定数组切分示例

② numpy.hsplit()函数用于水平分割数组，通过指定要返回的相同形状的数组数量来拆分原数组。

③ numpy.vsplit()函数用于沿着垂直轴分割数组，其分割方式与 hsplit()函数相同。示例代码如下：

```
In: import numpy as np
    a = np.arange(16).reshape(4,4)
    print('数组a: ')
    print(a)
    print('水平分割: ')
    print(np.hsplit(a,2))
    print('竖直分割: ')
    b = np.vsplit(a,2)
    print(b)
```

67

```
Out: 数组a:
    [[ 0  1  2  3]
     [ 4  5  6  7]
     [ 8  9 10 11]
     [12 13 14 15]]
    水平分割:
    [array([[ 0,  1],
            [ 4,  5],
            [ 8,  9],
            [12, 13]]), array([[ 2,  3],
            [ 6,  7],
            [10, 11],
            [14, 15]])]
    竖直分割:
    [array([[0, 1, 2, 3],
            [4, 5, 6, 7]]), array([[ 8, 9, 10, 11],
            [12, 13, 14, 15]])]
```

具体示例如图 3-10 所示。

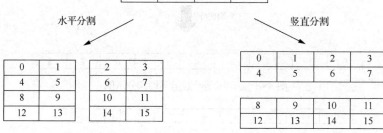

图 3-10　数组水平、竖直分割示例

3.2.3　NumPy 数据分析常用函数简介

NumPy 中内置了大量用于完成数据分析处理的数学函数和统计函数，下面将选取部分常用函数进行介绍。读者也可以参考官方说明文档获取所有函数信息。

1. 常用数学函数

NumPy 包含大量用于各种数学运算的函数，如三角函数、四舍五入函数、取整函数等。

（1）三角函数

NumPy 提供了标准的三角函数：sin()、cos()、tan()。值得注意的是，如需求数组中角度的三角函数值时，可以使用 numpy.pi/180 将角度转化为弧度；同样，也可以通过 numpy.degrees()函数将弧度转化为角度。示例代码如下：

```
In: import numpy as np
    a = np.array([30,60,90])
    b = a*np.pi/180
    print(b)
```

```
      print('正弦值: ')
      print(np.sin(b))
      print('余弦值: ')
      print(np.cos(b))
      print('正切值: ')
      print(np.tan(b))
      print('弧度转角度: ')
      print(np.degrees(b))
Out: [0.52359878 1.04719755 1.57079633]
      正弦值:
      [0.5       0.8660254 1.       ]
      余弦值:
      [8.66025404e-01 5.00000000e-01 6.12323400e-17]
      正切值:
      [5.77350269e-01 1.73205081e+00 1.63312394e+16]
      弧度转角度:
      [30. 60. 90.]
```

（2）四舍五入函数

我们可以通过 numpy.around() 函数返回指定数字的四舍五入值。其语法格式如下：

```
numpy.around(a,decimals)
```

相关参数说明如下。

a：目标数组。

decimals：决定舍入的小数位数，默认值为 0。注意，该参数可以为负。当该参数值为负时，整数将四舍五入到小数点左侧的位置。

示例代码如下：

```
In: import numpy as np
    a = np.array([3.0,5.55,36.125])
    print('原数组: ')
    print(a)
    print('四舍五入: ')
    print(np.around(a))
    print(np.around(a,decimals=1))
    print(np.around(a,decimals=-1))
Out: 原数组:
    [ 3.    5.55  36.125]
    四舍五入:
    [ 3.   6.   36. ]
    [ 3.   5.6 36.1]
    [ 0. 10.  40. ]
```

（3）取整函数

我们可以通过 numpy.floor() 函数实现向下取整、通过 numpy.ceil() 函数实现向上取整。

示例代码如下：

```
In: import numpy as np
    a = np.array([1.5,-1.3,30,0.65])
    print('原数组: ')
    print(a)
    print('向下取整: ')
    print(np.floor(a))
```

```
        print('向上取整: ')
        print(np.ceil(a))
Out: 原数组:
    [ 1.5  -1.3  30.   0.65]
    向下取整:
    [ 1.  -2.  30.   0.]
    向上取整:
    [ 2.  -1.  30.   1.]
```

2. 常用统计函数

NumPy 提供了用于大量统计的函数，利用这些函数可以从数组中查找最小元素、最大元素、平均数、标准差、方差等，常用的统计函数如表 3-4 所示。

表 3-4 　　　　　　　　　　　　　　常用的统计函数

函数	实现功能
np.amin()	查看数组中的最小值
np.amax()	查看数组中的最大值
np.median()	计算数组中的中位数
np.mean()	计算数组的算术平均值
np.average()	计算数组的加权平均值

numpy.amin()用于计算数组中的元素沿指定轴的最小值，numpy.amax()则计算最大值。示例代码如下:

```
In: a=np.array([[4,6,8],[1,3,5],[2,7,9]])
    print('原数组: ')
    print(a)
    print('amin()函数: ')
    print(np.amin(a))
    print('按 0 轴找最小值: ')
    print(np.amin(a,0))
    print('按 1 轴找最大值: ')
    print(np.amax(a,1))
Out: 原数组:
    [[4 6 8]
     [1 3 5]
     [2 7 9]]
    amin()函数:
    1
    按 0 轴找最小值:
    [1 3 5]
    按 1 轴找最大值:
    [8 5 9]
```

同样，NumPy 中内置了 numpy.median()用于求数组的中位数，以及 numpy.mean()用于求数组中元素的算术平均值，如果指定了轴则沿轴计算。这里的算术平均值是指用沿轴元素的总和除以元素的数量。示例代码如下:

```
In: import numpy as np
```

```
a = np.array([[30,40,50],[60,80,35],[70,85,55]])
print('原数组: ')
print(a)
print('median()函数: ')
print(np.median(a))
print('沿 0 轴求中位数: ')
print(np.median(a,axis=0))
Out: 原数组:
    [[30 40 50]
     [60 80 35]
     [70 85 55]]
    median()函数:
    55.0
    沿 0 轴求中位数:
    [60. 80. 50.]
```

numpy.average()函数用来计算加权平均值。它根据在另一个数组中给出的各自的权重计算数组中元素的加权平均值。该函数如果没有指定轴，则数组会被展开。

根据权重的不同，不同元素对整体的贡献程度也不同。加权平均值是指将各数值乘以相应的权数后进行求和，再除以总的单位数。注意，当不指定权重时，该函数与 mean()作用相同。

举例来说，有数组[1,2,3,4]和相应的权重[4,3,2,1]，我们通过将相应元素与相应权数的乘积相加，并将得到的和除以权重的和来计算加权平均值，即加权平均值= $(1*4+2*3+3*2+4*1)/(4+3+2+1)$=2.0。示例代码如下:

```
In: import numpy as np
    a = np.array([1,2,3,4])
    print('原数组: ')
    print(a)
    wt=np.array([4,3,2,1])
    print('带权重的 average()函数: ')
    print(np.average(a,weights=wt))
Out: 原数组:
    [1 2 3 4]
    带权重的 average()函数:
    2.0
```

3.3 Pandas 基础知识

Pandas 是一个基于 Python 语言的数据分析工具包，也是一个非常常用且强大的库，用来进行数据分析和建模。

Pandas 的数据结构（data structure）是使用 Pandas 各项功能的基础，Pandas 中常用的数据结构主要有一维数据结构 Series 和二维数据结构 DataFrame，接下来我们将用两节内容来分别介绍 Series 和 DataFrame 及其基本操作。此外，Pandas 中还有三维数据结构 Panel，由于使用频率不高，在此就不多做介绍。

3.3.1 Series 介绍及其基本操作

Series，中文译为"序列"，它是由一组数据及相对应的一组索引（索引的英文单词是 index，可以理解为数据标签）组成的。其结构是基于 NumPy 的 ndarray 结构，可以理解为一维带索引的数组（结构有点类似 Python 中的字典）。本小节将介绍 Series 的创建、索引和切片等基本操作。

1. Series 的创建

Series 的创建方法主要有列表创建、NumPy 数组创建、字典创建 3 种。由列表和 NumPy 数组创建的 Series，其参数可指定索引，如果没有给 Series 指定索引，那么使用默认索引（从 0 到 $N-1$）。而由字典创建的 Series 无法使用 index 指定索引。

（1）由列表进行创建

示例代码如下：

```
In: a1=Series(data=[1,3,4,5])
    a1
Out: 0    1
     1    3
     2    4
     3    5
     dtype: int64
```

（2）由 NumPy 数组进行创建

示例代码如下：

```
In: a2=Series(data=np.linspace(0,10,3))
    a2
Out: 0    0.0
     1    5.0
     2    10.0
     dtype: float64
```

（3）由字典进行创建

示例代码如下：

```
In: dic={
        'python':90,
        'java':80,
        'c++':70,
        'c':60
    }
    a3=Series(data=dic)
    a3
Out: python    90
     java      80
     c++       70
     c         60
     dtype: int64
```

2. Series 的索引与切片

Series 的索引包含显式索引和隐式索引两种。显式索引是指使用 Series 中的具体索引参数进行索引，隐式索引是指根据 Series 中的索引参数所在的位置进行索引。下面将对两者分别进行介绍。

（1）显式索引

① 使用[]进行索引，示例代码如下：

```
In: a3['python']
```

```
Out: 90
```

```
In: a3[['python','java']]
Out: python    90
     java      80
     dtype: int64
```

② 使用.loc 进行索引，示例代码如下：

```
In: a3.loc['python']
Out: 90
```

```
In: a3.loc[['python','java']]
Out: python    90
     java      80
     dtype: int64
```

（2）隐式索引

隐式索引可使用[]和.iloc 进行索引，基本操作与显式索引类似。示例代码如下：

```
In: a3[0]
Out: 90
```

```
In: a3.iloc[[0,1]]
Out: python  90
     java    80
     dtype: int64
```

Series 切片功能和 NumPy 实现数组的切片相差不大，都是通过索引来实现其切片功能，示例代码如下：

```
In: a3.loc['python':'c']
Out: python    90
     java      80
     c++       70
     c         60
     dtype: int64
In: a3.iloc[0:2]
Out: python  90
     java    80
     dtype: int64
```

3. Series 的其他操作

与 NumPy 相同，Series 除了切片和索引功能，还有很多很重要的功能，如表 3-5 所示。限于篇幅，这里将不再做具体的代码演示，有兴趣的读者可以查阅相关资料自行学习。

表 3-5　　　　　　　　　　　　　　　　Series 的其他操作

函数名称	函数介绍
head(n)	查看前 n 个数据
tail(n)	查看后 n 个数据
unique()	对 Series 元素进行去重
isnull()	检测缺失的数据，返回的布尔值为 True
notnull()	检测缺失的数据，返回的布尔值为 False
size	查看 Series 元素中数据的个数

3.3.2 DataFrame 介绍及其基本操作

上一小节我们介绍了 Series 及其基本操作，但是 Series 只能用于表示带索引（或标签 label）的一维数据。而对于带标签的二维数据，Series 就无法表示了。对于二维数据，我们将引入 DataFrame 的概念。DataFrame 是用来表示二维数据的 Pandas 数据结构，有点类似 Excel，中文可以称作"数据框"。它由行名（index）、列名（columns）和数据（values）组成，数据的类型可以是数值或字符串。DataFrame 数据示例如图 3-11 所示。

图 3-11　DataFrame 数据示例

1. DataFrame 的创建

这里主要介绍 DataFrame 的两种常见创建方式：第一种，直接使用 Pandas 的 DataFrame()函数创建；第二种，使用字典进行创建。

（1）直接使用 Pandas 的 DataFrame()函数创建

我们在这里创建一个 3×3 的 DataFrame，示例代码如下：

```
In: df1=pd.DataFrame([[1,2,3],[4,5,6],[7,8,9]],index=list('123'),columns=list('ABC'))
    df1
Out:
      A  B  C
   1  1  2  3

   2  4  5  6

   3  7  8  9
```

这里的第一个参数是存放在 DataFrame 中的数据；第二个参数是 index，即行名（也就是索引），在这里是'123'（使用 list 函数将其拆分成列表格式）；第三个参数是 columns，即列名，在这里是'ABC'（同样使用 list 函数将其拆分成列表格式）。

（2）使用字典进行创建

示例代码如下：

```
In: dic1={'A':[1,2,3],'B':[4,5,6],'C':[7,8,9]}
    df2=pd.DataFrame(dic1)
    df2
Out:
      A  B  C
   0  1  4  7

   1  2  5  8

   2  3  6  9
```

在这里，字典的 key 对应的是列名，而每个 key 对应的 value 是这一列的内容。

2. DataFrame 的基础操作

下面将从行和列两个角度分别介绍 3 种 DataFrame 类的常用基础操作：索引、添加、删除。

（1）列的索引、添加与删除

索引：可以用 df['列名']来索引一列。示例代码如下：

```
In: df1=pd.DataFrame([[1,2,3],[4,5,6],[7,8,9]],index=list('123'),columns=list('ABC'))
    print(df1)
    print(df1['C'])
```

```
Out:    A  B  C
     1  1  2  3
     2  4  5  6
     3  7  8  9
     1  3
     2  6
     3  9
Name: C, dtype: int64
```

添加：增加一列，如果是插入最后一列，可以直接赋值；如果想插入指定位置，可以使用 DataFrame 中的 insert()函数进行操作。示例代码如下：

```
In: dic1={'A':[1,2,3],'B':[4,5,6],'C':[7,8,9]}
    df2=pd.DataFrame(dic1)
    print(df2)
    df2['D']=df2['A']+df2['B']        #在最后一列插入 D 列，D 列为 A 列+B 列
    print(df2)
    df2.insert(2,'F','0')             #loc=2,插入第三列
    print(df2)
Out:    A  B  C
     0  1  4  7
     1  2  5  8
     2  3  6  9
        A  B  C  D
     0  1  4  7  5
     1  2  5  8  7
     2  3  6  9  9
        A  B  F  C  D
     0  1  4  0  7  5
     1  2  5  0  8  7
     2  3  6  0  9  9
```

删除：删除有两种方法，用 del 关键字或用 pop()函数。两者的区别在于，del 仅完成删除，而 pop()除了完成删除，还将删除值返回。示例代码如下：

```
In: dic1={'A':[1,2,3],'B':[4,5,6],'C':[7,8,9]}
    df2=pd.DataFrame(dic1)
    df2
    del df2['A']                      #删除 A 列
    B=df2.pop('B')                    #删除 B 列，并将 B 列的值返回，返回值类型：Series
    print(df2)
Out:    C
     0  7
     1  8
     2  9
```

（2）行的索引、添加与删除

索引：行的索引可以直接使用行名来进行索引，代码为 df.loc[标签]；也可以指定索引第 loc 行，代码为 df.iloc[第几行]。示例代码如下：

```
In: dic1={'A':[1,2,3],'B':[4,5,6],'C':[7,8,9]}
    df2=pd.DataFrame(dic1)
    df2
    print(df2.loc[2])                 #索引第"2"行
    print(df2.iloc[0])                #索引第"0"行
```

```
Out: A    3
     B    6
     C    9
     Name: 2, dtype: int64
     A    1
     B    4
     C    7
     Name: 0, dtype: int64
```

添加：添加一行，可以直接赋值，参考代码为 df.loc[行索引值或标签]=[添加的数据]。示例代码如下：

```
In: dic1={'A':[1,2,3],'B':[4,5,6],'C':[7,8,9]}
    df2=pd.DataFrame(dic1)
    print(df2)
    df2.loc['3']=['10','11','12']
    print(df2)
Out:    A   B   C
    0   1   4   7
    1   2   5   8
    2   3   6   9
        A   B   C
    0   1   4   7
    1   2   5   8
    2   3   6   9
    3  10  11  12
```

删除：删除行常用 DataFrame.drop()函数，参考代码为 DataFrame.drop(index=[行的名称], inplace=True/False)，其中 index 是希望删除的一行或多行的名称（这里对列也适用，如果想删除列，使用 columns 参数即可），inplace 参数指是否在原对象基础上进行修改，这是 Pandas 很多函数都会使用的参数。如果 inplace=True，那么不创建新的对象，直接修改原始对象；如果 inplace=False，那么原始对象不变，对数据进行修改后，创建并返回新的对象承载其修改结果。一般默认 inplace 是 False，即创建新的对象进行修改，原始对象不变。示例代码如下：

```
In: dic1={'A':[1,2,3],'B':[4,5,6],'C':[7,8,9]}
    df2=pd.DataFrame(dic1)
    print(df2)
    df2.drop(index=[0], inplace=True)         #删除第"0"列，直接修改原始对象
    print(df2)
    df3=df2.drop(index=[1], inplace=False)    #删除第"1"列，不直接修改原始对象
    print(df3)
    print(df2)
Out:   A  B  C
    0  1  4  7
    1  2  5  8
    2  3  6  9
       A  B  C
    1  2  5  8
    2  3  6  9
       A  B  C
    2  3  6  9
       A  B  C
    1  2  5  8
    2  3  6  9
```

（3）DataFrame 的其他操作

这里将介绍 DataFrame 一些其他的常用操作，限于篇幅，不再做具体的代码演示。表 3-6 所示为 DataFrame 常用的函数及其描述。

表 3-6 DataFrame 常用的函数及其描述

函数名	描述
dtypes()	可以用于查看各列的数据类型
head()	可以用于查看 DataFrame 前几行的数据，默认的是前 5 行
tail()	可以用于查看 DataFrame 后几行的数据，默认的是后 5 行
index()	可以用于查看行名
columns()	可以用于查看列名
values()	可以用于查看 DataFrame 里的数据值，返回的对象是一个数组
shape()	查看行列数
sum()	使用 sum 默认对每列求和，sum(1)为对行求和
apply()	自动根据该函数的 func 函数遍历处理某些行或列的每一个数据

3.4 Pandas 数据预处理

3.4.1 数据合并

在日常工作和生活中，需要处理和分析的数据往往分散在不同部门的不同表格，甚至数据库中。通过合并数据，可以将这些数据整合在一张表内供分析使用。合并方式主要有堆叠合并、主键合并等，接下来将分别进行介绍。

1. 堆叠合并

堆叠合并就是把两个表直接合并在一起。堆叠合并分为横向堆叠和纵向堆叠。

（1）横向堆叠

横向堆叠是把第二张表的数据与第一张表的最后一列数据相连接，即沿 x 轴对两张表做拼接。因此进行横向堆叠的前提是两张表的行数必须是相等的，一般使用 concat()函数来实现。值得注意的是，进行横向堆叠时可能会产生两个相同列名的列，所以需要提前对重复的列名进行处理再做下一步操作。

concat()函数的基本语法格式如下：

```
pandas.concat(objs, axis=0, join='outer', join_axes=None, ignore_index=False,
keys=None, levels=None, names=None, verify_integrity=False, copy=True)
```

concat()函数的相关参数解释如表 3-7 所示。

表 3-7 concat()函数的相关参数解释

参数名称	参数解释
objs	表示参与合并的 Pandas 对象的列表组合，即接收多个 Series、DataFrame、Panel 的组合，无默认值

参数名称	参数解释
axis	接收值为 0 或 1，默认为 0。axis=0 的意思是进行列对齐，如果列名相同，将后表数据添加到前表的下几行；axis=1 的意思是进行行对齐，如果行标签一致，将后表的数据添加到前表的后几列
join	接收值为'inner'或'outer'。join='inner'的意思是对两表做交集合并；join='outer'的意思是对两表做并集合并
join_axes	接收对象为某一表的 index。主要用于其他 n-1 条轴的索引，不执行并集或交集运算。例如，join_axes=[df.index]表示当两表合并时，仅保留 df 表的索引轴对齐数据
ignore_index	接收类型为 boolean，接收值为 True 或 False，默认为 False。用于表示是否不保留连接轴上的索引，产生一组新索引 range(total_length)。当 ignore_index=True 时，会不保留连接轴上的索引，重新产生 index；当 ignore_index=False 时，会保留之前的 index
keys	接收类型为 sequence。表示与连接对象有关的值，用于形成连接轴向上的层次化索引，用来识别合并后数据的来源表。默认为 None
levels	接收包含多个 sequence 的 list。表示在指定 keys 参数后，指定用作层次化索引各级别上的索引。默认为 None
names	接收类型为 list。表示在设置了 keys 和 levels 参数后，用于创建分层级别的名称。默认为 None
verify_integrity	接收类型为 boolean。表示是否检查结果对象新轴上的重复情况，如果发现重复情况则引发异常。默认为 False

在横向堆叠时，axis=1，concat()进行行对齐，对不同列名称的两张或多张表进行合并。如果遇到两表索引并不完全相同的情况，可以对 join 参数赋值以选择进行交集合并（inner）还是并集合并（outer）。如果选择使用交集合并，则返回数据仅为索引重叠部分的数据；如果使用并集合并，则会返回索引的并集部分数据，不足的地方则使用空值（NaN）填补。

如果两张表是完全一样的，那么无论 join 参数使用的是 inner 还是 outer，结果都是两个表会完全按照 x 轴拼接起来。

图 3-12 所示为两张表横向堆叠时并集合并的示意图（注意，Pandas 数据框的列名是可以重复的，相当于列索引，如同行索引可以重复一样）。

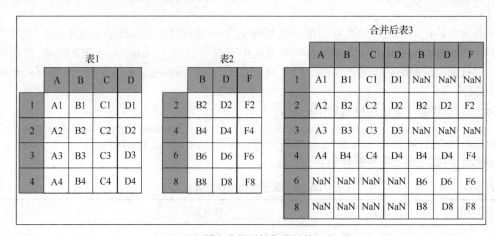

图 3-12　横向堆叠时并集合并的示意图

（2）纵向堆叠

相比于横向堆叠，纵向堆叠则是指将第二张表的数据堆叠到第一张表的下几行，即上文提到的 concat()函数参数 axis＝0 的情况。除了 concat()函数，使用 append()也能够实现纵向堆叠。

在纵向堆叠时，如果使用 concat()函数，axis=0 时，concat()进行列对齐，然后将不同列名称的两张或多张表进行纵向的合并。两张表的索引不完全一样时，可以用 join 参数来选择进行交集合并还是并集合并。如果使用交集合并，返回的仅仅是列名交集所代表的列；如果使用并集合并，返回的是两者列名的并集所代表的列。

如果两张表是完全一样的，那么无论 join 参数使用的是 inner 还是 outer，结果都是将两个表完全按照 y 轴拼接起来。

纵向堆叠示意图如图 3-13 所示。

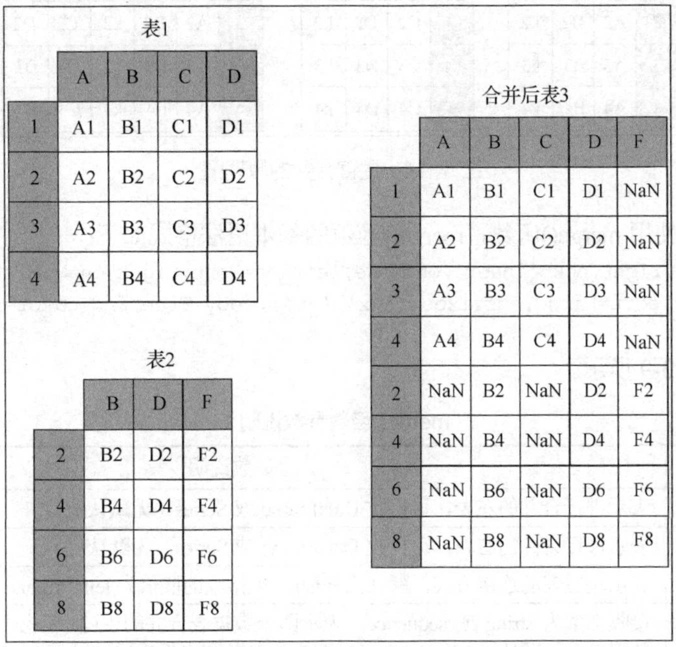

图 3-13　纵向堆叠示意图

刚才提到，纵向堆叠除了可以使用 concat()函数实现，还也可以使用 append()函数实现。但是在使用 append()函数实现纵向堆叠之前，要先满足一个条件，即待合并的两张表的列名完全一致。append()函数的基本语法格式如下：

```
Pandas.DataFrame.append(self,other,ignore_index=False,verify_integrity=False)
```

append()函数相关的参数解释如表 3-8 所示。

表 3-8　　　　　　　　　　　　　　append()函数相关的参数解释

参数名称	参数说明
other	接收对象为 DataFrame 或 Series，表示需要添加的新数据。如果调用者为 DataFrame 而接收对象为 Series，则会把 Series 作为一行添加到 DataFrame 的末尾。无默认值
ignore_index	接收类型为 boolean，接收值为 True 或 False，默认为 False。用于表示是否不保留连接轴上的索引，产生一组新索引 range(total_length)。当 ignore_index=True 时，会不保留连接轴上的索引，重新产生 index；当 ignore_index=False 时，会保留之前的 index
verify_integrity	接收的类型为 boolean。如果输入 True，那么当 ignore_index 为 False 时，会检查添加的数据索引是否冲突，如果冲突，则会抛出 ValueError 异常，表明添加失败。默认为 False

2. 主键合并

主键合并是指将不同的数据表根据一个或多个键（字段）进行合并操作，获取一个新的数据集。对于两张包含不同字段的表，可以将表内数据依照某几个字段一一对应，拼接合并后得到新的数据集，其列数为两个原始数据集的列数之和减去连接字段的数量。

主键合并的原理图如图 3-14 所示。

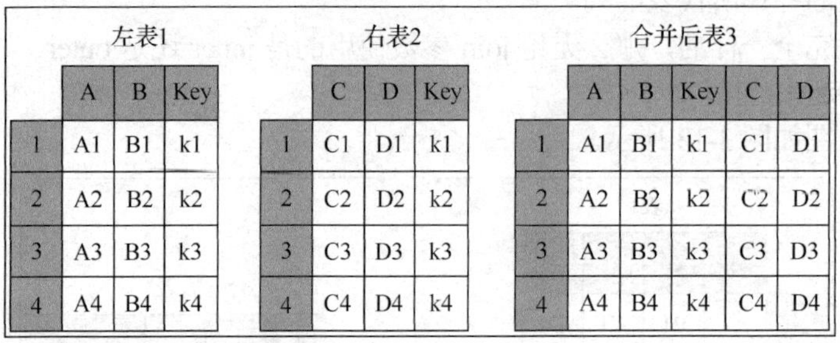

图 3-14　主键合并的原理图

主键合并主要使用 merge()函数，merge()函数的基本语法格式如下：

```
pd.merge(left,right,how='inner',on=None,left_on=None,right_on=None,left_index=False,
right_index=False,sort=False,suffixes=('_x','_y'),copy=True,indicator=False,validate=
None)
```

参数说明如表 3-9 所示。

表 3-9　　　　　　　　　　　　　merge()函数参数说明

参数名称	参数说明
left	表示进行合并的左表，可接收 DataFrame 或 Series。无默认值
right	表示进行合并的右表，可接收 DataFrame 或 Series。无默认值
how	表示左右表的连接方式，默认为 inner，可接收的取值为 left、right、inner、outer
on	接收类型为 string 或 sequence。表示两个数据表合并的主键，必须同时存在于左右两个数据表中。默认为 None，表示以两表列名的交集作为连接键
left_on	接收类型为 string 或 sequence。表示 left 参数接收数据用于合并的主键，默认为 None
right_on	接收类型为 string 或 sequence。表示 right 参数接收数据用于合并的主键，默认为 None
left_index	接收类型为 boolean。表示是否以左表的索引为连接键，默认为 False
right_index	接收类型为 boolean。表示是否以右表的索引为连接键，默认为 False
sort	接收类型为 boolean。表示是否对合并后的数据进行排序，默认为 False

注：其他参数相对来讲不够常用，在此不做详细介绍。

除了 merge()函数，join()函数也可以实现主键合并，其基本语法格式如下：

```
data1.join(data2,on=None,how='inner',lsuffix='',rsuffix='',sort=False)
```

join()函数的用法与 merge()函数基本类似，不同地方在于 join 函数要求两个主键的名称必须相同。

3.4.2　数据清洗

当我们拿到一份数据时，很多时候数据会存在一些问题，如数据缺失、数据重复、存在异常值等，这就需要我们对数据进行"清洗"。本小节将介绍清洗数据的常用方法和操作。

1. 检测与处理重复值

（1）记录重复

记录重复，即针对数据的特征，某几个记录的值完全相同。记录重复主要有以下 3 种方法。

第一种方法：自定义一个去重函数，利用列表去重。该方法去重效果好，但是代码较长，不够简练，示例代码如下：

```
In: def delRep(list1):
        list2=[]
        for i in list1:
            if i not in list2:
                list2.append(i)
        return list2
```

第二种方法：利用集合（set）的元素是唯一的特性去重，如 dish_set=set(dishes)。这种方法代码简单了许多，但会导致数据的排列发生改变。

第三种方法：利用 Pandas 自带的 drop_duplicates()函数。该方法只对 DataFrame 或 Series 类型的数据有效。这种方法代码简洁，并且不会改变数据的排列，但限于篇幅，这里不再对其参数做详细介绍，在此仅介绍各个参数的含义：subset 表示需去重的列名，keep 的值表示最终保留的重复行，inplace 表示是否在原表的基础上处理重复行。其基本语法格式如下：

```
pandas.DataFrame(Series).drop_duplicates(self,subset=None,keep='first',inplace=False)
```

（2）特征重复

根据相关的数学和统计学的知识，可以利用特征间的相似度将两个相似度为 1（即完全相同）的特征去除一个。但是用这种方法进行去重存在一个问题，即该方法只能对数值型数据进行去重，类别型的相似度无法通过相似系数来进行衡量。除了可以使用相似度矩阵实现特征去重以外，还可以考虑选择 DataFrame.equals()函数进行操作。

2. 检测与处理缺失值

如果数据中由于缺少信息而造成某个或某些特征的值不完整，那么这些值即可称为缺失值(NaN)。

Pandas 提供了识别缺失值的两种方法：isnull()函数和notnull()函数。这两个函数运行后返回的都是布尔值，即所有数据的 True 或 False 矩阵。两种结果正好相反，可以使用其中任意一个来判断出数据中缺失值的位置。此外，为了便于统计，在使用 isnull 或 notnull 的同时，结合 sum()函数，可以检测数据中缺失值的分布和统计数据中包含缺失值的数量。

处理缺失值常使用 3 种方法：删除法、替换法、插值法。

（1）删除法

删除法是对缺失值进行处理的最原始、简单的方法，分为删除观测记录（行）和删除特征（列）两种。

Pandas 中包含一种简便滤除缺失数据的函数——dropna()，该函数既可以删除观测记录，也可以删除特征。其基本语法格式如下：

```
pandas.DataFrame.dropna(self,axis=0,how='any',thresh=None,subset=None,inplace=False)
```

表 3-10 所示为该函数常用参数及其解释。

表 3-10　　　　　　　　　　　　　dropna()函数常用参数及其解释

参数名称	参数解释
axis	接收 0 或 1。表示轴向，axis=0 表示删除观测记录（行），axis=1 表示删除特征（列）。默认为 0

参数名称	参数解释
how	接收类型为特定的 string。表示判断删除操作的条件，any 表示只要有缺失值存在就执行删除操作，all 表示当且仅当全部为缺失值时执行删除操作。默认为 any
subset	接收类型为 array 数据。表示进行去重的某列或某行。默认为 None

（2）替换法

替换法也是常用的处理缺失值的方法，具体操作是指定一个特定的值对缺失值进行替换。

数据类型包括数值型和类别型。这两种特征的数据出现缺失值时，选择的替换数据是不同的。当缺失值所在的数据集类型为数值型时，常以数据集的平均数（mean）或中位数（median）等统计数据对缺失值进行替换。如果缺失值所在的数据集类型为类别型，那么常常使用众数来进行缺失值的替换。

Pandas 中也提供了替换缺失值为具体数值的函数 fillna()，用于对缺失值进行填充，其基本语法格式如下：

```
Pandas.DataFrame.fillna(value=None,method=None,axis=None,inplace=False,limit=None)
```

表 3-11 所示为该函数的常用参数及其解释。

表 3-11　　　　　　　　　　　　fillna()函数的常用参数及其解释

参数名称	参数解释
value	接收类型为 Series、DataFrame、scalar、dict。用于表示替换缺失值的值。无默认值
method	接收类型为特定 string。用于确定自动填充的值。backfill 或 bfill 表示使用下方的非缺失值向上自动填补缺失值；pad 或 ffill 表示使用上方的非缺失值向下自动填补缺失值。默认为 None
axis	接收值为 0 或 1。表示轴向。默认为 1
limit	接收值的数据类型为 int。含义是限制填补缺失值的个数，超过 limit 的值就停止填补。默认值为 None

（3）插值法

插值法也是常用的处理缺失值的方法之一，是一种通过已知的、离散的数据点，在一定范围内推求出新数据点的方法。常用的插值法有线性插值、多项式插值和样条插值等。

线性插值：一种较为简单的插值方法，它是根据已知的值推导出线性方程，然后通过线性方程求解得到缺失值。

多项式插值：根据已知的值进行多项式的拟合，以使现有的数据支持这个多项式，然后根据多项式来求解缺失值。常见的多项式插值法有拉格朗日插值和牛顿插值等。

样条插值：一种基于数学函数的插值方法，对每相邻两个数据点进行多项式拟合形成一个样条，函数不同则样条不同，最终光滑的插值曲线由多个可变样条组成，由此可以保证两个相邻的多项式及其导数在连接处连续。

线性插值法对数据的要求较高，只有在自变量和因变量为线性关系的情况下，才能很好地拟合，但是实际分析过程中，这种情况是比较少见的。因此，在多数情况下，多项式插值和样条插值是较为合适的选择。

3. 检测与处理异常值

异常值（Outlier），即在若干个数据中，与其他数值偏离较远且不合理的数值。异常值又称离群点。异常值会极大地影响数据分析结果，导致分析结果产生比较大的偏差，甚至错误。异常值检测指的就是对数据进行检验，检验是否有录入错误或是不合理的数据。常用的异常值检测方法主要有 3σ 原则、箱线图分析和格拉布斯检验法 3 种，此处详细介绍前两种方法。

（1）3σ 原则

如果数据服从正态分布：根据正态分布的定义可知，一个新的样本数据与总样本平均值之间的距离超过 3σ 之外的概率为 $P(|x-\mu|>3\sigma)\leq0.003$。这种概率是极小的，所以一般情况下，我们可以认定超出 3σ 的数据不存在，即该数值为异常数值。

如果数据不服从正态分布：一般根据远离平均距离多少倍的标准差来判定，具体多少倍根据经验和数据的情况来决定。

（2）箱线图分析

箱线图也称作箱形图（box-plot），它提供了识别异常值的一个标准，上界设为 QU+1.5IQR，下界设为 QL-1.5IQR，即认为大于上界或小于下界的数值即为异常值。QL 是下四分位数，表示的是所有数据中只有四分之一的数值小于 QL；QU 是上四分位数，表示的是所有数据中只有四分之一的数值大于 QU；IQR 是四分位数间距，IQR=QU-QL，即上四分位数与下四分位数之差。

四分位数给出了数据分布的中心、散布和形状的某种指示，且在该指标下，25%的数据可以变得任意远而不会对四分位数产生过大的干扰，因此四分位数具有一定的鲁棒性。异常值通常情况下不会影响四分位数指标。鉴于此，用箱线图识别异常值的结果比较客观，加之其形式直观、便于理解的优点，在识别异常值方面具有一定的优越性和可沟通性。

3.4.3　数据标准化

1. 离差标准化数据

数据标准化处理，简单来说，就是将原始数据按比例缩放，使其落入一个较小的特定区间内。离差标准化数据作为其中的一种方法，指的是对原始数据做线性变化，将处理后的原始数据值映射到[0,1]的区间内。转换公式如公式 3-1 所示。

$$X^* = \frac{X - min}{max - min} \tag{3-1}$$

其中，*max* 取所有样本数据中的最大值，*min* 则为最小值。对数据做离差标准化处理可以有效保留原始数据内部的关联关系，能够简单有效地消除由量纲和数据取值范围不同可能对分析结果产生的影响。

离差标准化的特点：经过离差标准化处理后，数据的整体分布情况不会发生改变。如果最大值和最小值相等，数据会变为 0。如果数据极差（*max-min*）过大，就会出现数据在经过离差标准化处理后，数据之间的差值非常小的情况。

离差标准化的缺点：如果样本数据中的某个值过大，那么离差标准化的结果就会接近于 0，且相互之间差别很小。如遇到超过目前[*min,max*]取值范围的情况时，系统会报错，需要把 *min* 和 *max* 重新确定。

2. 标准差标准化的公式及特点

标准差标准化是目前最常用的数据标准化的方法，也叫零均值标准化或分数标准化。经过该方法处理后，数据的均值为 0，标准差为 1，转换公式如公式 3-2 所示。

$$X^* = \frac{X - \bar{X}}{\sigma} \tag{3-2}$$

其中，$\bar{X}$ 为样本数据的平均值，σ 为样本数据的标准差。标准差标准化得到的值区间不局限于[0,1]，并且有可能为负值。此外，标准差标准化数据也不会改变数据的分布情况。

3. 小数定标标准化公式及对比

小数定标标准化是通过移动小数点将数据映射到区间[-1,1]之间，移动的位数由数据绝对值的最大值决定。转换公式如公式 3-3 所示。

$$X^* = \frac{X}{10^k} \tag{3-3}$$

3 种标准化方法各有其优势，具体使用哪种方法可以依据实际需求进行选择。

3.4.4　数据转换

1. 处理类别数据

在进行数据分析时，多数算法模型会对输入的数据类型进行要求，规定数据必须为数值型。但是在实际的数据中，数据的特征类型往往并不是只有数值型，也会出现部分类别型数据。这部分数据需要通过哑变量编码处理后才能输入模型中。哑变量，也叫虚拟变量（Dummy Variables，DV），也可以称为虚设变量或名义变量。哑变量能够将无法定量处理的变量量化。例如，地震、火灾、洪水等自然灾害对 GDP 的影响无法量化表示，但是依据这些因素的属性和类型的不同，可以对应构造只取"0"或"1"的人工变量，这里的人工变量就是哑变量。

哑变量的处理示意图如图 3-15 所示。

哑变量处理前		哑变量处理后					
	城市		城市_广州	城市_上海	城市_杭州	城市_北京	城市_深圳
1	广州	1	1	0	0	0	0
2	上海	2	0	1	0	0	0
3	杭州	3	0	0	1	0	0
4	北京	4	0	0	0	1	0
5	深圳	5	0	0	0	0	1
6	北京	6	0	0	0	1	0
7	上海	7	0	1	0	0	0
8	杭州	8	0	0	1	0	0
9	广州	9	1	0	0	0	0
10	深圳	10	0	0	0	0	1

图 3-15　哑变量处理示意图

Pandas 库中的 get_dummies()函数可以对类别型数据实现哑变量编码处理。其基本语法格式如下：

```
pandas.get_dummies(data,prefix=None,prefix_sep='_',dummy_na=False,columns=None,
sparse=False, drop_first=False)
```

get_dummies()函数参数及其解释如表 3-12 所示。

表 3-12   get_dummies()函数及其参数解释

参数名称	说明
data	需要进行哑变量处理的数据，接收类型为 array、DataFrame 或 Series。无默认值
prefix	哑变量处理后列名的前缀。接收类型为 string、string 的列表或 string 的 dict。默认为 None
prefix_sep	前缀的连接符，接收类型为 string。默认为 '_'
dummy_na	接收类型为 boolean。表示是否需要为 NaN 值新增一列。默认为 False
columns	接收类型为类似 list 的数据。表示 DataFrame 中需要编码的列名。默认为 None，表示对所有数据类型为 object 和 category 的列进行编码
sparse	接收类型为 boolean。表示虚拟列是否是稀疏的。默认为 False
drop_first	接收类型为 boolean。表示是否通过从 k 个分类级别中删除第一级来获得 $k-1$ 个分类级别。默认为 False

对于一个类别型特征，若其取值有 m 个，则经过哑变量处理后该类别特征就变成了 m 个二元特征，并且这些特征彼此相互独立，在每个数据字段中只有一个被激活，数据因此变得稀疏。

对类别型特征进行哑变量处理主要弥补了部分算法模型无法输入及处理类别型数据的缺陷，这在一定程度上起到了扩充特征的作用，使我们得以观察定性因素对因变量的影响。由于数据经过哑变量编码转化为了稀疏矩阵格式，因此也会加快算法模型的运算速度，获得更高的效率。

2. 将连续型数据离散化

在日常进行数据分析时，决策树、朴素贝叶斯等分类算法都是基于离散型数据实现的，这时就需要将连续型数据转换成离散型数据。另外，对数据的离散化处理能够减少算法运行时在时间和空间上的开销，提高系统对样本的分类聚类能力和抗噪声能力。

连续特征的离散化是指根据待离散连续数据的取值范围规定数个分段点，将连续的取值空间划分为若干个子区间，每个子区间根据数据的性质用特定的数值或者符号来表示。因此数据的离散化涉及两个子任务，即确定分类数和将连续型数据映射到这些类别型数据上，其示意图如图 3-16 所示。

常用的离散化方法有等宽法、等频法、基于聚类分析的无监督学习方法，以及有监督学习方法。接下来将对 3 种无监督学习方法分别进行介绍。

（1）等宽法

与制作频率分布表类似，等宽法是指将数据的取值范围划分成若干具有相同宽度的区间，用户指定区间个数或根据数据的性质和实际情况进行选择。Pandas 包内的 cut()函数可以进行连续型数据的等宽离散化，其基本语法格式如下：

```
pandas.cut(x,bins, right=True, labels=None,
retbins=False, precision=3,
include_lowest=False)
```

表 3-13 所示为 cut()函数的参数说明。

离散化处理前		离散化处理后	
	年龄		年龄
1	18	1	(17.955, 27]
2	23	2	(17.955, 27]
3	35	3	(27, 36]
4	54	4	(45, 54]
5	42	5	(36, 45]
6	21	6	(17.955, 27]
7	60	7	(54, 63]
8	63	8	(54, 63]
9	41	9	(36, 45]
10	38	10	(36, 45]

图 3-16 离散化处理示意图

表 3-13   cut()函数的参数说明

参数名称	说明
x	接收数组或 Series。代表需要进行离散化处理的类数组（array-like）数据，必须是一维数据，不接收 DataFrame。无默认值
bins	接收 int、list、array、tuple。若为 int，代表离散化后的类别数量；若为序列类型的数据，则表示切分后的区间，每两个数间隔为一个区间。无默认值
right	接收 boolean 型数据。代表右侧是否为闭区间。默认为 True
labels	接收 list、array。代表离散化后各个类别的标签值，例如把年龄 x 离散化后生成若干个年龄段 bins，则可以给每个 bins 赋予少年、青年、中年等标签值 labels。默认为空
retbins	接收 boolean 型数据。代表是否返回离散化后生成的区间标签。默认为 False
precision	接收 int 型数据。代表显示的标签的精度。默认为 3

等宽法离散化的缺陷为对数据分布具有较高要求，即对噪声点过于敏感。若数据分布不均匀，即数据可能在有些区间范围内分布密集而在有些区间范围内非常稀疏，在这种情况下使用等宽法离散化会严重损坏离散化后生成的数据模型。

（2）等频法

cut()函数虽然不能够直接实现等频离散化，但是可以通过定义将相同数量的记录放进每个区间，以保证每个区间的数量基本一致。

等频法离散化相较于等宽法离散化而言，避免了某些区间内的类分布不均匀的情况。但是依照等频离散的原理，为了保证每个区间内数据的一致性，也有可能将原本数值非常接近的两个数值分进不同的区间，以平衡每个区间中固定的数据数量，这对最终生成模型的损坏程度不亚于等宽法。

（3）基于聚类分析的方法

一维聚类离散的方法包括以下两个步骤：第一步是用某种聚类算法（如基于划分的 K-Means 算法等）对连续型数据进行聚类；第二步是处理聚类得到的簇，得到每个簇对应的分类值。

基于聚类分析的数据离散化，根据用户指定的簇个数决定离散化产生的区间数。

K-Means 聚类分析的离散化方法可以很好地根据现有特征的数据分布状况进行聚类，从而实现离散化处理。但是由于 K-Means 算法本身的缺陷，用该方法进行离散化时，无法主动学习获取离散后簇的个数，依旧需要指定离散化后类别的数量。此时需要配合聚类算法的评价方法，找出最优的聚类簇数量。

3.5　Pandas 数据分析基础

pandas 拥有强大的数据分析能力，它本就是为了解决数据分析任务而创建的，可以实现关系数据库绝大多数的查询分析功能。本节将介绍分层索引、常用分析函数、数据分组、整形和旋转、数据透视表和交叉表等内容。

3.5.1　分层索引

分层索引（MultiIndex）是 Pandas 中一个比较重要的特性，能够让我们在一个轴上实现多个索引层级，帮助我们在低维格式下处理高维数据。下面展示一个简单的例子，构建一个 Series，其 index 是 a list of lists。示例代码如下：

```
In: import pandas as pd
    import numpy as np
In: data = pd.Series(np.random.randn(9),
                index=[['a','a','a','b','b','c','c','d','d'],
                [1,2,3,1,3,1,2,2,3]])
```

```
In: data
Out: a 1  0.675094
       2  0.385208
       3  0.493351
     b 1  0.026803
       3  0.962137
     c 1 -1.000987
       2 -0.265252
     d 2 -0.382321
       3 -1.027560
     dtype: float64
```

我们展示一下 MultiIndex 作为 index 的 Series，示例代码如下（Pandas 版本不同，显示结果可能会有所差异）：

```
In: data.index
Out: MultiIndex([('a', 1),
                 ('a', 2),
                 ('a', 3),
                 ('b', 1),
                 ('b', 3),
                 ('c', 1),
                 ('c', 2),
                 ('d', 2),
                 ('d', 3)],
                )
```

对于这种分层索引对象，部分索引也是能做到的。索引的方法在 3.3 节介绍过，这里不再赘述。

分层索引的作用是改变数据的形状，以及进行一些基于组（Group-based）的操作。下面举一个简单的例子，做一个数据透视表（Pivot Table）。我们可以用 unstack() 把数据进行重新排列，产生一个 DataFrame，示例代码如下：

```
In: data.unstack()
Out:
```

	1	2	3
a	0.675094	0.385208	0.493351
b	0.026803	NaN	0.962137
c	-1.000987	-0.265252	NaN
d	NaN	-0.382321	-1.027560

与此对应的操作是 stack()，示例代码如下：

```
In: data.unstack().stack
Out:
     a 1  0.675094
       2  0.385208
       3  0.493351
     b 1  0.026803
       3  0.962137
     c 1 -1.000987
       2 -0.265252
     d 2 -0.382321
       3 -1.027560
     dtype: float64
```

关于 unstack() 和 stack()，后面的章节会做更多介绍。

对于 DataFrame 来说，任意一个轴（axis）都可以有一个分层索引，示例代码如下：

```
In: frame = pd.DataFrame(np.arange(12).reshape((4,3)),
                         index=[['a','a','b','b'],[1,2,1,2]],
                         columns=[['Ohio','Ohio','Colorado'],
                                  ['Green','Red','Green']])

    frame
Out:
```

		Ohio		Colorado
		Green	Red	Green
a	1	0	1	2
	2	3	4	5
b	1	6	7	8
	2	9	10	11

每一层级都可以有一个名字，在输出中会显示（如果有的话）。

1. 重排序和层级排序

下面我们将介绍在一个轴上按层级进行排序，或者在一个层级上按值进行排序的实现方法。

对于在一个轴上按层级进行排序，我们可以使用 swaplevel()。swaplevel() 可以取两个层级编号或名称，并返回改变后一个层级的新对象。示例代码如下（注意，先要将分层索引的名称设成 key1 与 key2，即 frame.index.names = ['key1', 'key2']，同时将列的分层索引名称设成 state 与 color，即 frame.columns.names = ['state', 'color']）：

```
In: frame.swaplevel('key1','key2')
Out:
```

state		Ohio		Colorado
color		Green	Red	Green
key2	key1			
1	a	0	1	2
2	a	3	4	5
1	b	6	7	8
2	b	9	10	11

而对于在一个层级上按值进行排序，可以使用 sort_index()，让输出结果按指示的层级进行排序。示例代码如下：

```
In: frame.sort_index(level='key2')
Out:
```

state		Ohio		Colorado
color		Green	Red	Green
key1	key2			
a	1	0	1	2
b	1	6	7	8
a	2	3	4	5
b	2	9	10	11

2. 基于层级归纳统计数据

在 DataFrame 和 Series 中，很多描述和归纳统计数据都是有一个层级（Level）选项的。我们可以指定在某个轴下，按某个层级来汇总。例如在上面的 DataFrame 例子中，我们就可以按行或列的层级来进行汇总。示例代码如下：

```
In: frame.sum(level='key2')
Out:
```

state	Ohio		Colorado
color	Green	Red	Green
key2			
1	6	8	10
2	12	14	16

```
In: frame.sum(level='color',axis=1)
Out:
```

	color	Green	Red
key1	key2		
a	1	2	1
	2	8	4
b	1	14	7
	2	20	10

3. 利用 DataFrame 的列进行索引

在日常处理数据的过程中，经常会把 DataFrame 里的一列或多列作为行索引。此外，有时还需要把行索引变为列。示例代码如下：

```
In: frame=pd.DataFrame({'a':range(7),'b':range(7,0,-1),
                        'c':['one','one','one','two','two','two','two'],
                        'd':[0,1,2,0,1,2,3]})
    frame
Out:
```

	a	b	c	d
0	0	7	one	0
1	1	6	one	1
2	2	5	one	2
3	3	4	two	0
4	4	3	two	1
5	5	2	two	2
6	6	1	two	3

DataFrame 的 set_index()会把列作为索引，并创建一个新的 DataFrame，示例代码如下：

```
In: frame2 = frame.set_index(['c','d'])
    frame2
Out:
```

		a	b
c	d		
one	0	0	7
	1	1	6
	2	2	5
two	0	3	4
	1	4	3
	2	5	2
	3	6	1

默认会删除原先的列，如果我们需要保留，可以写成 frame.set_index(['c','d'],drop=False)。
与 set_index()对应的函数是 reset_index()，它会把多层级索引变为列，示例代码如下：

```
In: frame2.reset_index()
Out:
```

	c	d	a	b
0	one	0	0	7
1	one	1	1	6
2	one	2	2	5
3	two	0	3	4
4	two	1	4	3
5	two	2	5	2
6	two	3	6	1

3.5.2　Pandas 常用函数介绍

在使用 Pandas 的过程中，我们经常需要使用各类函数进行数据分析和处理。本小节将按照字符串函数、统计汇总函数、时间序列函数 3 种类别对常用的函数进行分类，并做简单介绍，但是限于篇幅，不做代码展示。

1. 字符串函数

表 3-14 所示为 Pandas 中常用的字符串函数。使用的方法是在 Pandas 数据框的某一列或 Series 上调用 "str.字符串函数"。例如，将数据框中某一列（是一个 Series）转换成大写：Series.str.upper()。

表 3-14　　　　　　　　　　　　　　　　Pandas 常用字符串函数

函数	函数介绍
lower()	将序列或索引中的字符串转换为小写
upper()	将序列或索引中的字符串转换为大写
len()	计算字符串的长度
strip()	将两侧的序列或索引中每个字符串的空格删除
split()	切分字符串，按照给定的模式对字符串进行拆分
cat()	拼接字符串，使用给定的分隔符连接序列或索引元素

函数	函数介绍
get_dummies()	对离散值的列进行独热编码（one-hot 编码），返回具有单热编码值的数据帧（DataFrame）
contains()	查找给定序列或索引对象的数据字符串中是否包含模式，该模式可以是字符串或正则表达式
replace()	替换函数，对指定内容进行替换
repeat()	重复函数，重复每个元素指定的次数
count()	返回给定的字符串出现的总数
startswith()	判断序列或索引是否以给定的字符串开头，返回类型为布尔值
endswith()	判断序列或索引是否以给定的字符串结尾，返回类型为布尔值
find()	返回给定的字符串首次出现的位置
findall()	返回给定的字符串所有出现的列表
swapcase()	变换字母大小写
islower()	判断序列或索引中每个字符串中的所有字符是否小写，返回类型为布尔值
isupper()	判断序列或索引中每个字符串中的所有字符是否大写，返回类型为布尔值
isnumeri()	判断序列或索引中每个字符串中的所有字符是否为数字，返回类型为布尔值

2. 统计汇总函数

表 3-15 所示为 Pandas 中常用的统计汇总函数。使用的方法是在 Pandas 数据框的某一列或 Series 上调用这些统计汇总函数。例如，求某一列的最大值：Series.max()。

表 3-15　　　　　　　　　　　　Pandas 常用统计汇总函数

函数	函数介绍	函数	函数介绍
min()	计算最小值	cov()	计算协方差
max()	计算最大值	corr()	计算相关系数
sum()	进行求和运算	skew()	计算偏度
mean()	计算平均值	kurt()	计算峰度
size()	统计所有元素的个数	mode()	计算众数
median()	计算中位数	describe()	描述性统计
var()	计算方差	groupby()	分组
std()	计算标准差	aggregate()	聚合运算
quantile()	计算任意分位数	—	—

3. 时间序列函数

表 3-16 所示为 Pandas 常用时间序列函数。数据分析离不开对时间数据的处理分析，读者应熟练掌握这些函数。

表 3-16   Pandas 常用时间序列函数

函数	函数介绍
dt.date	显示日期
dt.time	显示时间
dt.year	显示年份
dt.month	显示月份
dt.day	显示日值
dt.hour	显示小时
dt.minute	显示分钟
dt.second	显示秒
dt.weekday	显示星期几，返回类型为数值型
dt.weekday_name	显示星期几，返回类型为字符型
dt.week	显示年中的第几周
dt.dayofyear	显示年中的第几天
dt.daysinmonth	显示月对应的最大天数
dt.is_month_start	判断日期是否为当月第一天
dt.is_month_end	判断日期是否为当月最后一天
dt.is_quarter_start	判断日期是否为当季度第一天
dt.is_quarter_end	判断日期是否为当季度最后一天
dt.is_year_start	判断日期是否为当年第一天
dt.is_year_end	判断日期是否为当年最后一天
dt.is_leap_year	判断日期是否为闰年

3.5.3　分组

在日常处理和分析数据的过程中，我们经常会需要对数据内部进行分组处理。例如，对于全公司员工的绩效数据，以部门为依据进行分组，或者再对部门分组后的项目组分组进行分析，就需要使用 Pandas 下的 groupby() 函数。在使用 Pandas 进行数据分析时，groupby() 函数是一个非常重要的函数。

接下来我们将模拟读入一段学生成绩及基本情况的数据，以这个数据为例介绍 groupby() 函数的常见操作方式。示例代码如下：

```
In: import pandas as pd
    df = pd.DataFrame({'Name':['A','B','C','D','E'],
                    'Gender':['Male','Female','Female','Male','Male'],
                    'Age':[18,18,20,17,22],'Score':[92,88,100,93,75]})
    df
Out:
```

	Name	Gender	Age	Score
0	A	Male	18	92
1	B	Female	18	88
2	C	Female	20	100
3	D	Male	17	93
4	E	Male	22	75

进行分组时，可以指定一个或多个列名。两者的区别在于，分组的主键或索引将一个是单个主键，另一个则是一个元组的形式。示例代码如下：

```
In: grouped = df.groupby('Gender')
    grouped_muti = df.groupby(['Gender','Age'])
    print(grouped.size())
    print(grouped_muti.size())
Out: Gender
    Female    2
    Male      3
    dtype: int64
    Gender  Age
    Female  18    1
            20    1
    Male    17    1
            18    1
            22    1
    dtype: int64
```

通过 groupby()函数分组得到的是一个 DataFrameGroupBy 对象，如果想返回一个按照分组得到的 DataFrame 对象，那么可以通过调用 get_group()函数来实现。示例代码如下：

```
In: print(grouped.get_group('Female'))
    print(grouped_muti.get_group(('Female',20)))
Out:   Name  Gender  Age  Score
    1    B   Female   18    88
    2    C   Female   20   100
       Name  Gender  Age  Score
    2    C   Female   20   100
```

对调用 get_group()函数后得到的 DataFrame 对象按照列名进行索引实际上就是得到了 Series 的对象，剩余的操作就能够按照 Series 对象中的函数进行。

如果没有通过 get_group()函数进行调用，那么数据结构依然是 DataFrameGroupBy。当然也有很多函数或方法可以调用，例如 max()、count()等，返回的结果是 DataFrame 对象。示例代码如下：

```
In: print(grouped.count())
    print(grouped.max()[['Age','Score']])
    print(grouped.mean()[['Age','Score']])
Out:        Name  Age  Score
    Gender
    Female    2    2     2
    Male      3    3     3
            Age    Score
    Gender
    Female   20     100
    Male     22      93
            Age     Score
    Gender
    Female  19.0  94.000000
    Male    19.0  86.666667
```

如果上述的函数未能满足你的需求，可以使用聚合函数 aggregate()传递 NumPy 或自定义的函数，前提是返回一个聚合值。示例代码如下：

```
In: def getSum(data):
        total = 0
```

```
              for d in data:
                  total += d
              return total
          print(grouped.aggregate(np.median))
          print(grouped.aggregate({'Age':np.median,'Score':np.sum}))
          print(grouped.aggregate({'Age':getSum}))
Out:          Age  Score
       Gender
       Female   19     94
       Male     18     92
              Age  Score
       Gender
       Female   19    188
       Male     18    260
              Age
       Gender
       Female   38
       Male     57
```

aggregate()函数是对所有的数值进行一个聚合的操作，如果想对每个数值进行单独的操作，那么可以使用 apply()函数。

3.5.4 整形和旋转

整形（也称为重塑）和旋转是常用的用于整理表格型数据的基本操作。可以把它们当成一个整体功能，用于实现对表格数据的重新排列。有 3 个函数可以实现整形与旋转，即 stack()函数、unstack()函数和 pivot()函数。pivot()与 unstack()很相似，有些细微差别。下面来介绍这几个函数的使用。

1. 对多层级索引进行整形

多层级索引提供了一套统一的方法来整理 DataFrame 中的数据，主要有两个操作：stack()函数操作会把列旋转为行，unstack()函数操作会把行旋转为列。

这里有一个 DataFrame，我们用字符串数组来作为行和列的索引。示例代码如下：

```
In: import numpy as np
    import pandas as pd
In: data = pd.DataFrame(np.arange(6).reshape((2,3)),
            index=pd.Index(['Ohio','Colorado'],name='state'),
            columns=pd.Index(['one','two','three'],
            name='number'))
    data
Out:
```

number	one	two	three
state			
Ohio	0	1	2
Colorado	3	4	5

使用 stack 函数会把列数据变为行数据，产生一个 Series，示例代码如下：

```
In: result=data.stack()
    result
Out: state       number
```

```
    Ohio      one    0
              two    1
              three  2
    Colorado  one    3
              two    4
              three  5
    dtype: int32
```

而使用 unstack() 函数可以把一个有多层级索引的 Series 变回 DataFrame，示例代码如下：

```
In: result.unstack()
Out:
```

number	one	two	three
state			
Ohio	0	1	2
Colorado	3	4	5

stack() 和 unstack() 还有很多其他操作，限于篇幅，这里无法全部展示，有兴趣的读者可以自行进行深入的学习。

2. pivot() 函数

Python 的 pivot() 函数用来指定列的值作为新的列索引来重新排列表格数据。其语法格式如下：

```
pivot(index=None,columns=None,values=None)
```

pivot() 函数参数说明如表 3-17 所示。

表 3-17　　　　　　　　　　　pivot() 函数参数说明

参数名称	说明
index	可选参数。设置新 DataFrame 的行索引，如果未指明，就用当前已存在的行索引
columns	必选参数。用来设置作为新 DataFrame 的列索引
values	可选参数。在原 DataFrame 中选中某一列或几列的值，使其在新 DataFrame 的列里显示。如果不指定，则默认将原 DataFrame 中所有的列都显示。这里需要注意：为了将所有的值都显示出来，就会出现多层行索引的情况

示例代码如下：

```
In: df = pd.DataFrame(
        {'A':['five','five','six','seven']*3,
        'B':['X','Y','Z']*4,
        'C':['ball','ball','ball','basket','basket','basket']*2,
        'D':np.random.randn(12),
        'E':np.random.randn(12)})
    df
Out:
```

	A	B	C	D	E
0	five	X	ball	-0.342838	-1.653015
1	five	Y	ball	-0.289636	0.149202
2	six	Z	ball	0.238302	0.647908
3	seven	X	basket	-0.992258	-1.016866
4	five	Y	basket	0.310037	-1.881861
5	five	Z	bakset	0.688296	0.160538

6	six	X	ball	0.617324	-0.453972
7	seven	Y	ball	0.870828	-0.613666
8	five	Z	ball	2.502561	0.878027
9	five	X	basket	-0.598398	0.764680
10	six	Y	basket	-0.183612	0.487761
11	seven	Z	bakset	-0.222515	-1.724781

不设置行索引（不指定 index），设置新的列索引为 B，即用其值（X,Y,Z）作为新的列索引，values 取 C，示例代码如下：

```
In: df.pivot(columns='B',values='C')
Out:
```

B	X	Y	Z
0	ball	NaN	NaN
1	NaN	ball	NaN
2	NaN	NaN	ball
3	basket	NaN	NaN
4	NaN	basket	NaN
5	NaN	NaN	basket
6	ball	NaN	NaN
7	NaN	ball	NaN
8	NaN	NaN	ball
9	basket	NaN	NaN
10	NaN	basket	NaN
11	NaN	NaN	basket

指定 values 为 C 和 D 时，C 和 D 就变成了层次化的列索引。示例代码如下：

```
In: df.pivot(columns='B',values=['C','D'])
Out:
```

		C			D	
B	X	Y	Z	X	Y	Z
0	ball	NaN	NaN	−0.342838	NaN	NaN
1	NaN	ball	NaN	NaN	−0.289636	NaN
2	NaN	NaN	ball	NaN	NaN	0.238302
3	basket	NaN	NaN	−0.992258	NaN	NaN
4	NaN	basket	NaN	NaN	0.310037	NaN
5	NaN	NaN	bakset	NaN	NaN	0.688296
6	ball	NaN	NaN	0.617324	NaN	NaN
7	NaN	ball	NaN	NaN	0.870828	NaN
8	NaN	NaN	ball	NaN	NaN	2.50256
9	basket	NaN	NaN	−0.598398	NaN	NaN
10	NaN	basket	NaN	NaN	−0.183612	NaN
11	NaN	NaN	bakset	NaN	NaN	−0.222515

注意 使用 pivot() 函数时，如果 index 或 columns 中出现了多重值的情况，程序就会出错。

3.5.5 数据透视表和交叉表

1. 数据透视表

数据透视表（pivot table）是一种常见的数据汇总工具，常见于各类数据分析软件及电子表格

（例如 Excel）。它能按一个或多个 key 把数据聚合为表格，能沿着行或列，根据主键来整理数据。pandas.DataFrame 中的 pivot_table()方法、pandas.pivot_table()可以实现数据透视表。语法格式如下：

```
pivot=table(values=None,index=None,columns=None,aggfunc='mean',fill_value=None,
margins=False,dropna=True,margins_name='All')
```

pivot_table()相关参数说明如表 3-18 所示。

表 3-18 pivot_table()相关参数说明

参数名称	说明
values	需要合并或聚合的列
index	需要聚合的列
columns	用于进行分组的列名，也就是索引名
aggfunc	聚合函数
fill_value	缺失值填充
dropna	接收类型为 boolean。当前列都为 NaN 时，整列丢弃。默认值为 Ture
margins	接收类型为 boolean。当 margins=True 时，增加列或行总计。默认值为 Flase
margins_name	接收类型为字符串。设定 margin 列名，默认值为'All'

下面示例代码中使用的 tips.csv 是小费数据集，为餐饮行业收集的数据，其中 total_bill 为消费总金额、tip 为小费金额、smoker 为顾客是否吸烟、day 为消费当天是星期几、time 为聚餐的时间段、size 为聚餐人数。

```
In: import numpy as np
    import pandas as pd
In: tips = pd.read_csv('../examples/tips.csv')
    #Add tip percentage of total bill
    tips['tip_pct'] = tips['tip']/tips['total_bill']
In: tips.head()
Out:
```

	total_bill	tip	smoker	day	time	size	tip_pct
0	16.99	1.01	No	Sun	Dinner	2	0.059447
1	10.34	1.66	No	Sun	Dinner	3	0.160542
2	21.01	3.50	No	Sun	Dinner	3	0.166587
3	23.68	3.31	No	Sun	Dinner	2	0.139780
4	24.59	3.61	No	Sun	Dinner	4	0.146808

```
In: tips.pivot_table(index=['day', 'smoker'])
Out:
```

day	smoker	size	tip	tip_pct	total_bill
Fri	No	2.250000	2.812500	0.151650	18.420000
	Yes	2.066667	2.714000	0.174783	16.813333
Sat	No	2.555556	3.102889	0.158048	19.661778
	Yes	2.476190	2.875476	0.147906	21.276667
Sun	No	2.929825	3.167895	0.160113	20.506667
	Yes	2.578947	3.516842	0.187250	24.120000
Thur	No	2.488889	2.673778	0.160298	17.113111
	Yes	2.352941	3.030000	0.163863	19.190588

这个结果也可以通过 groupby()直接得到。

现在假设我们想要按 time 分组，然后对 tip_pct 和 size 进行聚合。我们会把 smoker 放在列上，而 day 用于行，示例代码如下：

```
In: tips.pivot_table(['tip_pct','size'],index=['time','day'],columns='smoker')
Out:
```

time	day	size No	size Yes	tip_pct No	tip_pct Yes
		smoker No	Yes	No	Yes
Dinner	Fri	2.000000	2.222222	0.139622	0.165347
	Sat	2.555556	2.476190	0.158048	0.147906
	Sun	2.929825	2.578947	0.160113	0.187250
	Thur	2.000000	NaN	0.159744	NaN
Lunch	Fri	3.000000	1.833333	0.187735	0.188937
	Thur	2.500000	2.352941	0.160311	0.163863

我们也可以把这个表格加强一下，即通过设置 margins=True 来添加部分合计（partial total）。这么做的话会给行和列各添加 All 标签，这个 All 标签表示的是当前组对于整个数据的统计值。示例代码如下：

```
In: tips.pivot_table(['tip_pct','size'],index=['time','day'], columns='smoker',
margins=True)
Out:
```

time	day	size No	size Yes	size All	tip_pct No	tip_pct Yes	tip_pct All
		smoker No	Yes	All	No	Yes	All
Dinner	Fri	2.000000	2.222222	2.166667	0.139622	0.165347	0.158916
	Sat	2.555556	2.476190	2.517241	0.158048	0.147906	0.153152
	Sun	2.929825	2.578947	2.842105	0.160113	0.187250	0.166897
	Thur	2.000000	NaN	2.000000	0.159744	NaN	0.159744
Lunch	Fri	3.000000	1.833333	2.000000	0.187735	0.188937	0.188765
	Thur	2.500000	2.352941	2.459016	0.160311	0.163863	0.161301
All		2.668874	2.408602	2.569672	0.159328	0.163196	0.160803

这里，对于 All 列，这一列的值不考虑吸烟者和非吸烟者的平均值（Smoker Versus Nonsmoker）；对于 All 行，这一行的值不考虑任何组中任意两个组的平均值（any of the two levels of grouping）。

想要使用不同的聚合函数，传递给 aggfunc 即可。例如，count 或 len 可以给我们一个关于组大小（Group Size）的交叉表格。示例代码如下：

```
In: tips.pivot_table('tip_pct',index=['time','smoker'],columns='day',aggfunc=len,
margins=True)
Out:
```

time	smoker	day Fri	Sat	Sun	Thur	All
Dinner	No	3.0	45.0	57.0	1.0	106.0
	Yes	9.0	42.0	19.0	NaN	70.0
Lunch	No	1.0	NaN	NaN	44.0	45.0
	Yes	6.0	NaN	NaN	17.0	23.0
All		19.0	87.0	76.0	62.0	244.0

如果一些组合是空的（或 NaN），也可以用 fill_value=0 来填充。示例代码如下：

```
In: tips.pivot_table('tip_pct',index=['time','smoker'],columns='day',
                     aggfunc=len,margins=True,fill_value=0)
```

Out:

time	smoker	day	Fri	Sat	Sun	Thur	All
Dinner	No		3	45	57	1	106.0
	Yes		9	42	19	0	70.0
Lunch	No		1	0	0	44	45.0
	Yes		6	0	0	17	23.0
All			19	87	76	62	244.0

2. 数据交叉表

交叉表（Cross-tabulation，Crosstab）是一种特殊形式的数据透视表，只计算组频率。示例代码如下：

```
In: data = pd.DataFrame({'Sample':np.arange(1,11),
            'Nationality':['USA','China','USA','China','China','China',
                           'USA','USA','China','USA'],
            'Handedness':['Right-handed','Left-handed','Right-handed',
                          'Right-handed','left-handed','Right-handed',
                          'Right-handed','Left-handed','Right-handed',
                          'Right-handed']})
    data
```

Out:

	Sample	Nationality	Handedness
0	1	USA	Right-handed
1	2	China	Left-handed
2	3	USA	Right-handed
3	4	China	Right-handed
4	5	China	left-handed
5	6	China	Right-handed
6	7	USA	Right-handed
7	8	USA	Left-handed
8	9	China	Right-handed
9	10	USA	Right-handed

作为调查分析的一部分，我们想要按国家和惯用手来进行汇总，这里用 pandas.crosstab()函数就会很方便，示例代码如下：

```
In: pd.crosstab(data.Nationality,data.Handedness,margins=True)
```

Out:

Handedness	Left-handed	Right-handed	All
Nationality			
China	2	3	5
USA	1	4	5
All	3	7	10

crosstab()函数的前两个参数可接收多种类型，既可以是数组，也可以是 Series，还可以是由数组组成的列表。对于 tips 数据，可以这样写，示例代码如下：

```
In: pd.crosstab([tips.time,tips.day],tips.smoker,margins=True)
```

Out:

time	smoker	No	Yes	All
	day			
Dinner	Fri	3	9	12
	Sat	45	42	87
	Sun	57	19	76
	Thur	1	0	1
Lunch	Fri	1	6	7
	Thur	44	17	61
All		151	93	244

以上就是 Pandas 库的简单介绍。Pandas 作为 Python 中最常用的数据分析库，其内容非常丰富，但是限于篇幅，不能在这里做过多的展开，感兴趣的读者可以自行做进一步的学习。

3.6 Matplotlib 数据可视化

在此节中，我们将简要地介绍如何利用 Matplotlib 实现基本的数据可视化。

3.6.1 Matplotlib 简介

MATLAB 是数据绘图领域广泛使用的语言和工具。Matplotlib 是受 MATLAB 的启发构建的。Matplotlib 是 Python 的一个 2D 图形库，能够生成各种格式的图形（如折线图、散点图、直方图等），界面可交互（可以利用鼠标对生成图形进行单击操作）。同时，该 2D 图形库跨平台，即既可以在 Python 脚本中编码操作，也可以在 Jupyter Notebook 中使用，以及其他平台也可以很方便地使用 Matplotlib 图形库，而且生成的图形质量较高。通过 Matplotlib，编写几行代码便可以绘制出直方图、条形图、折线图、散点图等。为方便 MATLAB 用户过渡到 Matplotlib 包，Matplotlib 提供了一套完全仿照 MATLAB 函数形式的绘图接口。这套绘图接口在 matplotlib.pyplot 模块中。

使用 pip install matplotlib 命令即可轻松安装 Matplotlib。由于之前我们已经安装了 Anaconda，其中已经包含了 Matplotlib 包，因此无须再次安装，可以直接调用。我们可以使用 pip list 命令查看已经安装的包及其版本信息。调用 Matplotlib 库时使用 import 命令，为了减少后续重复输入，一般用 as 将 matplotlib.pyplot 简略为 plt。示例代码如下：

```
In: import matplotlib.pyplot as plt
```

下面将从两个方面简单介绍 Matplotlib 数据可视化的快速应用。一方面是在 3.6.2 小节中以绘制折线图为例，介绍 Matplotlib 绘图的基本操作，以及图形中各组成部分（图中的线性属性、标题、坐标轴、图例、图中文字）的设置方法；另一方面在 3.6.3 小节中介绍除折线图外，常用到的直方图、散点图、柱状图和饼图的绘制方法。更高级的 Matplotlib 数据可视化方法本书未有涉及，而一些数据可视化的分析方法则在第 5 章中介绍。

3.6.2 Matplotlib 绘图基础简介

1. 绘制基础折线图

我们从绘制最基础的折线图开始。如绘制由(0,0)、(1,1)、(2,4)、(4,2) 4 个点连成的折线图，先构建两个列表 x=[0,1,2,4]和 y=[0,1,4,2]代表横纵坐标的 x 轴与 y 轴，再用 plt.plot(x,y)绘制折线，用 plt.show()显示图像。注意，如果只输入一维数据，则默认为 y 轴。示例代码如下：

```
In: import matplotlib.pyplot as plt
    x=[0,1,2,4]
```

```
y=[0,1,4,2]
plt.plot(x,y)
plt.show()
```
代码运行结果如图 3-17 所示。

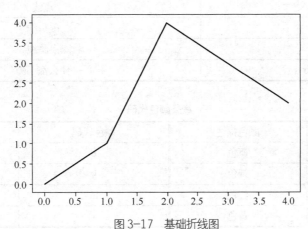

图 3-17　基础折线图

2. 修改线条属性

接下来对线条的颜色、形状和宽度进行修改，例如将图 3-17 的折线修改为绿色虚线、宽度设置为 4。修改线条属性的操作方法主要是在 **plt.plot()** 函数中设置相应的颜色、线条宽度参数值。示例代码如下：

```
In: import matplotlib.pyplot as plt
    import numpy as np
    x=[0,1,2,4]
    y=[0,1,4,2]
    a=np.arange(0,6,0.01)
    plt.plot(x,y,'g--',linewidth='4.0')
    plt.show()
```
代码运行结果如图 3-18 所示。

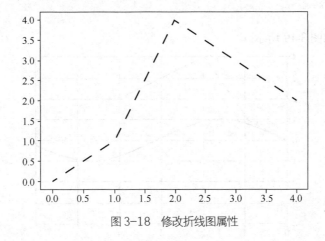

图 3-18　修改折线图属性

线条形状和颜色参数的代码如表 3-19 和表 3-20 所示。

表 3-19 线条形状代码

线条形状代码	形状描述
-	实线
:	点线
--	破折线
-.	点画线
None	什么都不画

表 3-20 线条颜色代码

颜色代码	颜色描述	颜色代码	颜色描述
b	蓝色	c	青色
g	绿色	k	黑色
r	红色	m	洋红色
y	黄色	w	白色

3. 同时绘制多条曲线

Matplotlib 还可以实现同时在一张图中绘制多条曲线。我们在图 3-18 中再添加一条标准三角函数曲线，并通过 plt.grid()给图片背景加上网格。首先通过 NumPy 的 arange()函数生成一组数作为 plt.plot()函数的 x 轴数据，然后通过 NumPy 的 sin()函数在 x 轴数据上计算得到 plt.plot()函数的 y 轴数据，再通过 plt.axis()调整坐标轴刻度以完整显示标准三角函数曲线。示例代码如下：

```
In: import matplotlib.pyplot as plt
    import numpy as np
    x=[0,1,2,4]
    y=[0,1,4,2]
    a=np.arange(0,6,0.01)
    plt.plot(x,y,'g--',linewidth='4.0')
    plt.plot(a,np.sin(a))
    plt.axis([0,6,-4,4])
    plt.grid(True)
    plt.show()
```

代码运行结果如图 3-19 所示。

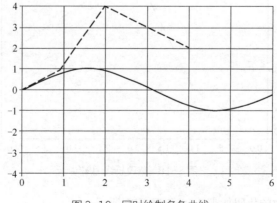

图 3-19 同时绘制多条曲线

4. 完善折线图内容

绘制完后，还可以给图形加上标题（plt.title()）、轴标签（plt.label()）、图内文字（plt.text()）和图例（plt.legend()）等来完善绘制的图形。示例代码如下：

```
In: import matplotlib.pyplot as plt
    import numpy as np
    x=[0,1,2,4]
    y=[0,1,4,2]
    a=np.arange(0,6,0.01)
    #plt.legend()会根据已知曲线的属性自动绘制图例
    #因此要事先指定曲线的label属性
    plt.plot(x,y,'g--',linewidth='4.0',label='line A')
    plt.plot(a,np.sin(a),label='line B')
    plt.axis([0,6,-4,4])
    plt.grid(True)
    plt.xlabel("X axis")
    plt.ylabel("Y axis")
    plt.title("Figure1")
    plt.text(3,-1,"Example")
    plt.legend(loc='upper right')
    plt.show()
```

代码运行结果如图 3-20 所示。

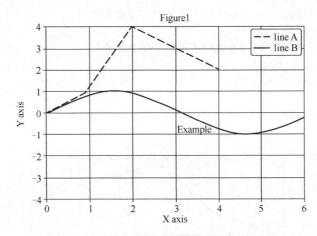

图 3-20　完善折线图内容

对 text()、xlabel()、ylabel()、title()、annotate()等可使用参数来设置其文本属性，表 3-21 所示为部分常用的文本属性参数，详细的内容可以参阅官方说明文档。

表 3-21　　　　　　　　　　　　　　常用文本属性参数及描述

参数	描述
color	颜色
fontfamily	字体系列
fontname	字体名
fontsize/size	字体大小/大小

续表

参数	描述
fontstretch	伸缩变形
fontstyle	字体样式
fontvariant	字体大写
fontweight	字体粗细
horizontalalignment	对齐方式
linespacing	行距

5. 显示多个图表

如果要同时显示多个图表，需要用到 plt.subplot()函数创建多张子图。需要注意的是，该函数的 3 个参数值要分成 3 个数字来看，即几行、几列、第几个子图。另外，还要注意图表总标题的函数为 plt.suptitle()。我们仍以上面的例子为例，在两个子图表中分别画出折线和标准三角函数曲线，示例代码如下：

```
In: import matplotlib.pyplot as plt
    import numpy as np
    x=[0,1,2,4]
    y=[0,1,4,2]
    a=np.arange(0,6,0.01)
    plt.subplot(211)        #创建2×1张图中的第1张子图
    plt.plot(x,y)
    plt.subplot(212)        #创建2×1张图中的第2张子图
    plt.plot(a,np.sin(a))
    plt.suptitle('2Figures')
    plt.show()
```

代码运行结果如图 3-21 所示。

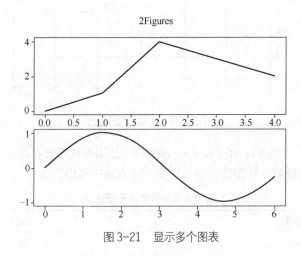

图 3-21 显示多个图表

6. 正常显示中文

在 Matplotlib 中如果对文本属性不进行任何设置会导致输入中文时出现方块乱码，我们可以通过将 fontname 属性修改为中文字体来解决这一问题。示例代码如下：

```
In: plt.title("中文文本",fontname='SimHei',size=20)
Out: Text(0.5, 1.0, '中文文本')
```

代码运行结果如图 3-22 所示。

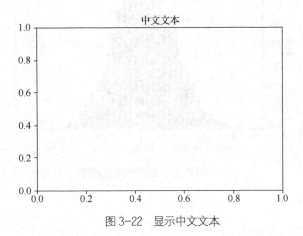

图 3-22　显示中文文本

3.6.3　常用统计图绘制简介

在常见的数据分析任务中，除了折线图以外，还经常用到直方图、散点图、柱状图和饼图。本小节将重点介绍这几种图形的使用方法。

1.　直方图

plt.hist()函数用于绘制直方图，其常用的参数及描述如表 3-22 所示。

表 3-22　　　　　　　　　　　　plt.hist()函数常用参数及描述

常用参数	描述
arr	需要计算的一维数组
bins	直方图分布的柱数，默认为 10
normed（新的 Matplotlib 版本替代为 density）	是否将得到的直方图向量归一化（显示频数或频率）
facecolor	指定直方图的颜色
edgecolor	指定直方图边框的颜色
alpha	指定透明度

我们以绘制正态分布直方图为例，示例代码如下：

```
In: import matplotlib.pyplot as plt
    import numpy as np
    data=np.random.randn(10000)
    plt.hist(data,bins=40,density=0,facecolor="green",edgecolor="white",alpha=0.7)
    plt.xlabel("区间",fontname='SimHei',size=15)
    plt.ylabel("频数",fontname='SimHei',size=15)
    plt.title("正态分布直方图",fontname='SimHei',size=15)
    plt.show()
```

代码运行结果如图 3-23 所示。

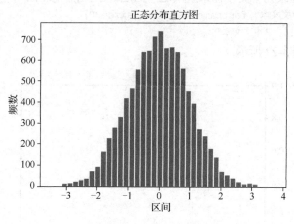

图 3-23　正态分布直方图

2. 柱状图

柱状图分为垂直柱状图 plt.bar(name,values)和水平柱状图 plt.barh(name,values)，注意要先创建柱状图的索引。示例代码如下：

```
In: import matplotlib.pyplot as plt
    import numpy as np
    x=np.random.randint(1,10,4)
    label=list('abcd')        #创建柱状图的索引
    plt.subplot(211)
    plt.bar(label,x)
    plt.subplot(212)
    plt.barh(label,x)
    plt.show()
```

代码运行结果如图 3-24 所示。

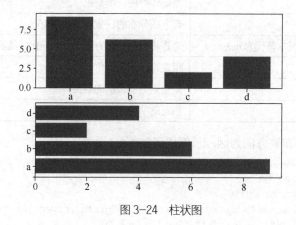

图 3-24　柱状图

3. 散点图

函数 plt.scatter()用于绘制散点图，其常用的参数及描述如表 3-23 所示。

表 3-23　　　　　　　　　　　　　　　　散点图常用参数及描述

参数	描述
x	坐标 x 轴集合
y	坐标 y 轴集合
c	散点的颜色，默认为纯色
s	散点的大小
alpha	透明度

我们以生成正态分布散点图为例，用 np.random.normal() 函数生成正态分布随机数。示例代码如下：

```
In: import matplotlib.pyplot as plt
    import numpy as np
    x=np.random.normal(0,1,1000)
    #用 np.random.normal() 函数生成 1000 个点的正态分布 x 坐标
    y=np.random.normal(0,1,1000)
    #生成 1000 个点的 y 坐标
    plt.scatter(x,y,alpha=0.5)
    plt.grid(True)
    plt.show()
```

代码运行结果如图 3-25 所示。

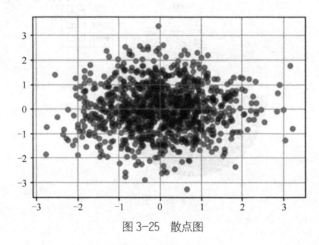

图 3-25　散点图

4. 饼图

函数 plt.pie() 用于绘制饼图，其常用的参数及描述如表 3-24 所示。

表 3-24　　　　　　　　　　　　　　　plt.pie() 函数常用参数及描述

参数	描述
explode	设置突出显示部分
label	设置各部分标签
labeldistance	设置标签文本距圆心的距离
autopct	设置圆内文本格式

续表

参数	描述
shadow	设置是否有阴影
startangle	起始角度，默认从 0 开始逆时针转动
pctdistance	设置圆内文本距圆心的距离

我们通过一组实例数据来演示饼图的绘制。该饼图直观地展示了一份运营商用户数据中用户的比例，示例代码如下：

```
In: import matplotlib.pyplot as plt
    import matplotlib
    list = ["Part1","Part2","Part3"]
    size = [50,40,10]
    color = ["yellow","red","blue"]
    explode = [0.05,0,0]
    plt.pie(size,explode=explode,colors=color,labels=list,
            labeldistance=1,autopct="%1.1f%%")
    plt.axis("equal")        #设置横轴和纵轴大小相等，使饼图为正圆
    plt.legend()
    plt.show()
```

代码运行结果如图 3-26 所示。

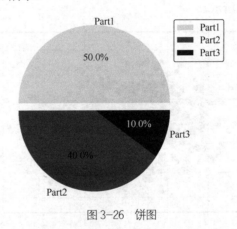

图 3-26　饼图

本章小结

本章介绍了利用 Python 进行数据分析最常用的 3 个基础包：NumPy、Pandas 和 Matplotlib。NumPy 通过 ndarray 数组的创建和一系列操作能够方便地对数据进行处理和科学计算。

Pandas 中，我们需要理解 Series 与 DataFrame 数据结构，并通过学习掌握数据的初步分析和处理基础。

Matplotlib 提供了强大的绘图功能，通过学习本章的绘图基础并结合官方说明文档，使用者能够应对绝大部分数据可视化的工作需求。

通过第 2 章和第 3 章的学习，我们已经掌握了 Python 的基础知识和 Python 数据分析常用包的使用方法。掌握了这些基础后，我们将开始尝试数据分析实践的学习，如下一章中我们将学习如何获取数据。

习题

1．使用 NumPy 创建以下数组。

① 创建元素为自然数 6~10 的一维数组。

② 创建 4×4 的数组，值全部为 False。

③ 创建一个每一行都是从 1~5 的 5×4 矩阵。

④ 创建一个 5×5 的 ndarray 对象，且矩阵边界全为 1，里面全为 0。

2．将第 1 题中①的元素位置反转，并输出最大元素、最小元素。

3．创建一个随机数范围在 0~50 内的 4×3 随机矩阵和一个 3×2 随机矩阵，输出这两个矩阵并求矩阵积。

4．将第 1 题中①和③的数组垂直堆叠。

5．从数组 np.arange(15)中提取 5~10 之间的所有数字。

6．读取附件××同城二手房源数据文件，进行数据分析，读取表格前 5 条数据。

7．根据××同城数据统计长风地区挂牌的总房源量，以及中介房源与个人房源各多少。

8．根据××同城数据统计 1 室、2 室、3 室、4 室房源各多少。

9．根据××同城数据统计面积分别为 0~50m^2、50~100m^2、100~150m^2、150~200m^2、200m^2 以上的房源数量。

10．在同一个坐标系内绘制正弦曲线与余弦曲线，分别用红色与蓝色表示，绘制图例，并在图上标出两条曲线在 2π/3 时的值。

11．将第 9 题的统计结果用饼图表示，并绘制图例。

12．将第 8 题的统计结果分别用水平柱状图和垂直柱状图在一张图中表示。

分析篇

第 **4** 章 **Python 数据获取**

通过上一章的介绍，我们了解了 Python 语言的基础语法、与数据科学相关的工具包使用及简单数据可视化的方法。但是在进行数据分析和数据挖掘之前，我们还需要了解什么是数据，以及掌握获取数据的方法，因为获取数据是后续一切工作的基础。

在大数据时代，Python 作为强大的数据获取工具，可以帮助我们实现自动化获取实时数据，并从海量的互联网数据中提取出想要分析、利用的数据。

本章将介绍数据的属性和类型，并结合具体实例讲解使用 Python 编程获取数据的各种方法，以及如何运用网络爬虫技术获取互联网上的数据。Python 数据获取的知识框架如图 4-1 所示。

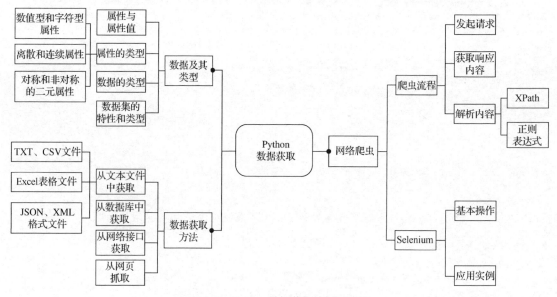

图 4-1　Python 数据获取的知识框架

4.1　数据及其类型

通常，我们需要获取并进行处理的是由数据对象组成的集合，即数据集。其中，数据对象的名称可以是样本点、向量、实例、对象、记录或实体等。

数据集中包括数据对象和属性，其中数据对象在行中显示，属性在列中显示。例如，表 4-1 所示为某公司员工信息的数据集，每行对应一名员工（数据对象），而每列是员工的一个属性，表示员工的某一方面特征，如工号、部门或出生日期等。

表 4-1　　　　　　　　　　　　　　　　员工信息数据集

工号	部门	出生日期
0601	财务部	1996.06.01
0602	销售部	1992.09.08
0603	技术部	1995.12.25

表 4-1 是以记录方式存在的数据集，这种形式在数据文件或关系数据库系统中非常常见。接下来，我们将介绍数据存在的其他形式和数据的特征。

4.1.1　属性与属性类型

1. 属性和属性值

属性是刻画数据对象基本特性的数据字段，也可称作特征、变量、字段或维度，如在数据仓库中常用"维"，在机器学习中常用"特征"，而在统计学中常用"变量"。

举例来说，在一所学校中，不同的学生可能在不同的年级，有着各自的学号。年级和学号是描述学生不同方面的两个属性，但这两种属性存在这样的差异：年级具有有限可能的值（一年级、二年级、三年级……），而学号可以取无穷多个值。

赋予属性的值就是属性值。相同的属性可以用不同的属性值来表示，如我们可以用单位为"km"的值来表示距离，也可以用单位为"m"的值来表示距离；不同的属性也可能用同一组值表示，如年龄和学号都可以用整数来表示，但是表示学号的整数可以没有限制，而表示年龄的整数却有最大值和最小值的限制。

2. 属性类型

属性按照属性存放值的不同性质可以分为：数值型、字符型属性；连续属性、离散属性；对称属性和非对称属性等。

（1）数值型和字符型属性

根据是否可以度量，可将属性分为数值型和字符型。其中，可以进行度量的是数值型属性，常常用整数或实数来表示；只是定性地描述对象的特征，难以进行度量的就是字符型属性。

对于数值型属性，可以根据属性对数据对象进行排序，属性的差或比例都是有价值的。例如，长度是数值型属性，我们可以按照长度属性的数值大小对对象进行排序，或者比较不同对象长度的差或比例。例如，木棍 A 长 1m，木棍 B 长 2m，我们可以说 B 比 A 长 1m，或者 B 的长度是 A 的两倍，这样的比较都是有意义的。常用的描述属性的 4 种数值操作有：①相异（=和≠）；②顺序（<、≤、>和≥）；③加减（+和-）；④乘除（*和/）。常见的数值型属性有温度、年龄、质量等。

而字符型属性的值往往是一些符号或事物的名称，用于将对象分类或确定排列顺序。有时也可以用数来表示这些符号或事物的名称，但这些数并不具有数值的意义，也就是说对其进行求平均值等计算是没有意义的。常见的字符型属性有性别、ID、头发颜色等。

（2）离散属性和连续属性

属性根据取值的数量来划分，可分为离散属性和连续属性。离散属性值的个数为有限个或无限个。离散属性可以用整数表示，如一个人的身高；也可以不用整数表示，如头发的颜色。连续属性通常用浮点数表示，其取值是连续且无限的，如销量、温度或重量等。

在数据分析与数据挖掘应用中，我们经常将连续属性做离散化处理。

（3）对称和非对称的二元属性

离散属性的一个特例是二元属性，也称布尔属性，只接收两个值，如真/假、是/否、0/1。当这两种状态的权重相同时，则称它们为对称的二元属性，如性别可以取值为"男"或"女"，而这两个取值的重要性相等。

但在很多时候，两个属性的重要性并不相等，在取值为 0 和 1 时，常常出现的非 0 属性值才是重要的，这时它们就是非对称的二元属性。考虑这样一个例子，假设一个数据集的对象为某小区的全部住户，用二元属性来表示住户是否感染了肺炎。如果住户感染了肺炎，则属性取值 1，否则取值 0。我们知道，由于小区中的住户很多，而感染肺炎的只是少数住户，因此这个数据集的大部分值为 0。因此，我们关注非 0 值将更有意义。

4.1.2　数据类型

根据数据的结构来划分，数据可以分为结构化数据、半结构化数据和非结构化数据。

1. 结构化数据

结构化数据以行为单位，其中每行数据的属性相同，数据对象的信息在行中显示，具体如表 4-2 所示。结构化数据通常存储在关系型数据库的表中，或存储在 Excel 这样的电子表格中。结构化数据的存储和排列具有规律，对数据进行查询和修改也就比较方便，但是结构化数据的缺点是扩展性不是很好。

表 4-2　　　　　　　　　　　　　结构化数据示例

学号	姓名	年级	年龄	性别
20150601	张三	一年级	7	男
20150602	李四	二年级	8	男
20150603	王五	三年级	9	女

2. 半结构化数据

半结构化数据结构变化大，不一定符合关系型数据库中的数据模型结构，所以它并非标准的结构化数据。半结构化数据也包含用来分隔语义元素的相关标记，因此它具有很好的扩展性，又被称为自描述的结构。在半结构化数据中，同一类的实体可能有不同的属性，然而在对这些属性进行描述时，顺序并不重要。

常见的半结构化数据有 XML 格式数据和 JSON 格式数据。

XML（Extensible Markup Language，可扩展标记语言）是以纯文本格式进行数据存储的可扩展标记语言，易于在各种程序中进行数据的读写，因此它是数据交换的公共语言。XML 跟 HTML

（Hyper Text Markup Language，超文本标记语言）相类似，但是 HTML 所有的标签都是预定义的，而 XML 的标签可以自定义。下面用一段 XML 代码表示一名学生的信息。

```
<student id='101'>
    <name>Amy</name>
    <age>12</age>
    <gender>female</gender>
</student>
```

上面这段 XML 代码表示了一名学生的信息：名字是 Amy，年龄为 12 岁，性别为女性。通过上例我们也可以看出，XML 有如下特征。

① 由标签对组成，如：<p></p>。

② 标签可以有属性，如：<student id='101'></student>。

③ 标签对可以嵌入数据，如：<age>12</age>。

④ 标签可以嵌入子标签（具有层级关系），如：

```
<a>
    <b></b>
</a>
```

在结构上，XML 很像 HTML，它们不同的地方在于设计目的。HTML 主要作用是显示数据，展示 Web 信息，它的侧重点在于数据外观；而 XML 则主要用于数据传输和存储，它的侧重点在于数据内容。

JSON（JavaScript Object Notation，JS 对象简谱）是基于 JavaScript 的一个子集，包含了 JavaScript 中的对象和数组，它是一种让我们读写方便，同时让机器也方便解析和生成的数据交换格式。JSON 比 XML 更小、更快，也更易被解析。下面再用 JSON 代码表示同一名学生的信息。

```
{"name": "Amy",
 "age": "12",
 "parents": ["Mike","Jane"]}
```

我们可以看出 JSON 有如下特征。

① 数据在名称/值对中，即将字段名称写在双引号中，中间用冒号连接，后面是值。

② 数据间用逗号分隔。

③ 对象保存在大括号中。

④ 数组保存在中括号中。

半结构化数据的典型应用场景有邮件系统、档案系统等。

3. 非结构化数据

非结构化数据具有不规则或不完整的数据结构，因此无法用数字或统一的结构表示。在生活中，结构化数据和半结构化数据只占小部分，最常见的还是非结构化数据，如文本、表格、图片、音频和视频等。

视频监控、社交媒体等产生的数据都是非结构化数据。

4.1.3　数据集的特性和类型

1. 数据集的一般特性

数据集具有多种特性，其中有 3 个特性需要我们了解，分别是维度、稀疏性和分辨率，它们对数据分析或数据挖掘工作具有重要影响。具体内容如表 4-3 所示。

表 4-3   **数据集的特性**

特性	描述	解释
维度	数据集的维度是数据集中对象具有的属性数量	数据集的属性不一定越多越好，假如维度过高，会给分析带来一定的困难。因此，在数据预处理时要对高维数据进行降维
稀疏性	如具有非对称特征的数据集，大部分是 0 值，非 0 值很少	数据集中只考虑非 0 值，所以数据稀疏可以节省大量的计算时间和存储空间，对数据分析工作有利
分辨率	分辨率不一样，得到的数据就有差别，数据的性质也不一样	例如，用像素低的手机拍摄图片，得到的图片数据不清晰，但用像素高的照相机拍摄图片，图片数据则较为清晰、准确

2. 数据集的几种类型

数据集中的数据对象都有固定的数据字段，它是数据对象的集合。根据数据对象之间是否有明显的联系、是否可用图来表示，我们可以将数据集大致分为 3 种类型：记录数据、基于图的数据和有序数据。

（1）记录数据

记录数据的数据对象之间一般具有相同的属性集，除此以外基本上没有其他关联。根据记录数据的类型不同又可以分为事务数据、数据矩阵和文档数据。表 4-4 所示为一个典型的记录数据形式，其中行表示数据对象，列表示对象的属性。记录数据常常将数据集存储在文件或关系型数据库中。

表 4-4   **记录数据示例**

ID	name	age	sex	Pass the exam
101	Amy	12	female	yes
102	Bob	13	male	yes
103	Mary	12	female	yes
104	David	12	male	yes
105	Alen	11	male	no

① 事务数据（或称购物篮数据）。事务数据中每个记录（事务）涉及一系列的项，它是记录数据的特殊类型。

例如，在一家大型超市事务数据中，一个记录代表购买者每次选购的商品，事务数据中的商品称为项，这里记录的字段是非对称的属性。属性有几种不同类型，可以是二元的，表示购买者是否选购了该商品；还可以是离散的或连续的，表示商品的数量或金额。事务数据示例如表 4-5 所示。

表 4-5   **事务数据示例**

序号	商品
1	{面包,薯片,奶粉}
2	{啤酒,面包}
3	{啤酒,薯片,尿布,奶粉}
4	{啤酒,面包,尿布,奶粉}
5	{薯片,尿布,奶粉}

② 数据矩阵。数据矩阵是把数据对象具有相同数值属性集的数据集在矩阵中表示，矩阵的行和列分别表示对象或属性。采用数据矩阵的优势在于，它可以通过矩阵运算对数据进行变换和处理，是一种标准的数据格式。属性的类型相同且非对称的矩阵被称为稀疏数据矩阵，其中重要的只有非 0 值。

③ 文档数据。文档数据常用文档—词矩阵来表示。将文档用词向量表示，向量的分量表示词，其值对应词在文档中的权重，最简单的权重可以用词出现的次数来表示。行表示不同的文档，列表示不同的词语，文档数据示例如表 4-6 所示。

表 4-6　　　　　　　　　　　　　　　　　　　文档数据示例

	词语 1	词语 2	词语 3	词语 4	词语 5	词语 6	词语 7
文档 1	4	0	5	0	4	3	3
文档 2	0	6	2	1	0	0	1
文档 3	0	1	0	0	2	0	0

（2）基于图的数据

有时，数据可以使用图来表示，这样更为方便。需要注意的是，这里的图是数据结构的一种，包含顶点和连接顶点的边，并非通常意义的图片或图像。用图表示数据有以下两种情况。

① 用图表示数据对象之间的联系。不同的数据对象之间往往存在着一定的关系，这时可以用图来表示。图形的顶点表示数据对象，边表示数据对象之间的联系，根据联系的强弱和方向，边也可以有不同的权重和方向。

举一个用图表示数据对象之间联系的例子：张三、李四和王五是好朋友，他们的微博互相关注；同时张三是明星 A 的粉丝，李四在张三的影响下也喜欢上了明星 A，因此他们都关注了明星 A 的微博，但明星 A 没有关注他们，而王五关注了明星 B。这样的关系可以用图 4-2 表示。

② 用图表示数据对象本身。有些数据对象本身就具有一定的结构，有结点和表示关系的边，这样的对象也可以用图表示。例如用图表示化学中化合物的结构：结点表示原子，而对原子进行连接的则是化学键。用图表示水分子结构，其中黑色结点表示 O 原子，灰色结点表示 H 原子，中间将其相连的边是化学键，如图 4-3 所示。

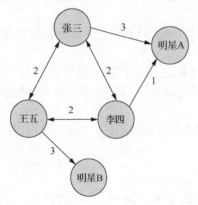

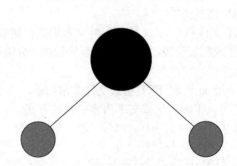

图 4-2　用图表示数据对象之间的联系　　　　　　图 4-3　用图表示水分子结构

（3）有序数据

有序数据就是对象间有一定顺序关系的数据。例如将不同时间的温度记录下来，并按照时间的先后顺序排列，这类数据就是一种有序数据。时间也可以采用不同的观察单位，如时、日、周、月、年等。图 4-4 所示为某地区某日的温度随时间的变化图。

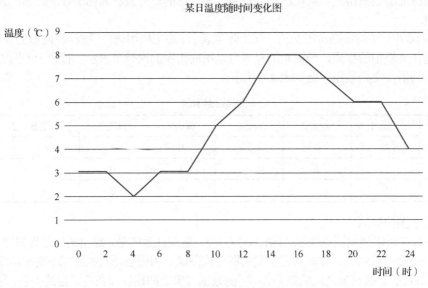

图 4-4　某地区某日温度随时间变化图

4.2　数据获取方法

获取到所需数据是进行后续数据分析和挖掘的基础。通常可供获取的数据有如下几种类型：文本文件及其他更高效的格式文件、数据库存储的数据、从网络上获取的数据。本节将具体介绍这几种常见的数据形式，以及如何用 Python 获取、载入这些数据。

4.2.1　从文件中获取数据

1.　从文本格式文件中获取数据

纯文本格式文件没有任何特殊的格式，读取非常简单，应用十分广泛。常见的有 TXT 格式文件和 CSV 格式文件。

TXT 文件和 CSV 文件都以纯文本形式存储数据，不同之处在于 TXT 是文本文档，字段分隔符是逗号或制表符等；而 CSV 是表格数据，分隔符可以是逗号、制表符，也可以是其他字符或字符串。

用 Python 读取 TXT 格式文件非常简单，不需要导入任何附加的包，只需要使用内置的函数 open() 即可。下面为读取文本内容的几种方式。

```
In: f = open('test.txt', 'r', 'utf-8')
    ftext = f.read()             # 一次性读取文件的所有内容
    ftextlist = f.readlines()    # 逐行读取文本，并存入列表
    fline = f.readline()         # 只读取一行内容
    f.close()                    # 关闭文件
```

我们从文本文件中读取数据往往是为了进行下一步的数据处理和数据分析，因此更推荐直接使用功能强大的数据处理与分析包——Pandas 直接进行数据的读取。

Pandas 中的 read_csv()函数和 read_table()函数都可以从文件、URL 中加载带有分隔符的数据，而两者的区别是：前者的默认分隔符是逗号，而后者的默认分隔符为制表符（"\t"）。

尝试用 Pandas 获取如下文本内容：

```
test - 记事本
文件(F) 编辑(E) 格式(O) 查看(V) 帮助(H)
a,b,c,d,e
1,2,3,4,i
5,6,7,8,love
9,10,11,12,python
```

可以直接使用 read_csv()函数。示例代码如下：

```
In: import pandas as pd          #引入 pandas 包
    df = pd.read_csv('data/test.txt')   #读取文件内容
    df                           #显示数据
```
Out:

	a	b	c	d	e
0	1	2	3	4	i
1	5	6	7	8	love
2	9	10	11	12	python

也可以使用 read_table()函数，但由于 read_table()函数默认分隔符为制表符，因此要将分隔符改为逗号，示例代码如下：

```
In: pd.read_table('data/test.txt',sep=',')  #指定它的分隔符为 ,
```
Out:

	a	b	c	d	e
0	1	2	3	4	i
1	5	6	7	8	love
2	9	10	11	12	python

从以上输出结果可以看到，Pandas 默认将第一行作为了列名。我们也可以设置不默认分配列名，示例代码如下：

```
In: pd.read_csv('data/test.txt',header = None)
```
Out:

	0	1	2	3	4
0	a	b	c	d	e
1	1	2	3	4	i
2	5	6	7	8	love
3	9	10	11	12	python

或自己指定列名：

```
In: pd.read_csv('data/test.txt',names = ['A','B','C','D','E'])
```
Out:

	A	B	C	D	E
0	a	b	c	d	e
1	1	2	3	4	i
2	5	6	7	8	love
3	9	10	11	12	python

还可以将 e 列，即第五列设置为索引，示例代码如下：

```
In: names = ['a','b','c','d','e']
    pd.read_csv('data/test.txt',names = names,index_col = 'e')
Out:
```

e	a	b	c	d
e	a	b	c	d
i	1	2	3	4
love	5	6	7	8
python	9	10	11	12

有时，字段可能是通过不同数量的空格来分隔的，如下面这个文件。

```
test1 - 记事本
文件(F) 编辑(E) 格式(O) 查看(V) 帮助(H)
        A        B        C
aaa -0.264438 -1.026059 -0.619500
bbb 0.927272  0.302904 -0.032399
ccc -0.264273 -0.386314 -0.217601
ddd -0.871858 -0.348382  1.100491
```

这时，我们可以给 read_table 传入一个正则表达式来代替分隔符。我们选择正则表达式\s+，示例代码如下：

```
In: pd.read_table('data/test1.txt', sep='\s+')
Out:
```

	A	B	C
aaa	-0.264438	-1.026059	-0.619500
bbb	0.927272	0.302904	-0.032399
ccc	-0.264273	-0.386314	-0.217601
ddd	-0.871858	-0.348382	1.100491

这里用到的正则表达式十分强大，我们将在 4.3.4 小节中介绍正则表达式的相关内容。

2. 读取 Excel 表格文件

尽管有单独读取 Excel 表格文件的 Python 包，但为了便于读取表格后的数据处理和分析操作，我们依旧选择直接使用强大的 Pandas 读取 Excel 表格文件。

首先使用 Pandas 读取整个工作簿，代码如下：

```
In: ex = pd.ExcelFile('data/ex.xlsx')
```

一个 Excel 文件中可能包括多个工作表，我们可以指定读取哪一张工作表的内容，示例代码如下：

```
In: pd.read_excel(ex, 'Sheet1')
Out:
```

	Unnamed: 0	a	b	c	d	e
0	0	1	2	3	4	i
1	1	5	6	7	8	love
2	2	9	10	11	12	python

```
In: pd.read_excel(ex, 'Sheet2')
Out:
```

	11	10	9	8	i
0	7	6	5	4	love
1	3	2	1	0	python

可以设置 usecols、skiprows 参数来进行读取指定列或跳过哪些行的操作，代码如下：

```
In: pd.read_excel(ex, 'Sheet1',usecols = [0, 2])
Out:
```

	Unnamed: 0	b
0	0	2
1	1	6
2	2	10

```
In: pd.read_excel(ex, 'Sheet1',skiprows = [2])
Out:
```

	Unnamed: 0	a	b	c	d	e
0	0	1	2	3	4	i
1		2	9	10	11	12	python

3. 读取 JSON、XML 格式文件

前面已经介绍过 JSON 格式数据和 XML 格式数据是两种常见的半结构化数据，不但易于人类阅读，还具备机器可读性，广泛用于数据交换。下面我们将介绍如何用 Python 读取 JSON 格式和 XML 格式文件。

（1）读取 JSON 格式文件

可以读取 JSON 数据的 Python 库不止一个，这里我们使用内置在 Python 标准库中的 JSON 模块。JSON 模块提供了以下 4 个功能。

① dumps：把数据类型转换成字符串。

② dump：把数据类型转换成字符串并存储在文件中。

③ loads：把字符串转换成数据类型。

④ load：把文件打开并把字符串转换成数据类型。

给定 JSON 数据如下：

```
In: exm = """
    {"name": "Wes",
     "places_lived": ["United States", "Spain", "Germany"],
     "pet": null, "siblings": [{"name": "Scott", "age": 30, "pets": ["Zeus", "Zuko"]},
            {"name": "Katie", "age": 38,"pets": ["Sixes", "Stache", "Cisco"]}]}
}
"""
```

导入 JSON 模块后，通过 JSON.loads()将其载入 Python，代码如下：

```
In: import json
    a = json.loads(exm)
    a
Out: {'name': 'Wes',
     'places_lived': ['United States', 'Spain', 'Germany'],
     'pet': None,
     'siblings': [{'name': 'Scott', 'age': 30, 'pets': ['Zeus', 'Zuko']},
     {'name': 'Katie', 'age': 38, 'pets': ['Sixes', 'Stache', 'Cisco']}]}
```

我们也可以使用 JSON.dumps 将其转换回 JSON，代码如下：

```
In: asjson = json.dumps(a)
    asjson
Out: '{"name": "Wes", "places_lived": ["United States", "Spain", "Germany"], "pet":
    null, "siblings": [{"name": "Scott", "age": 30, "pets": ["Zeus", "Zuko"]},
    {"name": "Katie", "age": 38, "pets": ["Sixes", "Stache", "Cisco"]}]}'
```

可以根据实际需要，将 JSON 对象转换为任意的数据结构。我们常常将字典构成的列表传入 DataFrame，并从中选出数据字段的子集，代码如下：

```
In: n = pd.DataFrame(a['siblings'], columns=['name', 'pets'])
    n
Out:
```

	name	pets
0	Scott	[Zeus, Zuko]
1	Katie	[Sixes, Stache, Cisco]

（2）读取 XML 格式文件

Python 有 3 种方法解析 XML，分别是 SAX、DOM，以及 ElementTree。SAX 的优点是解析速度快，占用空间小，但操作较为复杂，回调函数需要用户完成，想了解的读者可以自行参考资料。下面我们将介绍用 DOM 和 ElementTree 解析 XML 文件的几个简单操作。

给出的 XML 文件如下：

```
<?xml version="1.0" encoding="UTF-8"?>
<students>
    <student id="101">
        <name>Amy</name>
        <age>12</age>
    </student>
    <student id="102">
        <name>Bob</name>
        <age>13</age>
    </student>
</students>
```

首先导入 XML.dom.minidom 模块，代码如下：

```
In: import xml.dom.minidom
```

用 parse()方法解析 XML 文件，再把文件对象传递给 dom 变量，代码如下：

```
In: dom=xml.dom.minidom.parse('data/students.xml')
```

用 documentElement 得到 dom 对象的文档元素，把获得的对象给 root，代码如下：

```
In: root=dom.documentElement
```

每一个节点都有对应的 3 个属性：nodeName（节点名称）、nodeValue（节点值）、nodeType（节点类型）。

在已知子元素名称的情况下，可以通过 getElementsByTagName()获取子元素名称，代码如下：

```
In: m=root.getElementsByTagName('student')
    n=m[0]
    print(n.nodeName)
Out: student
```

从输出结果中可以看出，student 标签是有属性的，可以使用 getAttribute()方法获得元素的属性所对应的值，代码如下：

```
In: ii=root.getElementsByTagName('student')
    i1=ii[0]
```

```
    i=i1.getAttribute("id")
    print(i)
    i2=ii[1]
    i=i2.getAttribute("id")
    print(i)
Out: 101
    102
```

如何获取标签对中的数据呢？可以使用 firstChild.data 返回被选节点的第一个子节点的数据，代码如下：

```
In: cc=dom.getElementsByTagName('name')
    c1=cc[0]
    print(c1.firstChild.data)
    c2=cc[1]
    print(c2.firstChild.data)
Out: Amy
    Bob
```

下面介绍使用 ElementTree 模块对 XML 文件进行操作。首先引入 ElementTree 模块，代码如下：

```
In: import xml.etree.ElementTree as ET
```

使用 parse()方法返回解析树，并获取根节点，代码如下：

```
In: tree=ET.parse("data/students.xml")
    root=tree.getroot()
    print(root.tag)
Out: students
```

遍历整个 XML 文档，代码如下：

```
In: for child in root:
        print(child.tag,child.attrib)
        for i in child:
            print("result:",i.tag,i.text)
Out: student {'id': '101'}
    result: name Amy
    result: age 12
    student {'id': '102'}
    result: name Bob
    result: age 13
```

只对 age 节点进行遍历，代码如下：

```
In: for node in root.iter("age"):
        print(node.tag,node.text)
Out: age 12
    age 13
```

修改 XML 文档，使两个人的年龄都增加 1，将修改后的内容保存为一个新的 XML 文档，代码如下：

```
In: for node in root.iter("age"):
        new_age=int(node.text) + 1
        node.text=str(new_age)
        node.set("updated","yes")

    tree.write("data/students1.xml")

In: for node in root.iter("age"):
```

```
       print(node.tag,node.text)
Out: age 13
     age 14
```

将年龄大于 12 岁学生的信息删除，再将修改后的内容保存为一个新的 XML 文档，代码如下：

```
In: for student in root.findall("student"):
        age=int(student.find("age").text)
        if age > 12:
            root.remove(student)
    tree.write("data/students2.xml")

In: for child in root:
        print(child.tag,child.attrib)
        for i in child:
            print("result:",i.tag,i.text)
Out: student {'id': '101'}
     result: name Amy
     result: age 12
```

在 4.3.4 小节爬虫内容解析中，我们也将介绍 XPath 方法，其操作对象也是 XML 文档。

4.2.2 从数据库中获取数据

在实际应用中，由于数据量很大，许多数据并不会存储在文本文件或 Excel 文件中，而会存储在各种数据库中。数据库又可以细分为关系数据库和非关系数据库。我们通常在选择合适的数据库时，要根据性能、数据完整性和实际应用的可扩展性这些指标来抉择。

本小节以轻量级的 SQLite 关系型数据库为例，使用 Python 内置的 sqlite3 driver 来创建一个数据库，并进行一些基本操作。

1. SQLite 数据库的连接

① 导入需要用到的模块，Python 中是用 sqlite3 模块。代码如下：

```
In: import sqlite3
    import pandas as pd
```

② 连接数据库。如果已经有一个现成的数据库，可以使用 sqlite3.connect()直接连接到这个数据库。如果不存在这个数据库，那么就会创建一个同类型的数据库，然后返回一个数据库对象。下面示例中这个数据库对象的名称是 con，后续的数据库操作都要用到这个对象。代码如下：

```
In: con = sqlite3.connect('data/mydata.sqlite')
```

2. 创建数据库表

在创建好的数据库中创建一个简单的数据表，命名为 example。在前面的数据库对象 con 的 execute()函数中执行标准的创建数据库表的 SQL 语句即可。示例代码如下：

```
In: query = """
    CREATE TABLE example
     (ID INTEGER NOT NULL, NAME VARCHAR(20),
      AGE INTEGER,GRADE REAL
     );"""
In: con.execute(query)

In: con.commit()
```

注意，con.execute()函数执行 SQL 语句后，要调用 con.commit()函数完成数据库的事务操作，真正完成对数据库的相应操作。

3. 数据库表的操作

对数据库表的操作主要是增、删、改、查，涉及 INSERT、DELETE、UPDATE、SELECT 等 SQL 语句的使用。

① 向表中插入一些数据。我们可以一条一条添加，也可以一次添加多条数据。示例代码如下：

```
In: con.execute("INSERT INTO example (ID,NAME,AGE,GRADE)\
        VALUES (100, 'Mike', 11, 96.0 )");

In: d = [('101', 'Amy', 12, 90.0),
        ('102', 'Bob', 13, 88.5),
        ('103', 'Cat', 12, 92.5)]

In: i = "INSERT INTO example VALUES(?, ?, ?, ?)"
In: con.executemany(i,d)
Out: <sqlite3.Cursor at 0x890e960>

In: con.commit()
```

② 查看数据库表中的所有内容。注意，大部分 Python 的 SQL 驱动返回的都是元组的列表。示例代码如下：

```
In: con.commit()
In: cursor = con.execute('select * from example')
In: rows = cursor.fetchall()
In: rows
Out: [(100, 'Mike', 11, 96.0),
      (101, 'Amy', 12, 90.0),
      (102, 'Bob', 13, 88.5),
      (103, 'Cat', 12, 92.5)]
```

③ 输出数据库表中某几项内容。示例代码如下：

```
In: c = con.execute("SELECT NAME,GRADE from example")
    for row in c:
        print("NAME = ", row[0])
        print("GRADE = ", row[1])
Out: NAME =  Mike
    GRADE =  96.0
    NAME =  Amy
    GRADE =  90.0
    NAME =  Bob
    GRADE =  88.5
    NAME =  Cat
    GRADE =  92.5
```

④ 删除表中某项数据。示例代码如下：

```
In: con.execute("DELETE from example where ID=102;")
    con.commit()

In: cursor = con.execute('select * from example')
    rows = cursor.fetchall()
    rows
Out: [(100, 'Mike', 11, 96.0), (101, 'Amy', 12, 90.0), (103, 'Cat', 12, 92.5)]
```

删除 ID 为 102 的记录后，再查询一下，发现记录已经被删除。

⑤ 将获取的元组列表传递给 DataFrame 构造函数，可以使数据分析更为方便。但是我们也需要包含在 cursor 的 description 属性中的列名，示例代码如下：

```
In: cursor.description
Out: (('ID', None, None, None, None, None, None),
      ('NAME', None, None, None, None, None, None),
      ('AGE', None, None, None, None, None, None),
      ('GRADE', None, None, None, None, None, None))
In: pd.DataFrame(rows,columns=[x[0] for x in cursor.description])
Out:
```

	ID	NAME	AGE	GRADE
0	100	Mike	11	96.0
1	101	Amy	12	90.0
2	103	Cat	12	92.5

我们还可以使用 Python 的 SQL 工具箱——SQLAlchemy，通过 Pandas 的 read_sql() 函数直接从 SQLAlchemy 连接中读取数据。示例代码如下：

```
In: import sqlalchemy as sqla
In: db = sqla.create_engine('sqlite:///data/mydata.sqlite')
In: pd.read_sql('select * from example', db)
Out:
```

	ID	NAME	AGE	GRADE
0	100	Mike	11	96.0
1	101	Amy	12	90.0
2	103	Cat	12	92.5

4.2.3 从网络接口获取数据

如果想要从网上获取数据，有一个简单易行的方法，就是通过调用网站的应用程序接口（Application Programming Interface，API）来直接获取网站的数据。很多网站都有公开的 API，通过 JSON 或一些其他格式为用户提供数据服务。当我们想要获取网站的数据时，可以先查看网站是否提供了 API，供我们访问和获取数据。

有很多方法可以利用 Python 来调用这些 API 并获取所需数据，下面我们将介绍使用 requests 包来调用接口、获取数据。这里，我们将获取 Github 上有关 Pandas 最新问题。

① 导入进行数据分析和处理的 Pandas 和 requests 包。代码如下：

```
In: import pandas as pd
    import requests
```

② 将 API 调用的 URL 存储在 url 中。

③ 使用 requests 发送一个 HTTP GET 请求，获得响应对象（response），如果响应对象的状态码为 200（更多常见的状态码将在 4.3.3 小节中进行介绍），则表示请求成功。代码如下：

```
In: url = 'https://api.github.com/repos/pandas-dev/pandas/issues'
In: resp=requests.get(url)
In: resp
Out: <Response [200]>
```

④ 使用 json() 方法把这些信息转换为一个 Python 字典。data 中的每一个元素都是一个包含 Github 上 issue 页面所有信息的 Python 字典。代码如下：

```
In: data = resp.json()
    data[0]['title']
```

```
Out: 'Performance regression in DataFrame reduction ops'
In: data[0]
```

⑤ 将 data 传给 DataFrame。为了方便对获取到的数据进行处理和分析，我们可以把 data 传给 DataFrame，并提取我们需要的字段，如这里我们提取编号和题目，将其传给 DataFrame，代码如下：

```
In: issues = pd.DataFrame(data, columns=['number', 'title'])
    issues
Out:
```

	number	title
0	38592	Performance regression in DataFrame reduction ops
1	38591	PERF: performance regressions in 1.2.0rc
2	38590	test case for issue #38267
3	38589	TST/REF: collect tests by method
4	38588	TST: Added tests for ABC classes
5	38587	ENH: Raise ParserWarning when length of names ...
6	38586	TYP: Added cast to ABC EA types
7	38584	REF: simplify sanitize_array/_try_cast
8	38583	REF: implement construct_2d_arraylike_from_scalar
9	38582	BUG: MultiIndex.dtypes to handle when no level...
10	38581	ENH: add ignore_index to DataFrame / Series.sa...
11	38580	BUG: In Multilevel.dtypes when level name is n...
12	38578	TST/REF: io/parser/(test_dtypes.py, test_useco...
13	38577	TST/REF: Remove duplicate .plot.hist() tests, ...
14	38576	TST: Bare pytest raises
15	38575	BUG: construction from dt64/td64 values with t...
16	38574	TST: fix some mpl warnings

接下来就可以进行相应的数据分析了。

4.2.4　从网页抓取数据

有些数据内容不能通过直接从网站上进行下载的方式获得，也不是现成的文本文件或数据库表，并且网站也没有提供相应的数据接口供我们下载数据。此时我们就可以利用 Python，自己编写一段爬虫程序，让计算机模拟人的操作，从网页上抓取所需要的数据。

爬虫功能十分强大，也十分实用，我们可以用 Python 编写从网页抓取数据的爬虫程序，具体内容将在下一节中详细介绍。

4.3　网络爬虫

网络爬虫是指自动地抓取网页信息的脚本或程序。有多种方法可以进行网页信息爬取，抓取时要遵循一定规则。在本节中，我们将介绍几种常见的爬虫方法。在此提醒各位读者，请正确使用网络上的开放内容，尊重作者及其相关版权方的权益。

4.3.1　爬虫简介及爬虫流程

互联网上有很多数据集是可免费公开访问的，但是这些数据不能直接获取，要从网站的结构和样式当中抽取出来才可以使用。从网页中抽取数据的过程又被称为网络爬虫。在互联网时代，网络上发布着海量数据信息，网络爬虫已经成为越来越重要的获取数据手段。

网络爬虫主要有以下 4 步：发起请求、获取响应内容、解析内容、保存数据。具体流程如图 4-5 所示。

图 4-5　网络爬虫基本流程

4.3.2　发起请求

使用浏览器打开网站、访问网页，或者用脚本对 URL 进行访问，本质是由客户端向服务端发出请求，服务器对我们请求的响应就是浏览器上所呈现的控制台显示的内容。请求主要有以下 4 个内容：请求方法（RequestMethod）、请求的网址（RequestURL）、请求头（RequestHeaders）与请求体（RequestBody）。

1. 请求方法

最常见的请求方法为 GET 请求和 POST 请求：GET 请求是指直接在浏览器地址栏中输入 URL 访问页面，如输入网址 https://www.qq.com 访问腾讯；POST 请求一般在表单提交时发起，例如，在一个网站登录页面输入用户名和密码后，单击"登录"，一般情况下会发起 POST 请求，但是为了保护用户隐私，其数据通常不会在 URL 中体现。

GET 和 POST 请求方法有如下区别。

① GET 请求的 URL 中除了有访问地址，还包括一次请求所需要的参数和数据，这样就容易在浏览器的 URL 中看到；而 POST 请求的 URL 中不会包含所请求的参数和数据，相对比较安全。

② GET 方式请求数据有字节限制，协议规定最多只有 1024 字节；而 POST 方式没有字节限制。所以在提交大文本及文件内容数据时，一般会采用 POST 方式。

以打开百度网址为例，在浏览器中访问网址 https://www.baidu.com，按 F12 键打开网页调试工具（不同浏览器可能有所差异，同时注意计算机的 F12 功能键是否被其他功能占用），之后单击"网络"选项，可以看到我们对"百度"的请求和得到的响应，如图 4-6 所示。

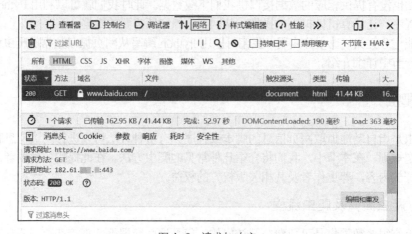

图 4-6　请求与响应

常见的请求方法如表 4-7 所示。

表 4-7　　　　　　　　　　　　　　　　　常见的请求方法

方法	描述
GET	请求页面，并返回页面内容
POST	用于提交表单或上传文件
HEAD	用于获取报头
PUT	向服务器传送数据替换指定文档中的内容
DELETE	请求服务器删除指定的页面
CONNECT	把服务器当转接处，让服务器代替客户端访问其他网页
OPTIONS	允许客户端查看服务器的性能
TRACE	回显服务器收到的请求，主要用于测试或诊断

2. requests 库的使用

向服务器发出请求是学习爬虫的基本操作，可以使用 Python 中的相关库来完成这些请求。基础的 HTTP 库有 requests、urllib、httplib2、treq 等。使用 requests 可以便捷地模拟浏览器的请求，下面讲解 requests 库的使用。

（1）requests 的请求方式

还是以百度为例，我们通过实例学习 requests 的使用。示例代码如下：

```
In: import requests
    response = requests.get('https://www.baidu.com')
    print(type(response))
    print(response.status_code)
    print(response.cookies)
Out: <class 'requests.models.Response'>
     200
     <RequestsCookieJar[<Cookie BDORZ=27315 for .baidu.com/>]>
```

在以上例子中，我们调用 requests 的 get()方法得到了一个 Response 对象（包括 Response 的类型、状态码及 Cookies）。

除了 GET 方式，requests 还可以完成其他类型的请求，代码如下：

```
In: import requests
    response = requests.post('http://www.baidu.com/post')
    response = requests.put('http://www.baidu.com/put')
    response = requests.delete('http://www.baidu.com/delete')
    response = requests.head('http://www.baidu.com/grt')
    response = requests.options('http://www.baidu.com/get')
```

以上介绍了 post()、put()、delete()实现请求的方法，接下来将详细介绍两种较为常用的请求方法：get()和 post()。

（2）基于 GET 的请求方式

GET 请求可以通过 requests 来构建，下面通过实例来介绍。通过 GET 方式请求链接 https://baidu.com/get，示例代码如下：

```
In: import requests
    response = requests.get('https://www.baidu.com/get')
    print(response.text)
Out: {
```

```
    "args": {},
    "headers": {
      "Accept": "*/*",
      "Accept-Encoding": "gzip, deflate",
      "Host": "httpbin.org",
      "User-Agent": "python-requests/2.19.1",
      "X-Amzn-Trace-Id": "Root=1-5eb67a39-82f700ed0b1b338509a16c18"
    },
    "origin": "182.207.221.224",
    "url": "https://www.baidu.com/get"
  }
```

在以上代码的输出结果中可以看到，我们获得了请求头、URL、IP 等信息。

如果想要对豆瓣读书网页进行抓取，那么就需要增加 headers 信息，其中包括浏览器标识信息 User-Agent。如果不加这个，豆瓣会禁止抓取。这里的 User-Agent 是笔者的 User-Agent，在实际操作中最好使用读者自己的 User-Agent。

（3）基于 POST 的请求方式

POST 是另外一种比较常见的请求方式。使用 requests 实现 POST 请求也比较方便，这里请求百度翻译 https://fanyi.baidu.com。代码示例如下：

```
In: import requests
    import json
    get_url='https://fanyi.baidu.com/sug'
    data={
          'kw':'hello'
    }
    content=requests.post(url=get_url,data=data)
    content.encoding='utf-8'
    ret=json.loads(content.text)
    print(ret['data'][0]['v'])
Out: int. 打招呼；哈喽，喂；你好，您好；表示问候 n. "喂"的招呼声或问候声 vi. 喊 "喂"
```

本小节讲解了 requests 的一些基本用法，这些用法在爬取网页数据时会经常用到，需要熟练掌握。更多的用法可以参考 requests 的官方文档。

4.3.3 获取响应内容

响应是指发送请求后返回的结果。上例中，响应内容的获取通过 requests 的属性 text 和 content 来实现。不仅如此，Cookies、状态码、响应头等信息也可以通过 requests 来获取。下面是获取百度网首页的响应。代码示例如下：

```
In: import requests
    response=requests.get('https://www.baidu.com')
    print(type(response))
    print(response.status_code)
    print(type(response.text))
    print(response.cookies)
Out: <class 'requests.models.Response'>
     200
     <class 'str'>
     <RequestsCookieJar[<Cookie BDORZ=27315 for .baidu.com/>]>
```

其中，是否通过请求可以通过常用状态码来判断。常见的状态码如表 4-8 所示。

表 4-8   常见状态码

类别	状态码	状态码英文名称
成功状态码	200	ok
	204	no content
	205	reset content
	206	partial_content
重定向状态码	301	moved_permanently
	302	found
	303	see_other
	304	not_modified
客户端错误状态码	400	bad_request
	401	unauthorized
	403	forbidden
	404	not found
服务端错误状态码	500	server error
	503	unavailable

4.3.4 解析内容

通过请求可以获得网页的 HTML 内容，但是想要爬取的数据可能只是其中的某一部分。如果将 HTML 内容抽象成节点定义 id、节点树、class 等属性，且节点之间有层次关系，那么在爬取数据的过程中就可以先定位到某个节点，再获取节点的内容和属性，提取我们想要的信息，这个过程被称为页面解析。页面解析可以通过使用 XPath 和正则表达式等方式实现。

1．XPath

XPath 可以用来抽取网页信息。在 XML 和 HTML 文档中查找信息时，常使用 XPath。在了解 XPath 的基本用法之前，需要确保安装了 lxml 库。

（1）XPath 简介

XPath 的全称为 XML Path Language，即 XML 路径语言，它可用来遍历 XML 文档中的元素和属性。这种语言比较简单、快捷，通过几行代码就可以完成网页中某个元素的提取。

（2）XPath 常用规则

表 4-9 所示为 XPath 的常用规则。

表 4-9   XPath 常用规则

表达式	描述	示例
nodename	选取此节点的所有子节点	xpath('//div')
/	从当前节点选取直接子节点	xpath('/div')
//	从当前节点选取子孙节点	xpath('//div')
.	选取当前节点	xpath('./div')
..	选取当前节点的父节点	xpath('..')
@	选取属性	xpath('//@calss')

（3）示例

用 XPath 来解析网页主要通过以下实例进行详细介绍。先解析网址 https://sh.58.com/changfenggongyuan/ershoufang/pn1/，获取 58 同城网站上海市普陀区长风公园板块二手房信息。（注：本书爬取网站信息的日期为 2020 年 2 月 28 日）

① 导入相关的库、设置 URL 信息。

首先导入 requests 库和 lxml 库的 etree 模块，并使用 lxml 构造文档对象模型 DOM；然后设置抓取的网址信息，需要设置 User-Agent 信息。这里使用的是笔者的 User-Agent，在练习时最好使用读者自己的 User-Agent。因为同一个 User-Agent 短时间内经常访问同一个网站，可能会被网站禁止。

```
In: import requests
    from lxml import etree
    #在 url 中设置访问 58 同城上海市普陀区长风公园板块二手房信息的详细网址
    url = 'https://sh.58.com/changfenggongyuan/ershoufang/pn1/'
    headers = {
        'User-Agent': 'Mozilla/5.0 (Windows NT 10.0; Win64; x64; rv:74.0)\
        Gecko/20100101 Firefox/74.0'
    }
    ss = requests.Session()                          #使用 requests 访问网页，获取网页内容
    page_text = ss.get(url=url, headers=headers).text
    tree = etree.HTML(page_text)                     #使用 lxml 构造文档对象模型 DOM
```

② 分析网页结构。

从网页信息可以看出，二手房信息是在一个 ul 中，即在 ul[@class="house-list-wrap"]/li 中。@ 可以限制节点属性，为了限制节点的 class 属性为 house-list-wrap，需要加入[@class="house-list-wrap"]，代码如下：

```
In: house_list = tree.xpath('//ul[@class="house-list-wrap"]/li')
    print(house_list[:10])
    print(house_list[0])
Out: [<Element li at 0x1af02a82d08>, <Element li at 0x1af02a82788>, <Element li at
    0x1af02fde3c8>, <Element li at 0x1af02fde988>, <Element li at 0x1af02fde448>,
    <Element li at 0x1af03003f08>, <Element li at 0x1af03003408>, <Element li at
    0x1af03003a48>, <Element li at 0x1af030039c8>, <Element li at 0x1af02fde4c8>]
    <Element li at 0x1af02a82d08>
```

③ 使用 XPath 解析。

用//开头的 XPath 规则能选取所有节点，这里要获取所有 ul[@class="house-list-wrap"]/li 节点，所以使用//，然后直接加上节点名称，调用时使用 xpath()方法。

可以看到其中每个元素都是一个 element 对象，提取结果是列表形式。要想取出中间的某个对象，可以用中括号加索引值，如[0]能获取列表中第 1 个元素。

用 XPath 中的 text()方法可以获取节点中的文本。下面尝试获取页面上第一个二手房的基本信息，其中包括房型、面积、朝向、所在楼层，代码如下：

```
In: ahouse=house_list[0]
    info1=ahouse.xpath('.//p[@class="baseinfo"][1]/span/text()')
    print(info1)
Out: ['2室1厅1卫', '96.83㎡\xa0', '南北', '低层(共6层)']
```

这里通过 / 和//查找元素的子节点或子孙节点，本例中.//p[@class="baseinfo"][1]/span/text()获取所有 p[@class="baseinfo"][1]的直接子节点 span 下的文本内容。

同样地，我们可以获取房源信息的标题、地址、经济公司、经纪人、单价、发布时间等更多

信息。代码如下：

```
In:  #先获取包含一条条房源信息的网页对象，通过分析网页结构获取 tag 对象 ul 中的 li
     house_list = tree.xpath('//ul[@class="house-list-wrap"]/li')
                                                    #获取每条房源基本信息
     houses=[]                                       #存放多条房源信息和单条房源信息
     for ahouse in house_list:
         house=[]                                    #临时存放单条房源信息
         #获取房源标题，注意 xpath 解析标签(tag)对象时返回结果总是列表，哪怕是只有一个元素
         title = ahouse.xpath('.//h2[@class="title"]/a/text()')[0]
         house.append(title.strip())
         #解析获得含有房型、面积、朝向、楼层信息，整体存放在 baseinfo1 中
         baseinfo1= ahouse.xpath('.//p[@class="baseinfo"][1]/span/text()')
         #拆分 baseinfo1 获得分离的房型、面积、朝向、楼层信息，并只保留面积的数字部分
         #字段名分别使用 housetype、housearea、houseoriented、housefloor
         housetype = baseinfo1[0]
         housearea = baseinfo1[1].split('㎡')[0]
         houseoriented = baseinfo1[2]
         housefloor = baseinfo1[3]
         house.extend([housetype,housearea,houseoriented,housefloor])
         #解析获得含有小区名、区县、地址信息，存放在 baseinfo2 中
         baseinfo2=ahouse.xpath('.//p[@class="baseinfo"][2]/span/a/text()')
         #再拆分获得分离的信息，注意有的时候并不是这 3 个信息都存在
         if len(baseinfo2)>2:
             buildingname,district,address=baseinfo2
         else:
             district,address=baseinfo2
             buildingname=''
         house.extend([buildingname,district,address])
         #解析获得含有经纪公司、经纪人的数据，分别存放在 jjrgs 与 jjr 中
         #注意有的时候可能会是个人的房源信息
         jjrgs=ahouse.xpath('.//div[@class="jjrinfo"]/span/text()')[0]
         jjr=ahouse.xpath('.//div[@class="jjrinfo"]/a/span/text()')
         house.extend([jjrgs,jjr])
         #先解析获得含有单价的数据，然后处理成只含有数字
         price=ahouse.xpath('.//p[@class="unit"]/text()')[0]
         price=price.split('元')[0]
         house.append(price)
         #获取发布时间信息
         time=ahouse.xpath('.//div[@class="time"]/text()')[0]
         house.append(time)
         houses.append(house)
     print('抓取完成!!! ')
Out: 抓取完成!!!
```

④ 查看一下抓取的前两条信息的结果。

```
In: print(houses[:2])
Out: [['豪华装修 50 万!!! 地铁旁品质小区 1 梯 2 户, 南北', '2 室 1 厅 1 卫', '96.83', '南北', '低
     层(共 6 层)', '中江小区', '普陀区', '中江路 650 弄', '上海我爱我家房地产经纪有限公司',
     ['韩盼盼'], '64030', '1 天前'], ['品质大一房, 对口新普陀, 低于市场价急卖, 诚意出售',
     '1 室 1 厅 1 卫', '37.29', '南', '中层(共 6 层)', '北巷小区', '普陀区', '中江路 1067 弄',
```

'上海太平洋房屋服务有限公司', ['孙海军'], '64093', '05-03']]

由于网站经常改版，在参考此例的时候，要根据网站的具体情况进行调整。

2. 正则表达式

正则表达式是一种描述字符串匹配的模式，是功能非常强大的字符串处理工具，能够处理符合复杂规则的字符串。正则表达式由普通字符（例如字符 a 到 z）和特殊字符（"元字符"）构成。正则表达式是 Python 程序员需要掌握的重要技能。下面来介绍正则表达式怎样实现网页解析。

首先需要掌握正则表达式的语法。

表 4-10 所示为正则表达式的常用元字符。

表 4-10   常用元字符

语法	说明
.	匹配除换行以外的任意字符
\w	匹配字母、数字、下画线或汉字
\s	匹配任意的空白符，包括空格、制表符（tab）、换行符、中文全角空格等
\d	匹配数字
\b	匹配单词的开始或结束
^	匹配字符串的开始
$	匹配字符串的结束

表 4-11 所示为正则表达式的常用限定字符。

表 4-11   常用限定字符

语法	说明
*	重复零次或更多次
+	重复一次或更多次
?	重复零次或一次
{n}	重复 n 次
{n,}	重复 n 次或更多次
{n,m}	重复 n 到 m 次

表 4-12 所示为正则表达式的常用转义字符。

表 4-12   常用转义字符

语法	说明
\W	匹配任意不是字母、数字、下画线、汉字的字符
\S	匹配任意不是空白符的字符
\D	匹配任意非数字的字符
\B	匹配任意不是单词开头或结束的位置
[^x]	匹配除了 x 以外的任意字符
[^aeiou]	匹配除了 aeiou 这几个字母以外的任意字符

另外，还有以下常用语法。

① 分支条件。满足其中任意一种规则就当成匹配成功，需要使用分支条件。使用"|"把不同的规则分开，从左到右测试每个条件，如果满足了其中一个分支，后面的规则就被忽略掉。

② 分组。使用( )来指定子表达式，可以指定这个子表达式的重复次数或进行其他操作。

4.3.5　Selenium

通过前面的介绍得知，可以通过直接编写程序或通过直接模拟 HTTP 请求来获取所需要的网页信息。但是这种操作和浏览器的访问还是存在差异，且较易识别，因此很多站点也设置了许多的反爬虫手段。本小节将介绍 Selenium 工具，该工具可以通过模拟浏览器交互来爬取信息。

Selenium 原先是一款基于浏览器、功能十分强大的开源自动化测试工具。但后来人们发现其用来做爬虫很方便，且通过模拟浏览器来获取数据并不需要像传统的爬虫一样分析每个请求的具体参数。因此，在一定程度上而言，Selenium 比传统的爬虫开发更为容易。Selenium 能真实地模仿用户的访问行为，但也因此它的数据获取速度较慢，这是 Selenium 的一大缺点。

1. 安装 Selenium

我们可以直接使用 pip 安装 Selenium 包，也可以去官方网站下载 Selenium 进行安装。安装好 Selenium 还不够，我们还需要安装浏览器对应的 WebDriver。各种浏览器的 WebDriver 地址可以从 Selenium 主页上直接进行查看。

读者根据自己使用的浏览器及浏览器的版本，下载相应的 WebDriver，并将下载好的 WebDriver 复制到 Python 的安装目录下，随后即可正常运行 Selenium 了。

2. Selenium 的基本操作

我们先对可能用到的一些基本操作进行介绍，再通过一个具体的实例来使读者更好地明白这些操作是如何实现的。

（1）定位元素

想要在页面上模拟用户进行操作，Selenium 需要能够自动识别并定位到所需的元素，如通过 id、name 等找到我们需要的对象。常见的几种对对象进行定位的方法如表 4-13 所示。

表 4-13　　　　　　　　　　　　　常见对象定位方法

定位方式	代码
id	find_element_by_id()
name	find_element_by_name()
class	find_element_by_class_name()
link	find_element_by_link_text()
partial link	find_element_by_partial_link_text()
tag	find_element_by_tag_name()
xpath	find_element_by_xpath()
css	find_element_by_css_selector()

（2）对浏览器的操作

我们可以通过编写代码，实现窗口最大化、最小化、前进、后退等操作，如表 4-14 所示。

表 4-14	对浏览器的操作
操作	代码
浏览器最大化	maximize_window()
浏览器最小化	minimize_window()
设置窗口固定大小	set_window_size(480, 800)
前进一步	forward()
后退一步	back()

（3）对浏览器上对象的操作

我们知道，Selenium 可以模拟用户在浏览器上进行操作，常见的对浏览器对象的操作如表 4-15 所示。

表 4-15	对浏览器对象的操作方法
操作	代码
模拟单击操作	click()
模拟按键输入	send_keys()
清除内容	clear()
提交内容	submit()
提取元素的文本信息	text()

Selenium 可以模拟真实用户用键盘、鼠标等才能实现的操作，如表 4-16 所示。

表 4-16				模拟键盘和鼠标操作
	需导入包/类	导入代码	操作示例	模拟操作代码
调用键盘操作	keys 包	from selenium.webdriver.common. keys import Keys	按 Tab 键	send_keys(Keys.TAB)
			回车	send_keys(Keys.ENTER)
			全选：Ctrl+A	send_keys(Keys.CONTROL,'a')
调用鼠标操作	ActionChains 类	from selenium.webdriver.common. action_chains import ActionChains	执行所有行为	perform()
			右击	context_click()
			双击	double_click()
			拖动	drag_and_drop()
			鼠标指针悬停	move_to_element()

3. Selenium 应用实例

（1）导入需要的模块，定义类。代码如下：

```
In: from selenium import webdriver
    import time
```

```
class popular:
    def __init__(self):              #初始化 geckodriver
        self.br=webdriver.Firefox()  #调用函数进入豆瓣读书的网页
        self.list=self.get_popular() #传入列表
```

创建函数 get_popular()，使用 selenium 模拟人打开网页，并完成窗口最大化、定位元素、获取所需数据等操作。需要注意的是，虽然 selenium 能很好地模拟人的行为，使网站难以分辨，但如果访问速度过快，也可能被识别出来，因此需要合理设置等待时间。代码如下：

```
In: def get_popular(self):
        self.br.get('https://book.douban.com/') #获取 url，进入豆瓣读书网页
        self.br.maximize_window()          #将浏览器窗口最大化
        time.sleep(3)                      #设置等待时间为 3s
        book_list = []                     #创建一个空列表
        for i in range(0,10):              #最受关注图书只显示了 10 本，所以这里设置爬取范围
            grade = self.br.find_elements_by_css_selector('.average-rating')[i].text
            #利用 css 定位书籍评分
            name = self.br.find_elements_by_xpath("//h4[@class='title']/a")[i].text
            #利用 xpath 定位书籍名称
            author = self.br.find_elements_by_xpath("//p[@class='author']")[i].text
            #利用 xpath 定位作者
            genre = self.br.find_elements_by_css_selector('.book-list-
                classification')[i].text
            #利用 css 定位书籍体裁
            book_list.append([grade,name,author,genre])
            #将书籍的评分、名称、作者、体裁传入列表
        book_list = sorted(book_list, key=lambda x:float(x[0]), reverse=True)
        #将书籍按照评分从高到低排序
        return book_list                   #返回列表
```

（2）创建函数 **get_rank()**，将获取到的数据按照想要的格式写入 TXT 文件，写入完毕关闭文件；创建退出浏览器的函数。代码如下：

```
In: def get_rank(self):
        self.file = open( '豆瓣最受关注图书评分排行.txt', 'wb')
        for item in self.list:
            separate = '---------------\n'
            self.file.write(('评分: '+item[0]+'\n').encode('utf-8'))
            self.file.write(('书名: '+item[1]+'\n').encode('utf-8'))
            self.file.write((''+item[2]+'\n').encode('utf-8'))
            self.file.write(('体裁: '+item[3]+'\n').encode('utf-8'))
            self.file.write(separate.encode('utf-8'))
        self.file.close()


    def quit(self):
        self.br.quit()
```

运行程序：

```
In: if __name__ == '__main__':
        driver = popular()
        driver.get_rank()
        driver.quit()
```

（3）程序运行时，我们可以看到 Firefox 浏览器自动打开，并进入豆瓣读书网页，数据获取完后浏览器自动关闭。此时我们会发现 TXT 文件已经创建好，共有 10 条图书数据，结果如图 4-7 所示。

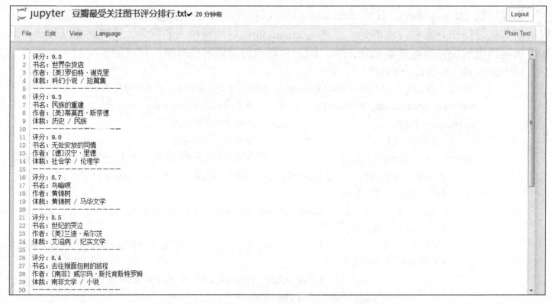

图 4-7　豆瓣最受欢迎图书评分排行文件

由于篇幅有限，本书只是简单介绍最基础的爬虫知识和爬虫框架。感兴趣的读者可以通过网络资源进行更深层次的学习和探索。

本章小结

本章介绍了数据及其类型，包括属性、属性值、属性类型、数据集的类型和特点等，这让我们对数据有了一个基本、清晰的了解。

针对不同格式的数据，我们也了解了不同的数据获取方式。有些数据可以直接从文本或数据库中获取到，而有些数据却需要我们从网页上获取（可能通过网站提供的接口，也可能是需要自己编写爬虫程序获取）。我们可以借助强大的 Pandas 读取所需的数据，并进行更多的处理和分析。

本章还介绍了网络爬虫的 4 个基本流程：发起请求、获取响应内容、解析内容和保存数据。在编写爬虫程序过程中，对网页的解析是一个重要的部分。通常情况下，使用速度更快、功能更加丰富的 lxml 库解析网页。另外，如果是一次性获取数据，可以使用正则表达式。

习题

1. 比较 XML 和 JSON 的优缺点，并简述它们分别在什么情况下运用较多。
2. 将如下 XML 代码转换为字典，再将转换后的字典转成 JSON 格式。

```
<student>
    <name>Amy</name>
    <age>12</age>
    <gender>female</gender>
</student>
```

3．利用 Python 创建一个 SQLite 数据库，将家人的信息添加进去（包括姓名、年龄、和你的关系、生日、爱好等），并查找出生日在上半年的家庭成员。

4．通过接口，获取豆瓣电影最近热映的 20 部电影的名称、上映日期、国家、评分、影评数据，并按照评分从高到低进行排序。

5．爬取小猪短租上海普陀区房源信息。使用 XPath 对网站首页进行网页解析，得到首页房源的详细信息，包括出租类型、房型、床位数、宜住人数等。

6．使用正则表达式匹配出以下邮件地址中合法的邮件地址。

18667253525@163.com

Alice@.com

Jack999@qq.com

JayChou0118@123.com

Aaron@139.com

John.com

Mary@.sodf.com.com

7．写一个正则表达式，使其能同时识别以下所有字符串：'bat'、'bit'、'but'、'hat'、'hit'、'hut'。

8．利用 Selenium 打开你的邮箱，并查看收件箱。

第 **5** 章 ▌Python 数据分析

　　人类已进入数据时代，数据已成为数据时代的关键生产要素。如何才能够从海量数据中发现并挖掘有价值的知识变得十分重要。掌握数据分析技术意味着我们能有效掌握信息，是我们能够领先于竞争对手并立足于新时代的基础。

　　数据分析可以把隐藏在大量数据背后的信息提炼出来，总结出数据的内在规律。相比依靠经验进行决策的方式，这种方法显然更加理性和可靠，因此近年来数据分析愈发受到企业重视。

　　要熟练进行数据分析，就必须熟悉常规数据分析方法及原理，同时还需要掌握专业数据分析工具以进行特定的数据统计、数据建模等。下面我们将介绍这些工具及其数据分析方法。Python 数据分析的知识框架如图 5-1 所示。

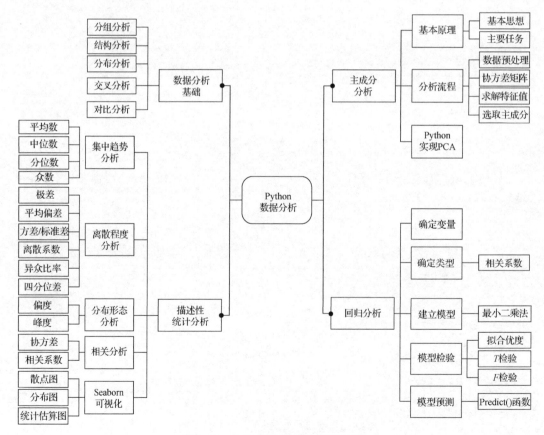

图 5-1　Python 数据分析的知识框架

5.1 数据分析基础

数据分析旨在通过一系列的步骤与方法把隐藏在大量数据背后的信息提炼出来，总结出数据的内在规律。在实际应用中，通常以相关业务部门的具体业务为对象，通过分析数据帮助部门发现问题、分析问题与解决问题，从而实现高效管理与决策，让企业保持强大的竞争力。但是，人们在实践中经常为了分析而分析，并不了解数据分析的真正作用，得到的分析结果也不尽如人意。只有对数据分析的作用有充分理解，数据分析才会有真正的"用武之地"。根据数据分析的不同作用，可以把数据分析划分为三大类：现状分析、原因分析与预测分析。

1. 现状分析

通过分析所研究的数据，明确所研究对象的现状，如数据的平均水平、数据的可行范围、数据的波动、分散程度等。现状分析可以使数据分析人员更好地掌握和理解数据，做到心中有"数"。这一步在数据分析过程中，既是基础环节也是重要环节。基础是因为它的操作非常简单，重要是因为它是进行下一步数据分析工作的前提。现状分析根据具体实现方式又可以细分为结构分析、分组分析、对比分析等。

2. 原因分析

通过现状分析对所研究对象的现状有所了解后，还要对其中存在的某种问题开展原因分析。通过探索能够揭示隐藏于数据背后的内在规律和联动关系，挖掘出数据中出现异常的原因。例如，探索企业内某指标（如曝光量、广告单击率、支付成功率、某支付渠道占比等）没有达标的原因。原因分析主要通过结构分析等方法来实现。

3. 预测分析

预测就是依靠现有的调查资料和通过上述的两种分析获得的统计数据，透过现象研究深层的规律性，并客观地预测出所研究对象的未来发展趋势，从而为企业制定目标及方针策略提供有效的参考依据。预测涉及的领域众多，如社会、经济、人口、气象、科技等。预测分析主要使用回归分析等方法。

三大类数据分析可分别对应一些具体的数据分析方法，如表 5-1 所示。

表 5-1   **常用数据分析方法**

数据分析的作用	数据分析方法
现状分析	对比分析 分组分析 结构分析 分布分析 交叉分析 描述性分析 主成分分析 ……
原因分析	结构分析法 ……
预测分析	回归分析 ……

本节我们将介绍 Python 在一些基础的分析方法中的应用，如对比分析、分组分析、结构分析、分布分析和交叉分析等，回归分析、描述性统计分析和主成分分析将在后续的内容中详细介绍。

5.1.1　对比分析

对比分析是指对两个或两个以上的指标进行对比，直观地反映出事物数量上的差异及变化，从而揭示事物发展变化情况及其规律性，属于统计分析中最常用的分析法。对比分析通过直观的数据，可以准确、量化地表示出事物某方面的变化程度和相对差距，从而科学地对其规模、水平、速度等方面做出判断和评价。

对比分析可以从不同的维度对指标进行对比，得出有效结论。对比分析中最常用的术语是指标和维度。

1. 指标

指标，也称为度量，用于衡量事物发展的程度，如用户数、营业额、单击率等。指标有绝对数指标和相对数指标两种。绝对数指标指的是数量，例如收入、用户数等，主要用来衡量事物发展规模大小；相对数指标就是质量，例如利润率、单击率等，主要用来衡量事物发展质量的高低。

2. 维度

维度是用来对比事物发展程度好坏的，如产品类型、用户类型、时间等。

对比分析中比较常用的纵向对比方式和横向对比方式，就是按照维度不同来进行划分的。其中，时间维度上的对比称为纵向对比，这种对比方法主要包含环比（如日活用户数在本月与上月之间的对比）、同比（如营业额在本年度 3 月份与上一年 3 月份之间的对比）和定基比（如 2～6 月的单击量均值与 1 月份的单击量进行对比）。另一个对比就是横向对比，如不同用户等级在客单价之间的差异、不同品类之间的利润率高低、新用户在不同渠道的支付转化率。

根据数据类型来划分，维度可以分为定性维度与定量维度。

① 定性维度是指数据类型为字符型数据，它是事物的固有特征属性，如产品类型、用户类型、地区等。

② 定量维度是指数据类型为数值型数据，如收入、营业额、年龄等，一般需要先对定量维度进行数值分组处理，再进行对比分析，这样分析结果会更加直观，规律更为明显。

只有通过事物发展的数量、质量两大指标，从横向对比、纵向对比角度进行全方位的对比，才能全面了解事物发展的情况和规律。

接下来通过一个案例介绍对比分析，首先将案例数据导入，示例代码如下：

```
In: import pandas as pd
    data= pd.read_csv('Operator.csv')
    data.head()
```

运行结果如图 5-2 所示。

	ID	gender	seniors	month	payment_method	bill
0	7590-VHVEG	Female	0	1	Electronic check	29.85
1	5575-GNVDE	Male	0	34	Mailed check	56.95
2	3668-QPYBK	Male	0	2	Mailed check	53.85
3	7795-CFOCW	Male	0	45	Bank transfer (automatic)	42.30
4	9237-HQITU	Female	0	2	Electronic check	70.70

图 5-2　运营商用户基本信息

可以看出，这是一份运营商用户的基本信息，第一列为用户 ID，第二列为性别 gender，第三列为用户是否为老年人 seniors（0 表示不是老年人，1 表示是老年人），第四列为入网月数 month，第五列为支付方式 payment_method，第六列为每月话费金额 bill。

接着使用第 3 章 Pandas 中介绍的 groupby()对性别 gender 列进行分组，统计不同性别用户的入网时长，得到一个性别分组平均入网时长的统计结果，然后进行对比分析，示例代码如下：

```
In:  #通过性别分组，对比不同性别入网时长均值
     gm = data.groupby(by=['gender'])['month'].agg('mean')
     gm
Out: gender
     Female    32.244553
     Male      32.495359
     Name: month, dtype: float64
```

通过对比，可以发现不同性别的入网时长相差并不大，男性的数据稍微偏高一些。

5.1.2　分组分析

分组分析是一种最基础、最常用的数据分析方法。分组分析是指将对象根据分组字段划分成不同组，以对比分析各组之间的差异。分组分析法与对比分析法很相似，不同的是分组分析法可以按照多个维度将数据拆分为各种组合，并比较各组合之间的差异。

分组是按照"不同性质分开，相同性质合并"的原则，对总体中的对象进行分类，以保证组内对象属性一致、组与组之间属性有差异。分组有利于根据不同属性进一步对各组进行对比分析。

1. 定性分组

定性分组是数据分析中一个重要的分组方法，它的应用范围很广泛。定性分组是指按事物的固有属性，如性别、民族、学历等划分数据的分组方法。

2. 定量分组

定量分组是根据具体需要，把数值型数据进行等距或非等距分组的方法。

本书的第 3 章 Pandas 部分详细介绍了定量分组的一些方法，对比分析的案例中也使用了 groupby()来实现定性分组，这些都是常用的可以实现分组分析的方法，读者可以参考这两部分内容来实现分组分析，这里就不再展开介绍。

5.1.3　结构分析

结构分析是指在有序分组后，通过对各组成部分所占比例进行计算，分析出总体的内部构成特征的方法。这个分组主要是指定性分组。定性分组一般看结构，它的重点在于占整体的比例。一般某部分的重要程度与其在整体中占的比例呈正相关，即所占比例越大，其重要程度就越高，对总体的影响就越大。

结构分析一般需要对原始数据进行分组求和或计数后，再求每个分组统计值占整体统计值的比例，从而得到结构分析结果。

根据分析变量的多少，结构分析的结果可以以不同的形式进行数据展现。只有较少成分时，可以用饼状图来展示；成分较多时，就要使用较为复杂的树状图来展示。

Python 中结构分析需要利用 groupby()、sum()、agg()等函数，这些函数在第 3 章 Pandas 数据分析基础中均有介绍，这里不再做具体展开。下面继续使用分组分析的案例数据，按性别分组，统计不同性别的用户数，来分析整体中不同性别用户所占的结构比例。示例代码如下：

```
In: import pandas as pd
    data = pd.read_csv('Operator.csv')
    gm = data.groupby(by=['gender'])['ID'].agg('count')
    gm/gm.sum()
Out: gender
     Female    0.495244
     Male      0.504756
     Name: ID, dtype: float64
```

得出以上结果后，我们可以参照第 3 章介绍的函数 **plt.pie()** 绘制饼图，这里不再详细介绍。

5.1.4 分布分析

分布分析重点查看数据的分布情况，是依据是否等距对数据进行分组后，进而研究各组分布规律的一种数据分析方法。等距分组可以把连续型数据等宽离散化，所以分布分析会使用第 3 章介绍的 cut() 函数、bins 参数和 groupby() 函数等，读者在学习时要做好第 3 章内容的回顾。

下面继续使用分组分析的案例数据，对入网时长进行分组，使用用户 ID 进行计数统计，来查看用户入网时长的分布情况。为了使分布规律更加明显，便于进行分析，我们可以把月份数划分为几个区间，再按照区间进行入网时长的分组汇总，示例代码如下：

```
In: import pandas as pd
    data = pd.read_csv('Operator.csv')
    bins = [0,20,30,40,100]                          #设置入网时长分段值
    monthLabels = ['20个月及以下','21个月到30个月','31个月到40个月','41个月及以上']
    #设置入网时长分段标签
    data['入网时长分层'] = pd.cut(data.month,bins,labels=monthLabels)
    #生成入网时长分段列
    monthResult = data.groupby(by=['入网时长分层'])['ID'].agg('count')
    monthResult
Out: 入网时长分层
     20个月及以下        2867
     21个月到30个月      763
     31个月到40个月      645
     41个月及以上        2757
     Name: ID, dtype: int64
```

在代码运行结果中，为了更直观、清晰地看到数据，我们按入网时长分组统计了各区间的数量，以便之后的分析。

我们统计每个入网时长分层的用户数占总用户数的比例，这样可以得到相对值数据，示例代码如下：

```
In: monthResult.sum()                            #对每个入网时长分层的用户求和
    monthResult/monthResult.sum()                #计算各入网时长分层用户所占比例
    pMonthResult = round(monthResult/monthResult.sum(),4)*100
    pMonthResult.map('{:,.2f}%'.format)
Out: 入网时长分层
     20个月及以下        40.77%
     21个月到30个月      10.85%
     31个月到40个月       9.17%
     41个月及以上        39.21%
     Name: ID. dtype: object
```

从代码运行结果可以看到，各入网时长分层占总用户数的比例。其中，入网 20 个月及以下

和 41 个月及以上的用户占比较高，分别为 40.77% 和 39.21%。

我们还可以绘制饼图，如图 5-3 所示，结果会更加直观。

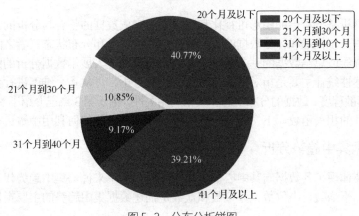

图 5-3　分布分析饼图

5.1.5　交叉分析

交叉分析法，即从数据的不同维度，综合进行分组细分，以进一步了解数据的结构、分布特征。本书第 3 章详细介绍了怎么使用 Python 做交叉表，这里我们主要根据交叉分析的原理，通过案例来学习交叉分析。

交叉分析的分组变量可以是定量分组与定量分组进行交叉，也可以是定量分组与定性分组进行交叉，还可以是定性分组与定性分组进行交叉。交叉分析的代码实现主要利用数据透视表（Pivot Table），该知识点在本书第 3 章数据分析基础部分有所介绍，下面通过一个案例来介绍。

继续使用分组分析的案例进行分析，现需要统计各个性别、各入网时长区间的用户数，那么可以将入网时长区间作为行、性别作为列，示例代码如下：

```
In: import pandas as pd
    data = pd.read_csv('Operator.csv')
    bins = [0,20,30,40,100]
    monthLabels = ['20个月及以下','21个月到30个月','31个月到40个月','41个月及以上']
    data['入网时长分层'] = pd.cut(
        data.month,
        bins,
        labels=monthLabels
    )#进行交叉统计，行为入网时长分层，列为性别，对用户 ID 进行计数统计
    ptResults = data.pivot_table(
        values = 'ID',
        index = '入网时长分层',
        columns = 'gender',
        aggfunc = 'count'
    )
    ptResults
```

运行结果如图 5-4 所示。

从输出结果可以看出，行为时长分组，列为性别，如 1431 代表入网时长在 20 个月及以下的女性个数，这份统计结果类似 Excel 数据透视表的统计结果。

gender	Female	Male
入网时长分层		
20个月及以下	1431	1436
21个月到30个月	368	395
31个月到40个月	313	332
41个月及以上	1371	1386

图 5-4　交叉分析图例

5.2 描述性统计分析

描述性统计分析是一种借助图形可视化和数学方法完成数据的整合与分析的方法。利用描述性统计分析可以进一步描述和评估数据的数字特征、随机变量和分布状态三者之间的关系。描述性统计分析通过描绘或总结数据的基本情况，可以更好地向他人展示数据分析的结果。

对数据的描述性统计主要是指对结构化数据的描述分析，可从 4 个维度进行分析：数据的集中趋势、数据的离散程度、数据的分布形态和数据的相关性。由于第 3 章已介绍了 NumPy 和 Pandas 库中的描述性统计的相关函数，下文将基于真实数据向读者介绍如何利用函数进行分析。

5.2.1 数据集中趋势分析

集中趋势主要体现了各数据向其中心值聚拢的倾向。简单来说，集中趋势代表了数据的共同性质和一般水平。平均数、中位数、分位数和众数是描述数据集中趋势的主要指标。

1. 平均数

平均数是表示一组数据集中趋势的量数，又称均值。算术平均数是统计学中最常用的一种平均指标，其又分为简单算术平均数和加权算术平均数两种。平均数用于反映一组数据的一般情况和平均水平。

2. 中位数

中位数提供了一系列数值的中心位置，该度量指标受异常情况（极大值、极小值等）或平均数周围所呈现非对称分布数值的影响较小。若一组数据中的个别数据有大幅波动，那么这组数据的集中趋势通过中位数表示相比选择算术平均数更为合适。

3. 分位数

除中位数外，我们还需考虑其他分位数。低四分位数和高四分位数对于研究数据分布也是极为重要的。小于低四分位数和大于高四分位数的数值通常是异常罕见的值，容易对分析结果产生负面影响。读者可以通过观察异常数据的值，再决定是保留这些数据还是剔除。

4. 众数

众数是一组数据中出现次数最多的那个数。一般情况下，只有在数据量比较大且值的重复性较高的情况下，众数才有意义。

5. Python 实现集中趋势分析

以 58 同城房源销售数据为例，进行数据的集中趋势分析。

58 同城房源销售数据集是一个包含了分类数据和数值型数据的数据集，我们可先通过调用 Pandas 库的相关函数实现 58 同城房源销售数据中房源每平方米价格（price）这一数值数据的集中趋势分析。

① 加载 58 同城房源销售数据。示例代码如下：

```
In: import pandas as pd
    df = pd.read_csv('58 同城.csv')
    df.head()
```

运行结果如图 5-5 所示。

	housetype	housearea	houseoriented	housefloor	buildingname	jjrgs	jjr	price
0	2室1厅1卫	73.28	南	中层(共6层)	长风一村	上海易轩房地产策划有限公司	[符亚表]	54586
1	2室1厅1卫	70.54	南	中层(共6层)	梅川二街坊	上海太平洋房屋服务有限公司	[耿浩杰]	53162
2	2室1厅1卫	60.69	南北	中层(共6层)	怒江路600弄小区	上海我爱我家房地产经纪有限公司	[张海婷]	57671
3	2室1厅1卫	58.00	南北	中层(共6层)	芝巷小区	上海太平洋房屋服务有限公司	[牟国辉]	57759
4	2室1厅1卫	45.00	南北	低层(共6层)	芝巷小区	上海易轩房地产策划有限公司	[郭子豪]	62223

图 5-5　房源销售基本信息

② 调用 Pandas 库中的函数进行集中趋势分析，计算平均数、中位数、众数、分位数 4 个指标。示例代码如下：

```
In: mean = df['price'].mean()                                              #平均数
    median = df['price'].median()                                          #中位数
    from scipy import stats
    mode = stats.mode(df['price'])                                         #众数
    quantile = df['price'].quantile(np.array([0,0.25,0.50,0.75,1]))        #分位数
    print('平均数: %d' %mean,'中位数: %d' %median)
    print('众数: ',mode)
    print('分位数: ',quantile)
Out: 平均数: 56097 中位数: 54923
    众数: ModeResult(mode=array([45441], dtype=int64), count=array([8]))
    分位数: 0.00    45441.00
            0.25    52114.75
            0.50    54923.00
            0.75    59453.25
            1.00    76657.00
    Name: price, dtype: float64
```

由输出结果可知，在 58 同城房源每平方米的价格（下文简称房源价格）的数据中平均数与中位数并不相等，这就意味着均值不在中心位置，那么究竟是选择中位数还是选择平均数来代表房源价格的集中趋势指标，还需要进一步分析。可以肯定的是，通过调用 Pandas 库等第三方模块，可以快速对较大的数据集进行集中趋势相关指标的计算。

5.2.2　数据离散程度分析

离散程度主要体现了各数据远离其中心值的倾向。中心值是反映各数据集中趋势的指标。

数据的离散程度反映了集中趋势的指标对该组数据的代表性程度，离散程度越大表示代表性越差，离散程度越小其代表性就越好。数值数据的离散程度主要通过极差、平均偏差、方差、标准差、离散系数等指标描述；分类数据的离散程度主要通过异众比率指标描述；排序数据的离散程度主要通过四分位差指标描述。

1. 极差

极差是数据集中最大值与最小值的差，也称为全距。极差易受极值的影响，对离散程度的描述在精确度方面效果欠佳。

2. 平均偏差

平均偏差是数据集中所有数值与算术平均数的差值取绝对值的均值。平均偏差是反映所有数据与算术平均数之间的平均差异。平均偏差越大，表明各数据与算术平均数的差异程度越大，该算术平均数的代表性就越差。反之，该算术平均数的代表性越好。

3. 方差和标准差

方差是数据集中各个数据分别与其平均数之差的平方和的平均数；标准差也叫均方差，它是方差的开平方。方差/标准差与数据的离散程度成正比。方差/标准差是测算数值数据离散程度最重要、最常用的指标。同时，方差也是衡量平均数是否能作为反映数据集中趋势指标的重要指标。

4. 离散系数

离散系数是数据的标准差与其相应的平均数的比值。离散系数主要是对不同样本数据的离散程度进行比较，离散系数与数据的离散程度成正比。

5. 异众比率

异众比率是总体中非众数频数与总体数的比值。异众比率是众数对一组数据的代表程度的衡量指标，主要针对测度分类数据的离散程度。异众比率与众数的代表性成反比。

6. 四分位差

四分位差是高四分位数与低四分位数之差。这个差值是对整个数据集中 50%数据离散程度的描述。四分位差越小，则该 50%的数据越集中；反之，该 50%的数据越分散。注意，极值的大小与四分位差无关。

7. Python 实现离散程度分析

本小节将基于 5.2.1 小节的数据，对房源价格（price）和房源面积（housearea）两组数值型数据、房源楼层（housefloor）一组分类数据进行离散程度分析。

① 计算房源价格的极差、平均偏差、方差、标准差、四分位差 5 个指标。示例代码如下：

```
In: range = df['price'].max()-df['price'].min()                           #极差
    mean_var = df['price'].mad()                                          #平均偏差
    var = df['price'].var()                                               #方差
    std = df['price'].std()                                               #标准差
    quan_diff = df['price'].describe().loc['75%'] - df['price'].describe().loc['25%']
#四分位差
    print("极差: %d" %range,"平均偏差: %d" %mean_var,"方差: %d" %var,"标准差: %d" %std,"
四分位差: %d" %quan_diff)
Out: 极差: 31216 平均偏差: 5026 方差: 44358980 标准差: 6660 四分位差: 7338
```

② 计算房源价格和房源面积的离散系数。示例代码如下：

```
In: df.std()/df.mean()  #离散系数
Out: housearea    0.402576
     price        0.118727
     dtype: float64
```

由输出结果可知，房屋面积的离散系数远大于房屋价格，即房屋面积的离散程度大于房屋价格。通常认为，离散系数大于 15%时，数据状态不稳定。因此可以得出结论：房屋面积的数值并不稳定。

③ 计算房源楼层的众数和异众比率。示例代码如下：

```
In: from scipy import stats
    mode = stats.mode(df['housefloor'])
    var_ratio = (1-stats.mode(df['housefloor'])[1]/len(df['housefloor']))[0]   #异众比率
    print("楼层的众数:",mode)
    print("楼层的异众比率: ",var_ratio)
Out: 楼层的众数: ModeResult(mode=array(['中层(共6层)'],dtype=object),count=array([304]))
     楼层的异众比率: 0.3666666666666667
```

由输出结果可知，楼层的众数为中层（共 6 层），占所有房屋楼层样本的比例约为 0.64。在楼层数据中，众数[中层（共 6 层）]具有代表性。

5.2.3 数据分布形态分析

数值型数据的分布形态主要分为数据的对称程度分布和数据的高低程度分布。数据的对称程度分布是相对对称分布而言的，偏度是其描述指标，也称偏斜度。数据的高低程度分布是相对正态分布而言的，峰度是其描述指标。在统计分析中，诸多方法的前提是样本符合正态分布，此时偏度和峰度是判断样本是否符合正态分布的两个重要指标。通常，若样本数据的偏度与 0 接近，而峰度与 3 接近，就可以得出总体的分布接近于正态分布的结论。

1. 偏度

偏度用于判断数据集的分布形态是否对称，它是统计数据分布程度的度量，反映了数据分布的偏斜方向。偏度等于 0 时，对称分布；偏度小于 0 时，左偏分布，即平均数位于中位数左侧；偏度大于 0 时，右偏分布，即平均数位于中位数右侧。偏度的绝对值越大，偏斜程度越高。

2. 峰度

峰度是描述数据集中所有数值分布曲线的高低和陡峭程度的指标。峰度为 3 时，数据分布陡峭程度与正态分布的陡峭程度相同；峰度大于 3 时，数据分布与正态分布相比较为陡峭，为尖顶峰；峰度小于 3 时，数据分布与正态分布相比较为平坦，为平顶峰。简单来说，一组离群数据的离群度通过峰度指标来衡量。峰度越大，数据集的极端值越多。

3. Python 实现数据分布形态分析

本小节将基于前面的房源数据对房源价格（price）和房源面积（housearea）两组数值型数据进行数据分布形态分析。通过调用 Pandas 库中的 skew()函数和 kurt()函数实现数值型数据的偏度和峰度分析。示例代码如下：

```
In: skew = df.skew()
    kurt = df.kurt()
    print('偏度: \n',skew)
    print('峰度: \n',kurt)
Out: 偏度:
     housearea    1.552900
     price        1.181969
     dtype: float64

     峰度:
     housearea    2.699801
```

```
   price       1.507390
dtype: float64
```

由输出结果可知，房源面积和房源价格都是右偏分布，偏度较小；房源面积的峰度大于房源价格的峰度，均为平顶峰。由此可以得出结论：房源面积数据的极端值比房源价格数据的极端值多。此外，显然可知，58 同源房源的数值型数据均不是正态分布。

5.2.4 相关分析

协方差和相关系数是用于衡量两组数据的相关性及其相关程度的指标。

1. 协方差

如果有 X,Y 两个变量，对这两个变量每个时刻与均值差的乘积求和，再对和取平均值，得到的结果即为协方差。值为正表示两个变量为正相关，反之为负相关，0 为不相关。同时，两个变量的总体误差通过协方差反映。

2. 相关系数

相关系数是两个变量 X,Y 的协方差比上各自标准差的乘积。相关系数是基于协方差进行无量纲化处理的结果。

3. Python 实现相关分析

本小节同样基于前面的房源数据，对房源价格（price）和房源面积（housearea）两组数值型数据进行相关分析。示例代码如下：

```
In: cov = df.cov()
    corr = df.corr()
    print('协方差:\n',cov)
    print('相关系数:\n',corr)
Out: 协方差:
                  housearea            price
     housearea   658.425088    3.502269e+04
     price       35022.687699  4.435898e+07

     相关系数:
                housearea    price
     housearea  1.00000      0.20493
     price      0.20493      1.00000
```

由输出结果可知，房源面积和房源价格呈正相关，相关程度不高。

5.2.5 基于 Seaborn 的数据可视化分析

前面几个小节介绍了描述性统计分析的相关概念与指标。为了更好地对数据进行探索和分析，直观地观察数据间的特性和关系，本小节引入 Seaborn 库进行数据可视化分析。

Seaborn 是一个 Python 的可视化库，它基于 Matplotlib 进行了更高级的 API 封装，提供了高级绘图界面，可以轻松画出漂亮的图形，能够与 Pandas 相结合完成数据分析的可视化。

接下来我们将基于 Seaborn 库对 58 同城房源数据中的分类数据进行可视化分析。

1. 分类数据散点图

58 同城房源数据中包含房源朝向（houseoriented）和房源价格（price）两组数据，调用 stripplot()

函数绘制分类数据散点图,示例代码如下:

```
In: import seaborn as sns                              #加载 Seaborn 库
    import matplotlib.pyplot as plt
    sns.set(font = 'SimHei')                          #解决中文显示问题
    sns.stripplot(x = 'houseoriented', y = 'price', data = df)
Out: <matplotlib.axes._subplots.AxesSubplot at 0x1775f3d7088>
```

运行结果如图 5-6 所示。

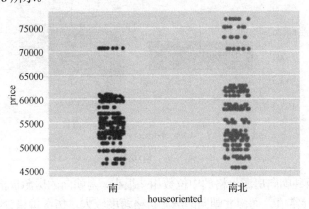

图 5-6　散点图(调用 stripplot()函数)

由图 5-6 可知,横坐标是分类数据(houseoriented),纵坐标为数值型数据(price)。可以发现调用 stripplot()函数绘图会导致部分数据重叠,不易观察。此时可以选择调用 swarmplot()函数,该函数的优点在于所有数据不会重叠,数据的分布情况更为清晰、直观。示例代码如下:

```
In: sns.swarmplot(x = 'houseoriented', y = 'price', data = df)
Out: <matplotlib.axes._subplots.AxesSubplot at 0x1775f553308>
```

运行结果如图 5-7 所示。

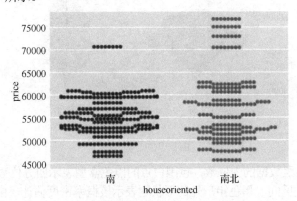

图 5-7　散点图(调用 swarmplot()函数)

对比图 5-6 和图 5-7 可知,当分类数据类别较多且数据重合较少时,调用 stripplot()函数可视化效果更佳;当分类数据类别较少且数据相对集中时,选择 swarmplot()函数更为合适。

2. 分类数据的分布图

想要查看各个分类的数据分布,仅仅依靠观察数据的散点图是不能满足需求的,因为不够直观。针对这种情况,下文将引入箱线图和提琴图。箱线图能直观地查看数据的四分位分布,而提琴图结合了箱线图与核密度图,既展示了四分位数,又展示了任意位置的密度。

绘制箱线图需要调用 boxplot()函数，示例代码如下：

```
In: sns.boxplot(x = 'houseoriented', y = 'price', data = df)
```

运行结果如图 5-8 所示。

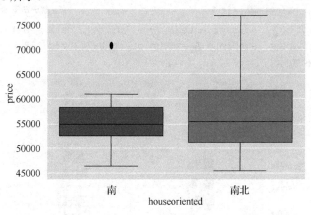

图 5-8 箱线图

由图 5-8 所示，两种朝向房源价格的中位数相差很小，南朝向的房源价格基本在 61000 以下，有一个大于 70000 的异常值。而南北朝向的房源价格跨度较大，房源价格分布较为分散。

为了进一步提取更多的信息，调用 violinplot()函数绘制提琴图，示例代码如下：

```
In: sns.violinplot(x = 'houseoriented', y = 'price', data = df)
```

运行结果如图 5-9 所示。

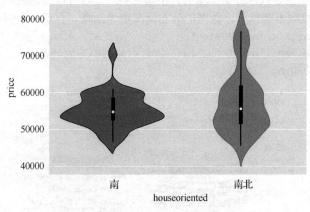

图 5-9 提琴图

提琴图的白点是该组数据的中位数，包围白点的黑色盒型表示四分位数范围，从两端延伸的幼细黑线代表 95%置信区间，黑色矩形外部形状则表示核概率密度估计。由图 5-9 可知，南朝向房源大多价格位于 50000～60000，南北朝向的房源大多价格位于 45000～62000。

3. 分类数据的统计估算图

要想直观查看每个分类的集中趋势分布，可以通过调用 barplot()函数和 pointplot()函数绘制条形图和点图实现。

最常用于观察集中趋势的图是条形图。默认情况下，barplot()函数会用均值进行估计，并用误差条表示置信区间。每个类别中包含多个类别时，引入 hue 参数。示例代码如下：

```
In: shishu = df.housetype.map(lambda x: x.split('室')[0])      #数据处理
```

```
shishu = shishu.tolist()
df['shishu'] = shishu
sns.barplot(x = 'shishu', y = 'price', data = df,hue = 'houseoriented')
```

运行结果如图 5-10 所示。

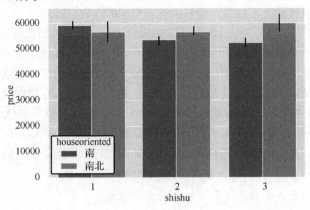

图 5-10 条形图

由图 5-10 可知，横坐标表示房源的居室数，居室数这一类别下再细分房源朝向；纵坐标为房源价格。而每个 bar 的高度表示该类别的均值，黑色线条表示每个 bar 的置信区间。

另一种用于估计的点图通过调用 pointplot() 函数绘制。该函数用高度估计值对数据进行描述，只对点估计和置信区间进行绘制。示例代码如下：

```
In: sns.pointplot(x = 'shishu', y = 'price', data = df)
```

运行结果如图 5-11 所示。

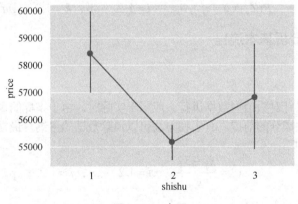

图 5-11 点图

由图 5-11 可知，房源价格均值的大小为："两居室" < "三居室" < "一居室"。

由于篇幅有限，本小节关于 Seaborn 库实现可视化的介绍就到此为止。更多相关知识，读者可自行了解。

5.3 主成分分析

我们在做数据处理时，真实的数据往往包含很多变量，较多的变量会加大分析问题的难度。主成分分析（Principal Components Analysis，PCA）是将多个变量划分为少数几个主成分的一种统计方法，是最重要同时也是最常见的降维方法之一。为了让读者更好地理解主成分分析，下面将介绍其基本原理、基本流程和如何通过 Python 实现主成分分析。

5.3.1 主成分分析原理简介

主成分分析的基本思想是将众多的具有一定相关性的指标 $X_1, X_2, \cdots, X_p$（p 个指标），重新组合成一组个数较少且互不相关的综合指标 F_m（m 个指标）来代替原来的指标。同时，尽可能多地保留原始变量的信息且彼此互不相关，是新的综合指标的选取宗旨。

设 F_1 为原变量的第一个线性组合所形成的主成分指标，由数学知识可知，每一个主成分的方差大小与其包含的信息量的多少成正比。在 $X_1, X_2, \cdots, X_p$ 的所有线性组合中，F_1 通常是方差最大的，即所含信息量最多，故称 F_1 为第一主成分。若原来 p 个指标的信息无法通过第一主成分完整地体现，则需要选取 F_2，即第二个主成分作为补充。同时，F_2 与 F_1 要保持独立不相关，以便有效地反映原信息，也就是说 F_2 中不需要再出现 F_1 中包含的信息，在数学领域就是两者协方差为 0。除 F_1 以外，在与 F_1 不相关的 $X_1, X_2, \cdots, X_p$ 的所有线性组合中方差最大的指标是 F_2，故称 F_2 为第二主成分。依此类推，F_m 为原变量指标 $X_1, X_2, \cdots, X_p$ 的第 m 个主成分。主成分计算公式如下：

$$F_m = a_{m1}X_1 + a_{m2}X_2 + \cdots + a_{mp}X_p \tag{5-1}$$

由以上分析可知，主成分分析法的主要任务有以下两点。

（1）确定各主成分 F_i（$i=1,2,\cdots,m$）关于原变量 X_j（$j=1,2,\cdots,p$）的表达式

由数学知识可知，主成分的方差由原变量协方差矩阵的特征根所表示，于是前 m 个较大特征根就代表着前 m 个较大的主成分方差值。为了加以限制，利用对应单位化的特征向量作为相应主成分表达式的系数，即原变量协方差矩阵前 m 个较大的特征值所对应的单位化特征向量是其系数。

（2）计算主成分载荷

主成分载荷是主成分分析中原始变量与主成分之间的相关系数，揭示了原变量 X_j 与主成分 F_i 之间的相互关联程度，计算公式如下：

$$P(Z_k, x_i) = \sqrt{\lambda_k}\, a_{ki} \quad (i = 1, 2, \cdots, p;\ k = 1, 2, \cdots, m) \tag{5-2}$$

5.3.2 主成分分析基本流程

1. 数据预处理

主成分分析降维只针对数值型数据进行。应用于实际时，由于指标的量纲通常不同，因此消除量纲的影响是计算主成分的前提。有多种方法可以消除数据的量纲，最常用的是将原始数据标准化，数据变换公式如下：

$$x_{ij}^* = \frac{x_{ij} - \bar{x}_j}{s_j} \quad (i = 1, 2, \cdots, n;\ j = 1, 2, \cdots, p) \tag{5-3}$$

其中：

$$\bar{x}_j = \frac{1}{n}\sum_{i=1}^{n} x_{ij} \tag{5-4}$$

$$s_j^2 = \frac{1}{n-1}\sum_{i=1}^{n}(x_{ij} - \bar{x}_j)^2 \tag{5-5}$$

根据数学公式推得，任何随机变量对原始数据进行标准化处理后，其协方差的值等同于其相关系数，即原变量的相关系数矩阵就是标准化后的变量的协方差矩阵。也就是说，变量标准化这一步骤只是为了消除量纲的影响，对计算结果不产生任何影响。

2. 计算协方差矩阵

计算样本数据的协方差矩阵公式如下：

$$\Sigma = (s_{ij})_{p \times p} \tag{5-6}$$

其中：

$$s_{ij} = \frac{1}{n-1} \sum_{k=1}^{n} (x_{ki} - \overline{x}_i)(x_{kj} - \overline{x}_j) \, (i, j = 1, 2, \cdots, p) \tag{5-7}$$

3. 求解协方差矩阵的特征值 λ_i 及相应的正交化单位特征向量 a_i

协方差矩阵的前 m 个较大的特征值 $\lambda_1 \geqslant \lambda_2 \geqslant \cdots\cdots \geqslant \lambda_m > 0$，就是前 m 个主成分对应的方差，主成分 F_i 关于原变量的系数是由 λ_i 对应的单位特征向量 a_i 表示的，则原变量的第 i 个主成分 F_i 为：

$$F_i = a_i' X \tag{5-8}$$

4. 确定主成分的个数

F_m 中的 m 代表主成分，其个数是通过方差（信息）累计贡献率 $G(m)$ 来最终确定的。

$$G(m) = \sum_{i=1}^{m} \lambda_i \Bigg/ \sum_{k=1}^{p} \lambda_k \tag{5-9}$$

通常累计贡献率大于 85% 时，默认其能足够反映原变量的信息，此时相应的 m 就是抽取的前 m 个主成分。但在实际应用时，读者可以根据需求自行设定具体的累计贡献率。

总结下来，方差的贡献率公式为：

$$a_i = \lambda_i \Bigg/ \sum_{i=1}^{p} \lambda_i$$

其中，λ_i 表示方差贡献量，λ_i 越大 a_i 越大，即方差的贡献率越大，也说明了相应的主成分能较全面地表示综合信息。所以我们可以依据原来指标的相关系数矩阵相应的特征值 λ_i 大小，来提取主成分的指标。每一个主成分的组合系数就是 λ_i 所对应的单位特征向量。

5.3.3 Python 实现主成分分析

下面将通过一个示例介绍如何使用主成分分析处理实际问题。数据集来源于 Kaggle 数据库，该数据集由 8 个医学变量和 1 个目标变量组成。医学变量包括皮马印第安女性的怀孕数、BMI、胰岛素水平、年龄等；目标变量为皮马印第安女性是否患有糖尿病。接下来我们将基于 Python 分步演示上述主成分分析流程以实现降维。

（1）导入数据，并展示数据特征

首先导入患者数据，可以初步了解数据的 8 个特征与患者之间的关系。示例代码如下：

```
In: import pandas as pd
    import numpy as np
    df = pd.read_csv('diabetes.csv')
    #导入 CSV 格式的糖尿病患者数据
    df.head()
```

运行结果如图 5-12 所示。

由图 5-12 可知，前 8 项是用于 PCA 的相关性指标；Outcome 用于验证主成分分析是否达到了降维的目的，YES 表示样本为糖尿病患者，NO 表示样本并非糖尿病患者。数据可

	Pregnancies	Glucose	BloodPressure	SkinThickness	Insulin	BMI	DiabetesPedigreeFunction	Age	Outcome
0	6	148	72	35	0	33.6	0.627	50	YES
1	1	85	66	29	0	26.6	0.351	31	NO
2	8	183	64	0	0	23.3	0.672	32	YES
3	1	89	66	23	94	28.1	0.167	21	NO
4	0	137	40	35	168	43.1	2.288	33	YES

图 5-12 患者基本信息

视化可以更直观地观察原始数据以展示数据特征，数据可视化的示例代码如下：

```
In: X = df.iloc[:,0:8].values          #将数据分成特征和标签，X 为指标
    y = df.iloc[:,8].values            #y 为 outcome 的矩阵
    from matplotlib import pyplot as plt
    label_dic = {1:'YES',2:'NO'}       #设置标签
    feature_dict = {0:'Pregnancies',1:'Glucose',2:'BloodPressure',
                    3:'SkinThickness',4:'Insulin',
                    5:'BMI',6:'DiabetesPedigreeFunction',7:'Age'}   #设置数据特征
    plt.figure(figsize = (8,6))        #设置绘图区域的大小
    for cnt in range(8):
        plt.subplot(3,3,cnt+1)         #用 3×3 的子图来展示数据的特征
        for lab in ('YES','NO'):
            plt.hist(X[y == lab,cnt],label = lab,bins = 10,alpha = 0.3,)
        plt.xlabel(feature_dict[cnt])
        plt.legend(loc = 'upper right',fancybox = True,fontsize = 8)
    plt.tight_layout()
    plt.show()
```

运行结果如图 5-13 所示。

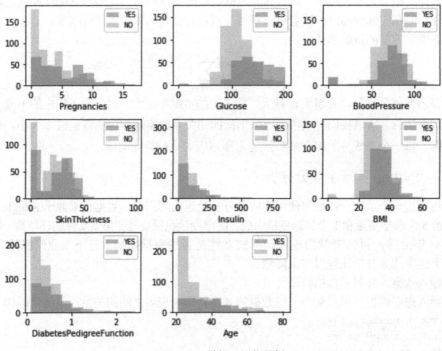

图 5-13　数据可视化图例

　　由图 5-13 可以看出，几乎所有特征的单独区别能力都较弱，部分特征数据样本混杂在一起。这证明原始的所有指标均不能独立地将非糖尿病人与糖尿病人区分开来。

（2）标准化处理数据

　　一般情况下，在利用真实数据集前，需对数据集进行标准化处理，本例子使用 Sklearn 库中的 StandardScaler()方法对数据进行标准化处理。示例代码如下：

```
In: from sklearn.preprocessing import StandardScaler
    X_std = StandardScaler().fit_transform(X)
```

（3）计算数据集的协方差矩阵

根据公式 5-6 计算协方差矩阵，示例代码如下：

```
In: mean_vec = np.mean(X_std,axis = 0)                    #对各列求均值，返回 1×n 矩阵
    cov_mat = (X_std - mean_vec).T.dot((X_std - mean_vec))/(X_std.shape[0] - 1)
    #协方差公式
    print('协方差矩阵: \n%s' %cov_mat)
Out:
    协方差矩阵:
    [[ 1.00130378 0.12962746  0.14146618 -0.08177826  -0.07363049  0.01770615
      -0.03356638 0.54505093]
     [ 0.12962746 1.00130378  0.15278853  0.05740263   0.33178913  0.2213593
       0.13751636 0.26385788]
     [ 0.14146618 0.15278853  1.00130378  0.2076409    0.08904933  0.2821727
       0.04131875 0.23984024]
     [-0.08177826 0.05740263  0.2076409   1.00130378   0.43735204  0.39308503
       0.18416737-0.11411885]
     [-0.07363049 0.33178913  0.08904933  0.43735204   1.00130378  0.19811702
       0.18531222-0.04221793]
     [ 0.01770615 0.2213593   0.2821727   0.39308503   0.19811702  1.00130378
       0.14083033 0.03628912]
     [-0.03356638 0.13751636  0.04131875  0.18416737   0.18531222  0.14083033
       1.00130378 0.03360507]
     [ 0.54505093 0.26385788  0.23984024 -0.11411885  -0.04221793  0.03628912
       0.03360507 1.00130378]]
```

除了可以根据公式计算数据集的协方差外，还可以通过直接调用 NumPy 工具包计算协方差矩阵，示例代码如下：

```
In: print('numpy 计算协方差矩阵:\n',np.cov(X_std.T))
```

事实上，直接调用 NumPy 工具包计算协方差矩阵代码更为简洁、方便。

（4）求解协方差矩阵的特征值及相应的正交化单位特征向量

示例代码如下：

```
In: eig_vals,eig_vecs = np.linalg.eig(cov_mat)
    print('特征值:\n%s'%eig_vals)
    print('特征向量:\n%s'%eig_vecs)
Out:
    特征值:
    [2.09711056   1.73346726  0.42036353  0.40498938  0.68351839  0.76333832
     0.87667054   1.03097228]
    特征向量:
    [[-0.1284321   -0.59378583 -0.58879003  0.11784098  -0.19359817  0.47560573
      -0.08069115  0.01308692]
     [-0.39308257  -0.17402908 -0.06015291  0.45035526  -0.09416176 -0.46632804
       0.40432871  -0.46792282]
     [-0.36000261  -0.18389207 -0.19211793 -0.01129554   0.6341159  -0.32795306
      -0.05598649   0.53549442]
     [-0.43982428   0.33196534  0.28221253  0.5662838   -0.00958944  0.48786206
      -0.03797608   0.2376738 ]
     [-0.43502617   0.25078106 -0.13200992 -0.54862138   0.27065061  0.34693481
       0.34994376  -0.33670893]
     [-0.45194134   0.1009598  -0.03536644 -0.34151764  -0.68537218 -0.25320376
```

```
     -0.05364595   0.36186463]
    [-0.27061144   0.122069    -0.08609107  -0.00825873   0.08578409  -0.11981049
     -0.8336801   -0.43318905]
    [-0.19802707  -0.62058853   0.71208542  -0.21166198   0.03335717   0.10928996
     -0.0712006   -0.07524755]]
```

（5）将特征值对应于特征向量，并将特征值由大到小排序

示例代码如下：

```
In: eig_pairs = [(np.abs(eig_vals[i]),eig_vecs[:,i])for i in range(len(eig_vals))]
                                                      #对应特征值和特征向量
    print('特征值和特征向量: \n',eig_pairs)
    print('~~~~~~~~~~~~~~~~~~~~~~~~~~~~~~~~~~~~~~~~~~~~~~~~~~~~~~~~~~~~~~~~~~~~
~~~~~~~~~~~~~~~~~~~~~~~~~~~~~~~~~~~~~~~~~~~~~~~~~~~~~~')
    eig_pairs.sort(key=lambda x:x[0],reverse=True)
    print('特征值由大到小排序结果:')
    for i in eig_pairs:
        print(i[0])
Out:
    特征值和特征向量:
    [(2.0971105579945246, array([-0.1284321 , -0.39308257, -0.36000261, -0.43982428,
-0.43502617,-0.45194134, -0.27061144, -0.19802707])),
     (1.7334672594471268, array([-0.59378583, -0.17402908, -0.18389207,  0.33196534,
0.25078106,0.1009598 ,  0.122069  , -0.62058853])),
     (0.42036352804956756, array([-0.58879003, -0.06015291, -0.19211793,  0.28221253,
-0.13200992,-0.03536644, -0.08609107,  0.71208542])),
     (0.4049893778148992, array([ 0.11784098,  0.45035526, -0.01129554,  0.5662838 ,
-0.54862138,-0.34151764, -0.00825873, -0.21166198])),
     (0.6835183858447282, array([-0.19359817, -0.09416176,  0.6341159 , -0.00958944,
0.27065061,-0.68537218,  0.08578409,  0.03335717])),
     (0.7633383156496731, array([ 0.47560573, -0.46632804, -0.32795306,  0.48786206,
0.34693481,-0.25320376, -0.11981049,  0.10928996])),
     (0.8766705419094795, array([-0.08069115,  0.40432871, -0.05598649, -0.03797608,
0.34994376,-0.05364595, -0.8336801 , -0.0712006 ])),
     (1.0309722810083826, array([ 0.01308692, -0.46792282,  0.53549442,  0.2376738 ,
-0.33670893,0.36186463, -0.43318905, -0.07524755]))]
    ~~~~~~~~~~~~~~~~~~~~~~~~~~~~~~~~~~~~~~~~~~~~~~~~~~~~~~~~~~~~~~~~~~~~~~~~~~~~
~~~~~~~~~~~~~~~~~~~~~~~~~~~~~~~~~~~~~~
    特征值由大到小排序结果:
    2.0971105579945246
    1.7334672594471268
    1.0309722810083826
    0.8766705419094795
    0.7633383156496731
    0.6835183858447282
    0.42036352804956756
    0.4049893778148992
```

由输出结果可知，有 3 个主成分的特征值大于 1，即 m 的选择将大于或等于 3。但 m 的最终选择还需要考虑累计贡献率。

（6）确定主成分的个数

计算累计贡献率，将特征向量累计至一定百分比时，就选择其为降维后的维度大小。示例代

码如下：

```
In: total = sum(eig_vals)                                    #特征值求和
    var_exp = [(i/total)*100 for i in sorted(eig_vals,reverse = True)]    #贡献率
    print(var_exp)
    cum_var_exp = np.cumsum(var_exp)
    print(cum_var_exp)                                       #累计贡献率
Out:
    [26.179749316110033, 21.640126757746522, 12.870373364801912, 10.944113047600437,
     9.529304819389637, 8.532854849331164, 5.247702246321913, 5.055775598698368]
    [26.17974932  47.81987607  60.69024944  71.63436249  81.16366731
     89.69652215  94.9442244  100.0000000]
```

由输出结果可知，前 5 个主成分的累计贡献率超过了 80%，前 6 个主成分的累计贡献率接近 90%。关于累计贡献率的选取标准，读者可以根据自身需求在 80%～95%进行选择。结合上述特征值的大小，为了更有效地降维，此处选取 $m=5$，即选择前 5 个主成分分析，降至 5 维。

（7）组合特征向量实现降维

示例代码如下：

```
In: matrix_w = np.hstack((eig_pairs[0][1].reshape(8,1),
        eig_pairs[1][1].reshape(8,1),
        eig_pairs[2][1].reshape(8,1),
        eig_pairs[3][1].reshape(8,1),
        eig_pairs[4][1].reshape(8,1)))
    Y = X_std.dot(matrix_w)
    print('PCA 降维:\n',Y)
Out:
    PCA 降维:
    [[-1.06850273  -1.23489499  -0.09592984  -0.4969902    0.10998491]
     [ 1.12168331   0.73385167   0.71293816  -0.28505622   0.38950719]
     [ 0.39647671  -1.59587594  -1.76067844   0.07039464  -0.90647385]
     ...
     [ 0.28347525  -0.09706503   0.07719194   0.68756106   0.52300926]
     [ 1.06032431  -0.83706234  -0.42503045   0.20449292  -0.95759303]
     [ 0.83989172   1.15175485   1.00917817  -0.0869288    0.08265082]]
```

由输出结果可知，使用 PCA 降维技术可以把原数据矩阵从 768×8 降到 768×5。

（8）可视化对比降维前后的数据分布

利用可视化直观评价主成分分析法，案例数据有 8 个特征，最终选择 5 个主成分。由于通过可视化无法显示 5 个主成分，因此使用二维平面图和三维立体图分别展示 PCA 降维后的情况。示例代码如下：

```
plt.figure(figsize = (6,4))                          #二维图展示第一、第二个主成分
for lab,col,marker in zip(('YES','NO'),('blue','yellow'),('^','s')):
    plt.scatter(Y[y == lab,0],Y[y == lab,1],marker = marker,label = lab,c = col)
plt.xlabel('Principal Component 1')
plt.ylabel('Principal Component 2')
plt.legend(loc = 'best')
plt.tight_layout()
plt.show()
```

运行结果如图 5-14 所示。

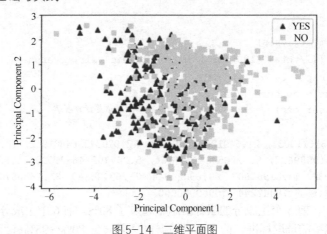

图 5-14 二维平面图

三维图展示第三、第四、第五个主成分，示例代码如下：

```
In: from mpl_toolkits.mplot3d import Axes3D
    import matplotlib.pyplot as plt
    import numpy as np
    ax=plt.axes(projection = '3d')
    for lab,col,marker in zip(('YES','NO'),('red','yellow'),('^','s')):
        ax.scatter(Y[y == lab,0],Y[y == lab,1],Y[y == lab,2],marker = marker,
label = lab, c = col)
    ax.set_xlabel('Principal Component 1')
    ax.set_ylabel('Principal Component 2')
    ax.set_zlabel('Principal Component 3')
    plt.show()
```

运行结果如图 5-15 所示。

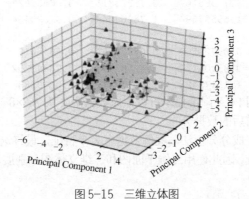

图 5-15 三维立体图

通过观察二维平面图和三维立体图可以看出，经过 PCA 降维后，糖尿病患者和非糖尿病患者能够较容易区分开来。

5.4 回归分析

回归分析主要是通过建立因变量与影响它的自变量之间具体关系的方程，来研究自变量与因变量之间数量变化关系的一种分析方法。例如，餐厅就餐人数跟营业额之间有依存关系，通过对这种依存关系进行分析，在得知餐厅就餐人数的情况下，就可以预测餐厅将实现的营业额。

回归分析是一种利用回归模型来预测因变量的发展趋势的方法。其中回归模型是对两变量之间的依存关系进行研究，区分出自变量和因变量，并分析确定两者之间具体关系的方程形式。例如，餐厅就餐人数与营业额之间有依存关系。

回归分析模型有线性回归及非线性回归两种。我们常用的模型是线性回归模型，其下又有简单线性回归、多元线性回归之分。在运用非线性回归时，需要利用对数转化等方式将其转化为线性回归后再进行研究，接下来我们将重点学习线性回归。

回归分析的步骤可以归纳为以下 5 步。

（1）确定变量

根据预测目标，确定自变量和因变量。根据经验及历史数据，确定业务问题中需要预测的实际目标，从而初步确定自变量和因变量。

（2）确定类型

绘制散点图，确定回归模型类型。根据数据，画出自变量与因变量的散点图同时进行相关分析，通过图像可以初步判断自变量是否与因变量具有线性相关关系，再根据相关系数明确自变量与因变量之间的相关程度和方向，从而确定回归模型的类型。

（3）建立模型

运用最小二乘法等方法对模型参数进行估计，从而确定模型参数，建立回归模型。

（4）模型检验

通过对整个模型及各个参数的统计进行显著性检验，逐步优化和确立回归模型。

（5）模型预测

利用回归模型进行预测，将检验过后的模型应用于新的数据中，根据新的自变量对因变量目标值进行预测。

5.4.1　简单线性回归分析

简单线性回归模型，由于该模型中只包含一个自变量和一个因变量，故也称作一元线性回归模型。设 x_i 为自变量 x 的第 i 个值，y_i 为因变量 y 的第 i 个值，n 为数据集的样本量，则集合 $\{(x_1, y_1), (x_2, y_2), \cdots, (x_n, y_n)\}$ 表示建模的数据集。当模型构建好后，就可以根据自变量 x 的新值预测其对应的因变量值。该模型的数学公式可以表示成：

$$y = \alpha + \beta x + e \tag{5-10}$$

式中变量的含义如表 5-2 所示。

表 5-2　　　　　　　　　　　　　公式 5-10 中变量的含义

变量	含义
y	因变量
x	自变量
α	常数项，是回归直线在纵坐标轴上的截距
β	回归系数，是回归直线的斜率
e	随机误差，即随机因素对因变量所产生的影响

一般可以通过散点图刻画两个变量之间的关系，并基于散点图绘制简单线性拟合线，进而更加直观地展示变量之间的关系。

简单线性回归分析在运营管理、市场营销、宏观经济管理等领域有非常广泛的应用。下面我们就用一个餐厅营业数据为例，来学习如何在 Python 中进行简单线性回归分析。首先将案例数据导入 data 变量，示例代码如下：

```
In: import pandas as pd
    data= pd.read_csv('restaurant.csv')
    data.head()
```

代码运行结果如图 5-16 所示。

	total_bill	day	time	size	PV
0	339.8	Sun	Dinner	42	3580
1	538.9	Mon	Dinner	62	6898
2	487.8	Tue	Dinner	64	4897
3	383.6	Wed	Dinner	45	4325
4	571.8	Thu	Dinner	82	7679

图 5-16　餐厅营业收入基本信息

运行代码即可得到某餐厅营业数据，第一列为餐厅营业额（美元）total_bill，第二列为日期 day，第三列为就餐时间 time，第四列为就餐人数 size，第五列为店铺浏览量 PV。接下来我们可以根据回归分析五步法逐步预测，若有 50 位顾客到店，营业额会达到多少。

1. 确定变量

确定因变量和自变量很简单，谁是已知谁就是自变量，谁是未知谁就是因变量。问题是如果有 50 位顾客到店会有多少营业额，因此，就餐人数是自变量，营业额是因变量。

我们将就餐人数作为自变量 x，将销售额作为因变量 y，评估广告对销售额的具体影响，在 Python 中首先定义自变量和因变量，示例代码如下：

```
In: x= data[['size']]                        #定义自变量
    y= data[['total_bill']]                  #定义因变量
```

2. 确定类型

根据以上数据，画出自变量与因变量的散点图，确定是否可以建立回归方程。在简单线性回归分析中，确定能否建立简单线性回归方程的条件仅有一个，即自变量与因变量的相关性为强相关性。示例代码如下：

```
In: data['size'].corr(data['total_bill'])        #计算相关系数
Out: 0.9740276440313206

In: data.plot('size','total_bill',kind='scatter')   #size作为x轴,total_bill作为y轴,
绘制散点图
```

代码运行结果如图 5-17 所示。

由输出结果可知，餐厅就餐人数和营业额之间的相关系数是 0.97，即说明两者间具有强线性相关关系。从散点图中也可以看出，两者有明显的线性关系，也就是就餐人数越多，营业额就越高。

3. 建立模型

从散点图中可以看出，就餐人数和营业额之间有明显的线性关系，但是这些数据点并不在一条直线上。在建立回归模型时，需要先估计出回归模型的参数 α 和 β，我们通常利用最小二乘法估计出最佳的回归模型参数 α 和 β，从而拟合出一条有尽可能多的数据点落在或靠近直线。下文我们将对常用的最小二乘法进行详细介绍。

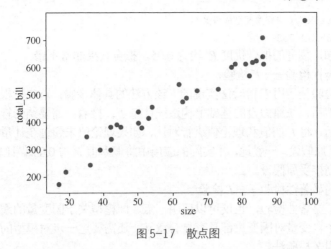

图 5-17　散点图

最小二乘法，是为了避免负数对计算产生影响而采用平方的方式，故又称作最小平方法。其思想是利用最小化误差的平方和来寻找数据的最佳函数匹配，目的是将误差最小化。这里的误差是指实际观测点和估计点间的距离。注意，使误差的平方和最小化可以确保误差最小化。

最小二乘法运用于回归模型中就是要使得误差值（即观测点和估计点距离的平方和）达到最小，其中的"二乘"是指用平方度量两点的距离，"最小"是指所估计的最佳参数要使得每一个观测点与估计点的距离的平方和最小，反映在图像上就是使得尽可能多的(x_i,y_i)数据点落在或更加靠近这条拟合出来的直线上。

在 Python 中实现最小二乘法，首先要使用 sklearn.linear_model 模块中的 LinearRegression()函数对模型进行拟合建模，然后用 fit()函数进行模型的训练。示例代码如下：

```
In: from sklearn.linear_model import LinearRegression
    #导入 LinearRagression 函数
    Model = LinearRegression()      #使用线性回归模型进行建模
    Model.fit(x,y)      #使用自变量 x 和因变量 y 训练模型
```

接下来使用训练得到的模型的 coef_属性和 intercept_属性，即可分别得到参数 β 和参数 α。示例代码如下：

```
In: Model.coef_        #查看参数
Out: array([[7.17940069]])


In: Model.intercept_    #查看截距
Out: array([35.88880511])
```

到这里，就可以得到简单线性回归模型，公式如下：

$$total\_bill（营业额）=35.89+7.18×size（就餐人数）\qquad(5-11)$$

4. 模型检验

模型检验可以分为模型拟合程度检验——拟合优度检验、模型的显著性检验——F 检验和回归系数的显著性检验——T 检验 3 种，下面分别详细介绍这 3 种检验方法。

（1）拟合优度检验

回归模型通常使用拟合优度进行拟合程度的检验，而判定系数 R^2 是拟合优度的度量指标。在简单线性回归模型中，R 是指 y 值和模型计算出来的 $\hat{y}$ 值的相关系数，R^2 用于表示拟合得到的模型能解释因变量变化的百分比，R^2 越接近 1，说明回归模型的拟合效果越好。

首先在 Python 中使用拟合好的模型的 score()函数，即可得到模型的拟合优度，示例代码如下：

```
In: Model.score(x,y) #计算模型的精度
Out: 0.9487298513372051
```

由输出结果可知，模型的拟合优度 R^2 约为 0.95，拟合效果非常不错。

（2）模型的显著性检验——F 检验

模型的显著性检验是运用 F 检验法实现的。该方法的具体步骤：首先，根据具体问题提出原假设和备择假设；然后，在原假设的基础上构造统计量 F；接着，需要结合样本信息，计算得出统计量 F 的值；最后，将 F 的值和理论值进行对比，如果理论值未超过统计量 F 的值，则拒绝原假设，否则需要接受原假设。一般地，在实际的应用中将概率值 P 与 0.05 做比较，如果小于 0.05，则拒绝原假设，否则接受原假设。

（3）回归系数的显著性检验——T 检验

即使模型通过了显著性检验，也仅可以证明一点，即模型关于因变量的线性组合是合理的。因此，为了表明每个自变量对因变量都具有显著意义，还需要进一步对模型的回归系数做显著性检验，这里需要使用 T 检验法。

只有当回归系数通过了 T 检验，才可以认为模型的系数是显著的。在构造并计算得出 T 统计量的值后，对比计算好的统计量 T 值与理论的 T 分布值，如果理论的 T 分布值小于 T 统计量，则拒绝原假设，否则接受原假设。同样，也可以根据概率值 P 判断是否需要拒绝原假设。

接下来，我们通过 Python 来实现 F 检验和 T 检验。利用已经构建好的模型，使用 summary() 方法便可以得到 fit 模型的 F 统计量值和各回归系数的 T 统计量。具体的代码如下：

```
In: import statsmodels.api as sm
    Model=sm.OLS(y,x)
    Model=Model.fit()
    Model.summary()
```

代码运行结果如图 5-18 所示。

OLS Regression Results

Dep. Variable:	total_bill	R-squared (uncentered):	0.995
Model:	OLS	Adj. R-squared (uncentered):	0.995
Method:	Least Squares	F-statistic:	5666.
Date:	Mon, 11 May 2020	Prob (F-statistic):	8.27e-35
Time:	15:57:46	Log-Likelihood:	-149.27
No. Observations:	30	AIC:	300.5
Df Residuals:	29	BIC:	301.9
Df Model:	1		
Covariance Type:	nonrobust		

	coef	std err	t	P>|t|	[0.025	0.975]
size	7.7162	0.103	75.275	0.000	7.507	7.926

Omnibus:	0.869	Durbin-Watson:	1.689
Prob(Omnibus):	0.648	Jarque-Bera (JB):	0.899
Skew:	0.286	Prob(JB):	0.638
Kurtosis:	2.374	Cond. No.	1.00

图 5-18　简单线性回归模型参数图

经过了 F 检验和 T 检验，结果显示，在返回的模型概览结果中，F 统计量值为 5666，由于相应的概率值 P 远比 0.05 小，因此应该拒绝原假设，说明该模型是显著的；在各自变量的 T 统计量

中，变量所对应的概率值 P 均小于 0.05，应该拒绝原假设，说明该变量是显著的，同时证明就餐人数是影响营业额的重要因素。

在 F 检验中，若原假设无法拒绝，则说明模型是无效的，通常的解决办法是改变自变量、增加数据量或选择其他的模型；在 T 检验中，若原假设无法拒绝，则说明对应的自变量与因变量之间不存在线性关系，通常的解决办法是剔除该变量或修正该变量（如因变量与自变量存在非线性关系时，选择对应的数学转换函数，对其进行修正处理）。

5. 模型预测

经过检验后，就可以使用该回归模型，根据自变量 x 来预测因变量 y。在 Python 中直接调用模型的 predict() 函数，即可得到要预测的结果，示例代码如下：

```
In: pX = pd.DataFrame({'size':[50]})      #生成预测所需的自变量数据框
    Model.predict(pX)                      #对未知的数据进行预测

Out: 0    385.808082
     dtype: float64
```

由输出结果可知，预测结果约为 385.81。

5.4.2　多元线性回归分析

讲到这里，相信读者已经对简单线性回归模型有了一定的认识。但在实际应用中，简单线性回归模型并不常见，因为在实际问题中一般有多个自变量影响因变量，此时不可用一元线性回归模型，而应该扩展到多元线性回归模型。此模型是包含两个或两个以上自变量的线性回归模型。

多元线性回归模型如下：

$$y=\alpha+\beta_1 x_1+\beta_2 x_2+\cdots+\beta_n x_n+e \tag{5-12}$$

式中的每一个变量含义如表 5-3 所示。

表 5-3　　　　　　　　　　　公式 5-12 中变量的含义

变量	含义
y	因变量
x_i	第 i 个自变量
α	常数项，是回归直线在纵坐标轴上的截距
β_i	第 i 个偏回归系数。其中，β_i 是指在其他自变量保持不变的情况下，自变量 x_i 每变动一个单位引起的因变量 y 的平均变化，$\beta_2,\cdots,\beta_n$，依此类推
e	随机误差，即随机因素对因变量所产生的影响

建立多元线性回归模型时，需要使用最小二乘法估算出相应的各个偏回归系数 β_i，具体操作我们使用 Python 处理。

现在来看餐厅营业额的例子，某餐厅在对就餐人数进行统计后，还统计了餐厅在某网站的店铺浏览量。下面我们来研究就餐人数（size）、店铺浏览量（PV）对餐厅营业额（total_bill）的影响。

1. 确定变量

根据预测目标，确定自变量和因变量。本案例的多元线性回归模型是在考虑就餐人数（size）对餐厅营业额影响的基础上，再加入另一个因素——餐厅在某网站的店铺浏览量（PV）。根据一般餐厅的经营经验，餐厅每天在某网站的店铺浏览量对到店就餐人数有极大的影响，店铺浏览量越高，就餐人数越多。因此，初步判断店铺浏览量也是影响总体营业额（total_bill）的因素之一，将店铺浏览量影响因素纳入模型，来探索其是否是营业额的影响因素。

所以可以设"size""PV"这两个变量为自变量 x，"total_bill"为因变量 y。建立多元线性回归模型，首先定义自变量和因变量，示例代码如下：

```
In: import pandas as pd
    data = pd.read_csv('restaurant.csv')
    x = data[['size','PV']]
    y = data[['total_bill']]
```

2. 确定模型

绘制散点图，确定回归模型类型。分别计算就餐人数、店铺浏览量和营业额的相关系数，并绘制散点图，示例代码如下：

```
In: data['size'].corr(data['total_bill'])                    #计算相关系数
Out: 0.9740276440313206
In: data['PV'].corr(data['total_bill'])                      #计算相关系数
Out: 0.9016082276552887
In: data.plot('size','total_bill',kind='scatter')
    #size 作为 x 轴，total_bill 作为 y 轴，绘制散点图
```

代码运行结果如图 5-19 所示。

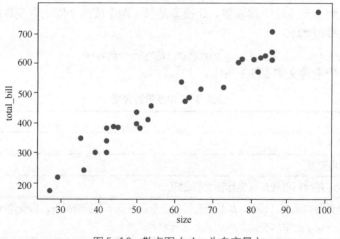

图 5-19　散点图（size 为自变量）

```
In: data.plot('PV','total_bill',kind='scatter')
    #PV 作为 x 轴，total_bill 作为 y 轴，绘制散点图
```

代码运行结果如图 5-20 所示。

由输出结果可知，两个自变量与因变量的相关系数分别为 0.97 和 0.90，即两个自变量与因变量都呈现正线性相关关系。

3. 建立模型

估计模型参数，建立线性回归模型。和简单线性回归一样，使用最小二乘法，即可求解多元线性回归模型的参数。同样，使用 sklearn.linear_model 模块中的 LinearRegression() 函数求解多元线性回归模型，示例代码如下：

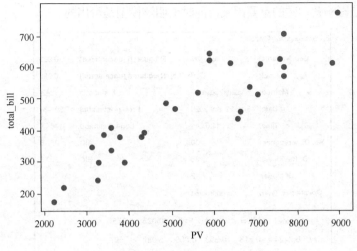

图 5-20　散点图（PV 为自变量）

```
In: from sklearn.linear_model import LinearRegression    #导入 LinearRegression () 函数
    Model = LinearRegression()                           #使用线性回归模型进行建模
    Model.fit(x,y)                                       #使用自变量 x 和因变量 y 训练模型
```

接下来使用训练得到的模型的 coef_ 属性和 intercept_ 属性，即可分别得到参数 β 和参数 α。示例代码如下：

```
In: Model.coef_   #查看参数
Out: array([[5.96867157,0.01428684]])
```

```
In: Model.intercept_   #查看截距
Out: array([31.72110471])
```

至此，便可得到多元线性回归模型。计算公式如下：

$$total\_bill（营业额）=31.72+5.97×size（就餐人数）+0.014×PV（店铺浏览量）　　　　(5-13)$$

4.　模型检验

（1）拟合优度检验

首先对训练得到的模型利用 score() 函数对其进行拟合优度计算，示例代码如下：

```
In: Model.score(x,y)   #计算模型的拟合优度
Out: 0.9562807656489892
```

由输出结果可知，模型的拟合优度 R^2 约为 0.96，拟合效果非常不错。

（2）F 检验和 T 检验

多元线性回归的 F 检验和 T 检验跟简单线性回归类似，都是利用已经构建好的模型。使用 summary() 方法得到 fit 模型的 F 统计量值和各回归系数的 T 统计量。具体的代码如下：

```
In: import statsmodels.api as sm
    Model=sm.OLS(y,x)
    Model=Model.fit()
    Model.summary()
```

代码运行结果如图 5-21 所示。

经过了 F 检验和 T 检验，结果显示，在返回的模型概览结果中，可以看出 F 统计量值为 3242，由于相应的概率值 P 远比 0.05 小，应该拒绝原假设，说明该模型是显著的；在各自变量的 T 统计量中，变量所对应的概率值 P 均小于 0.05，应该拒绝原假设，说明该变量是显著的，即就餐人数

和店铺浏览量都是影响营业额的重要因素，同时证明该模型是可用的。

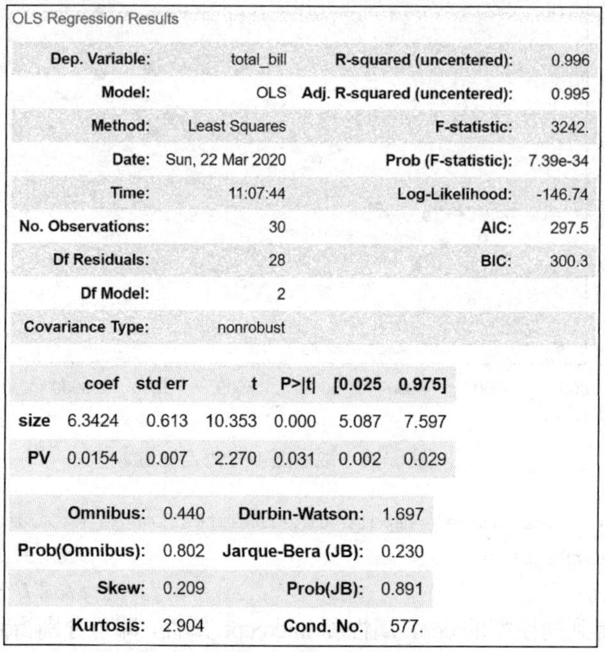
OLS Regression Results

Dep. Variable:	total_bill	R-squared (uncentered):	0.996
Model:	OLS	Adj. R-squared (uncentered):	0.995
Method:	Least Squares	F-statistic:	3242.
Date:	Sun, 22 Mar 2020	Prob (F-statistic):	7.39e-34
Time:	11:07:44	Log-Likelihood:	-146.74
No. Observations:	30	AIC:	297.5
Df Residuals:	28	BIC:	300.3
Df Model:	2		
Covariance Type:	nonrobust		

	coef	std err	t	P>|t|	[0.025	0.975]
size	6.3424	0.613	10.353	0.000	5.087	7.597
PV	0.0154	0.007	2.270	0.031	0.002	0.029

Omnibus:	0.440	Durbin-Watson:	1.697
Prob(Omnibus):	0.802	Jarque-Bera (JB):	0.230
Skew:	0.209	Prob(JB):	0.891
Kurtosis:	2.904	Cond. No.	577.

图 5-21　模型参数图

5. 模型预测

利用回归模型进行预测。求解出模型的参数后，想要知道当就餐人数为 50 人、店铺浏览量为 5000 次时的营业额，可以直接使用 predict()函数，把自变量作为参数传入，示例代码如下：

```
In: pX = pd.DataFrame({'size':[50],'PV':[5000]})
    Model.predict(pX)
Out: array([[401.58889613]])
```

由输出结果可知，当就餐人数为 50 人、店铺浏览量为 5000 次时，可以带来约 401.59 美元的营业额。

本章小结

本章介绍了数据分析的 3 大类，分别举例介绍了其中常用的数据分析方法。这些方法之间并不是绝对独立的，在实际应用中可以根据具体情况来选择适当的分析方法。

对比分析是数据分析中最基本、最实用的分析方法，使用时要注意对比的指标类型、单位和标准必须一致；结构分析是在分组的基础上进行分析，重点在于整体的比重，如果只有两三个成分，分析结果可以用圆环图展现，如果成分较多（例如 10 个以上），可以考虑使用树状图；交叉分析主要分析变量间的关系，其维度一般不超过两个，维度多时就会没有重点，不容易发现其中规律。

描述性统计分析用于对单个变量进行数据分析，操作直观、简洁，但是难以描述多元变量的关系。而实际应用中，自变量通常是多元的，为了降低此运算的复杂度，可以考虑使用主成分分析法来消除一些冗余的自变量。

主成分分析是一种无监督的算法，不需要标签，可直接对数据进行分析。在实际运用中是否需要采用主成分分析没有固定的标准，需要通过实验对比确定，读者在拿到一份数据后可以通过上述流程对数据进行分布处理，同时对各种降维处理技术进行比较。需要注意的是，主成分分析要求变量之间存在一定程度的相关度，相关度越高，主成分分析的效果也越明显。降维技术可以极大减少算法的计算量，将复杂问题简单化，遇到特别多的特征时显得十分重要。但往往降维后得到的结果难以解释和描述，带有一定的模糊性。

5.3 节中使用的数据集并非是十分适用于做主成分分析的数据集，选择此例旨在让读者充分了解使用 PCA 实现降维的每个步骤，同时讲解其中出现的需要注意的点。例如，观察相关系数矩阵，当大部分元素绝对值大于 0.5 时代表数据非常适合主成分分析；当特征值大于 1 与累计贡献率超过 85% 不能同时满足时，应该根据需求进行选择。

使用回归分析时，为使其能较为符合实际，首先，自变量的可能种类和个数应尽可能地通过定性判断而确定；同时，结合事物发展的规律对回归方程的可能类型也进行定性判断；然后，尽可能地收集较充分的高质量统计数据；最后，运用统计方法对统计数据进行数据分析。

习题

1．基于鸢尾花数据集进行主成分分析，选择合适的主成分个数，并展示降维后的结果。

2．基于鸢尾花数据集利用 Seaborn 库对鸢尾花类别和鸢尾花花萼长度进行可视化分析。

3．基于鸢尾花数据集利用 Matplotlib 库对鸢尾花的 4 个特征进行可视化分析。

4．利用 5.2 节中的描述性统计分析方法，对 Python 中 Sklearn 库提供的乳腺癌数据集进行集中趋势分析、离散程度分析和相关分析。

5．回顾第 3 章，调用 Pandas 和 NumPy 分别实现鸢尾花数据集的描述性统计分析。

6．今测得汽车的行驶速度 speed 和刹车距离 dist 数据如下。

speed：5,5,8,8,9,11。

dist：3,12,4,25,17,12。

（1）请作出 speed 与 dist 的散点图，通过图像判断并检验 speed 与 dist 之间是否大致呈线性关系。

（2）当 speed=40 时，预测 dist 为多少。

7．由专业知识可知，合金的强度 y（107Pa）与合金中碳的含量 x（%）有关。那么在冶炼的过程中，对于碳的含量要如何把控才能生产出顾客满意的合金呢？同样地，若在冶炼时得知了碳的含量，能否预测这炉合金的强度？数据如下。

x：0.10,0.11,0.12,0.13,0.14,0.15,0.16,0.17,0.18,0.20,0.22,0.23。

y：42,43.5,45,45.5,45,47.5,49,53,50,55,57.5,60。

（1）作 x 与 y 的散点图，并以此判断 x 与 y 之间是否大致呈线性关系并检验。

（2）当 x=0.21 时，预测 y 等于多少。当 x=0.27 时，y 等于多少。

8．回顾第 3 章，读取 58 同城二手房源数据文件，选择多个你认为合理的自变量和因变量做多元线性回归分析并做检验和预测。

9．基于鸢尾花数据集，选择多个你认为合理的自变量和因变量做多元线性回归分析并做检验和预测。

挖 掘 篇

第 **6** 章 **Python 数据挖掘**

如今许多公共和私人组织都开始收集大量特定领域不同类型的数据，可以说数据已经渗透到各行各业，成为一种不可忽视的生产要素。但是随着数据量级和复杂度的不断提升，在庞杂的数据中获取所需的信息已经成了当今人们必备的一项重要技能。为了摆脱"数据爆炸，知识匮乏"的困境，我们需要利用专业的数据挖掘方法，从数据中提取更有价值的信息与知识，从而为科学决策提供支持。

本章将介绍这些数据挖掘方法，以及如何运用 Python 去实现它们。数据挖掘的核心技术是机器学习，根据其训练数据集是否具有标签这一特性，数据挖掘方法可分为有监督学习（Supervised Learning，SL）和无监督学习（Unsupervised Learning，UL）两大类。其中，有监督数据挖掘方法主要包括决策树（Decision Tree，DT）、朴素贝叶斯（Naive Bayesian，NB）、人工神经网络（Artificial Neural Network，ANN）与集成学习（Ensemble Learning，EL）等；无监督数据挖掘方法主要包括关联分析（Association Analysis，AA）与聚类分析（Clustering Analysis，CA）等。

Python 数据挖掘的知识框架如图 6-1 所示。

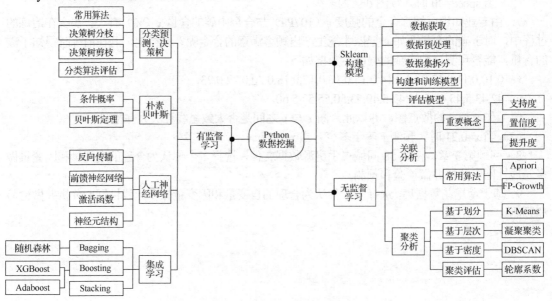

图 6-1　Python 数据挖掘的知识框架

6.1　Python 数据挖掘概述

数据挖掘（Data Mining，DM），即从大量不完整、有噪声、模糊、随机的实际应用数据中，提取隐含在其中、人们事先不知道、但又是潜在有用的信息和知识的过程。数据挖掘实质上是一个决策支持过程，它利用统计学、数据库、模式识别、数据可视化、人工智能、机器学习等方法或技术对数据进行高度自动化的分析，进而做出归纳性的推理，从中挖掘出潜在的模式，辅助决策者调整策略、减少风险、做出正确的决策。

数据挖掘有别于我们常说的数据分析，其中重要的一个区别在于，数据分析是人为驱动的，而数据挖掘是数据驱动的。例如针对垃圾邮件的判断与筛选，数据分析方法需要针对邮件的发送人、标题、关键字等因素进行分析，如果含有违规违法信息则被判定为垃圾邮件；而数据挖掘方法只需要把标注是否是垃圾邮件的数据交给模型学习，训练成功（即准确率达到一定阈值的模型）后就可以用来自动识别垃圾邮件。

Python 在数据科学领域非常流行，特别是在数据挖掘和机器学习等方面。利用 Python 实现数据挖掘算法的优点有很多。例如 Python 语言的语法清晰、逻辑性强、易读性高，且初始安装的 Python 开发环境就附带许多高级数据类型，如列表、元组、字典、集合等，无须进行处理工作就可以直接对这些数据类型进行操作。而 Anaconda 本身就包括了 Python 很多用于数据挖掘的软件库，如我们前面介绍过的 NumPy、Pandas，还有我们本章要重点介绍的 Scikit-learn 等，所以使用起来十分方便。

6.1.1　数据挖掘方法分类及常用方法

1. 数据挖掘方法分类

常见的数据挖掘方法一般分为两种，即有监督学习方法与无监督学习方法。两种方法的区别在于输入的训练集数据是否含有标签（即数据有没有被标注过）。

首先明确一下标签和特征的概念。以上面提到的垃圾邮件检测为例，邮件的发送人、标题、包含字词等因素即为数据的特征，数据的特征可以有很多种，特征是我们输入的变量；而标签则是该邮件是否是垃圾邮件，"是垃圾邮件"或"非垃圾邮件"即为数据的标签。对于二元分类来说，标签常用"0/1""yes/no""是/否"等来表示。标签是我们要预测的事物，是输出变量。

有监督学习使用的是有标签的数据，这类数据已被事先打上标签，然后将数据按照一定比例划分为训练集和测试集，基于训练数据集和特征种类训练模型，再使用模型对测试集进行预测，通过比较模型输出的测试集标签与其自身的标签来判断模型的准确率，持续训练以找到最优模型。简单来说，其目的是根据其他属性的值，预测出特定属性的值。有监督学习方法主要有分类和回归，其中分类是对字符型样本的预测，回归是对数值型样本的预测。

无监督学习使用的则是无标签的数据，数据自身不含有标签，也不会事先给定标签种类，而是根据输入数据集直接构建模型，令模型自己确认数据的标签，概括出数据中潜在的模式，并不断迭代训练以提高模型识别准确度。也因为此，无监督学习的方法往往需要大量的样本数据。简单来说，无监督学习的目的是概括出数据中潜在的模式，使用的方法主要有关联和聚类。

数据挖掘所使用的数据本质是一个二维表，这类数据中包含样本 X 和样本标签 y，如图 6-2 所示。在数据集 X 中，每一行代表一个样本数据，如样本 $S_1,S_2,\cdots,S_n$，每一列代表样本的一种属性，每个样本数据可以有不同的属性 $A_1\sim A_n$，即数据的特征，而 y 则是样本数据可能归属的标签。数据挖掘的不同方法可以根据它们的关系进行分类，如图 6-2 所示。

仍以之前的垃圾邮件判别为例，每一封邮件数据就是一个样本，邮件的发件人、发件时间、关键词组等就是样本的属性，或者称为特征，而该邮件是否是垃圾邮件就是数据的标签。数据集带有标签的数据挖掘方法称为有监督学习，没有标签的则称为无监督学习。继续细分的话，在有监督学习中，分类针对的是字符型样本数据，回归针对的则是数值型样本数据；在无监督学习中，关联分析是为了研究样本属性之间的关系，而聚类分析是为了研究样本之间的关系。

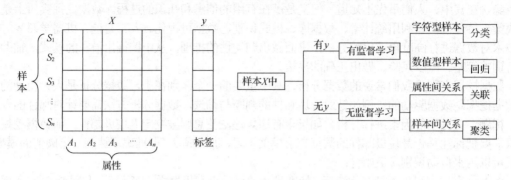

图 6-2 数据挖掘方法分类判别示意图

另外需要提到的是，有监督学习中又可以分为生成方法和判别方法，所产生的模型分别为生成式模型和判别式模型。这两种模型的区别在于，生成式模型预估的是联合概率分布，而判别式模型预估的是条件概率分布。换句话说，生成方法关注的是给定输入 X，如何产生输出 Y 的生成关系；判别方法关注则的是给定输入 X，如何预测输出 Y。若读者想要进一步学习这两种方法，可以自行查阅相关资料以加深了解。

2. 常用数据挖掘方法

（1）分类

分类是数据挖掘技术中十分重要的一种方法，该方法一般是找出样本数据集的共同特征，并根据特征的不同将数据集划分为不同的类型，在此基础上对未知特征的样本和已有的特征建立映射关系，从而达到寻找重要变量因素、了解族群特征或建立分类规则的目的。分类方法常用于解决商品分类、垃圾邮件过滤、新闻分类、智能推荐等问题。常用的算法包括决策树、朴素贝叶斯、K 近邻和支持向量机等。

（2）回归

回归分析与分类方法原理相似，两者的主要区别在于，回归分析的输入数据往往为数值型。若将分类模型的目的定义为判断输入内容的类别，那么回归模型的目的则是预测输入内容的数值，或者说是找到一条可以尽可能接近数据集的各个点的最优拟合线。回归方法常用于预测销售趋势、房价变动、产品生命周期分析、股市成交额及天气状况等。

（3）关联

关联分析又称关联规则挖掘，它是一种在大规模数据集中寻找数据之间关系的算法。关联分析的目标是发现频繁项集，并从频繁项集中发现关联规则。关联规则反映了物品与其他物品之间的关联性，即给定一组事务，根据事务中物品项的出现情况预测物品项出现的规则。关联分析常用于预测客户需求、关联推荐营销、客户交叉营销、风险防范等方面。常用的关联分析算法包括 Apriori 算法和 FP-Growth 算法。

（4）聚类

聚类分析方法是一种不给定数据特征种类，根据数据间相似度进行数据集簇，使得簇内距离最小化、簇间距离最大化的分析方法。聚类分析可以用于根据一些特定的症状归纳特定的疾病，或者通过对住宅区的居民信息聚类来确定店铺的选址等问题。常用的聚类分析算法包括 K-Means

算法、凝聚聚类算法和 DBSCAN 算法。

（5）异常检测

异常检测是数据挖掘的一个常见应用，主要是找出数据集中与正常数据差异较大的数据点（也称为离群点或异常值）。常用的检测方法一般有统计方法检测、距离检测、密度检测、数据可视化检测和无监督模型检测等，之前提到的聚类分析也是常见的用于异常检测的方法。在日常生活中，异常检测可以用于识别诈骗、防范风险，也可以用于发现新的营销热点。

6.1.2　使用 Scikit-learn 构建数据挖掘模型

2007 年发布以来，Scikit-learn 在 Python 的机器学习库中一直占据着重要地位。Scikit-learn 简称 Sklearn，它支持常用的机器学习算法（分类、回归、聚类与降维等），并提供了特征提取、数据处理和模型评估等功能模块。

Sklearn 封装了大量的机器学习算法，并内置了大量数据集，以节省获取和整理数据集的时间。使用 Anaconda 安装 Python 开发环境时已经默认安装了 Sklearn，我们也可以通过在命令行窗口中输入 pip install Sklearn 来完成该包的安装。

使用 Sklearn 进行机器学习的步骤为：数据获取→数据预处理→数据集拆分→构建模型→训练模型→评估模型→保存模型→使用模型。下面将对这些步骤进行具体介绍。

1. 数据获取

（1）导入 Sklearn 数据

Sklearn 中包含了大量的优质数据集。在学习机器学习相关知识的过程中，你可以基于这些 Sklearn 内置数据集建立模型，提高自我实践能力。若要使用这些数据集，需要导入 datasets 模块，代码如下：

```
from sklearn import datasets
```

Sklearn 中的内置数据集及调用方式如表 6-1 所示。

表 6-1　　　　　　　　　　　　Sklearn 中的内置数据集及调用方式

	数据集名称	调用方式	适用算法	数据规模（条）
小数据集	波士顿房价数据集	load_boston()	回归	506×13
	鸢尾花数据集	load_iris()	分类	150×4
	糖尿病数据集	load_diabetes()	回归	442×10
	手写数字数据集	load_digits()	分类	5620×64
大数据集	Olivetti 脸部图像数据集	fetch_olivetti_faces()	降维	400×64×64
	新闻分类数据集	fetch_20newsgroups()	分类	—
	带标签的人脸数据集	fetch_lfw_people()	分类、降维	—
	路透社新闻语料数据集	fetch_rcvl()	分类	804414×47236

以最为简单的鸢尾花数据集为例，下面介绍使用内置数据集的一般方法。

鸢尾花数据集包含了 150 条鸢尾花的数据，分为 3 类，每类 50 条数据，每条数据包含"花萼长度""花萼宽度""花瓣长度""花瓣宽度" 4 种属性。

选取每个种类中各 3 条数据作为示例，如表 6-2 所示。

表 6-2 鸢尾花数据集部分示例

	Sepal.Length	Sepal.Width	Petal.Length	Petal.Width	Species
1	5.1	3.5	1.4	0.2	setosa
2	4.9	3	1.4	0.2	setosa
3	4.7	3.2	1.3	0.2	setosa
4	7	3.2	4.7	1.4	versicolor
5	6.4	3.2	4.5	1.5	versicolor
6	6.9	3.1	4.9	1.5	versicolor
7	6.3	3.3	6	2.5	virginica
8	5.8	2.7	5.1	1.9	virginica
9	7.1	3	5.9	2.1	virginica

在调用此数据集时，只需要输入代码 iris=datasets.load_iris()，即可将内置数据集传入对象 iris（对象名称可以更改）。在使用该数据集前，可以观察一下数据集的基本特征，示例代码如下：

```
In: from sklearn import datasets
    iris = datasets.load_iris()        # 获取数据集
In: iris.data.shape                    # 数据集形状
Out: (150, 4)

In: iris.feature_names                 # 数据集属性
Out: ['sepal length (cm)',
     'sepal width (cm)',
     'petal length (cm)',
     'petal width (cm)']

In: iris.target_names                  # 数据集标签
Out: array(['setosa', 'versicolor', 'virginica'], dtype='<U10')
```

（2）创建数据集

除了 Sklearn 自带的数据集，我们还可以创建样本数据。其中，Sklearn 中 datasets 模块的 samples_generator 就包含着大量创建样本数据的方法。下面我们通过一个简单的分类任务来说明如何使用 samples_generator 生成分类样本。假设生成 500 条数据样本，分属于两个类，每个样本具有 4 个特征属性。代码示例如下：

```
In: from sklearn.datasets.samples_generator import make_classification
    X1,Y1 = make_classification(n_samples=500,n_features=4,n_classes=2)
    # X1: 样本特征; Y1: 样本类别标签。共 500 个样本，每个样本 4 个特征，输出有两个类别
    for x,y in zip(X1,Y1):
        print(y,end=':')
        print(x)
Out:
0:[-0.8152587  -1.33077235  1.13339948  0.08224798]
0:[-0.74387043 -1.35352805  1.15619922  0.0644878 ]
1:[ 0.86336722 -0.79113417  0.72781188 -0.25389945]
1:[ 2.40974578  0.45003206 -0.2977765  -0.50716404]
1:[-0.29373783  1.33928796 -1.18529759  0.1675005 ]
1:[ 0.67826922  1.43743648 -1.2323511  -0.043392  ]
0:[-1.08252075 -0.92211508  0.7646117   0.17325757]
0:[-0.53022919  0.82132537 -0.74091787  0.18135849]
0:[-0.65021055 -1.30544683  1.11782176  0.04709457]
1:[ 0.85264227 -0.08366755  0.10747682 -0.19786284]
1:[ 1.10785304 -1.65183623  1.49178341 -0.37405907]
1:[ 1.66794955  1.34422753 -1.11102282 -0.27275961]
```

2. 数据预处理

数据预处理过程直接关系到数据的质量，是机器学习中的重要一环，它能够帮助模型更准确、有效地识别数据。虽然一个完整的数据挖掘过程包含了数据获取、数据预处理、数据集拆分、构建模型、训练模型、评估模型、保存模型和使用模型等若干个环节，但是数据预处理往往要占用整体工作量的 60%～90%，而其余的数据挖掘与分析工作仅占总工作量的 10%～40%。下面我们将介绍 4 种常见的数据预处理方法，分别是数据的归一化、数据的正则化、特征的二值化和 One-hot 编码转换。利用 Sklearn 进行数据预处理时往往要导入 preprocessing 模块，代码示例如下：

```
In: from sklearn import preprocessing
Out:
```

（1）数据的归一化

如果样本数据的个别特征方差过大，则会影响目标函数，那么参数估计器就无法正确地去学习其他特征。常用的两种归一化方法为 Z-score 标准化和 min-max 标准化，其中 Z-score 标准化将特征数据的分布调整成标准正态分布（也称高斯分布），就是使得数据的均值为 0、方差为 1，而 min-max 标准化是将原始数据的值通过线性变换映射到[0,1]。在 preprocessing 模块中提供了一个 scale() 方法，可以实现 Z-score 标准化。代码示例如下：

```
In: import numpy as np

    x=np.array([[1.,-1.,2.],
                [2.,0.,0.],
                [0.,1.,-1.]])

    # 将每一列特征标准化为标准正态分布
    x_scale=preprocessing.scale(x)
    x_scale
Out: array([[ 0.        , -1.22474487, 1.33630621],
            [ 1.22474487,  0.        ,-0.26726124],
            [-1.22474487,  1.22474487,-1.06904497]])
```

我们可以验证一下每列数据是否满足均值为 0、方差为 1。代码示例如下：

```
In: x_scale.mean(axis=0)  # axis=0 表示只针对列
Out: array([0.,0.,0.])

In: x_scale.std(axis=0)
Out: array([1.,1.,1.])
```

此外，还有一个常见的实用类是 MinMaxScaler。它可以将每个特征值归一化到一个固定范围，能够用于实现 min-max 标准化。它的原理与 StandardScaler 很像，只是会将数据规范化到[-1,1]，也就是特征中的所有数据都会除以最大值。这个方法对那些已经中心化均值为 0 或稀疏的数据有意义。代码示例如下：

```
In: train_data=[[1,2],[2,3],[3,4],[4,5]]
    test_data=[[0,1],[1,0]]

    # 利用训练数据创建一个标准化转换器
    scaler=preprocessing.StandardScaler().fit(train_data)

    # 使用上面这个转换器去转换训练数据 train_data，调用 transform() 方法
    scaler.transform(train_data)
Out: array([[-1.34164079,-1.34164079],
```

```
                [-0.4472136 ,-0.4472136 ],
                [ 0.4472136 , 0.4472136 ],
                [ 1.34164079, 1.34164079]])
In: # 使用上面这个转化器去转化测试数据 test_data
    scaler.transform(test_data)
Out: array([[-2.23606798,-2.23606798],
             [-1.34164079,-3.13049517]])


In: # 使用上面这个转化器去转化新数据 new_data
    new_data=[[3,3],[3,2],[3,1]]
    scaler.transform(new_data)
Out: array([[ 0.4472136 ,-0.4472136 ],
             [ 0.4472136 ,-1.34164079],
             [ 0.4472136 ,-2.23606798]])


In: # feature_range:定义归一化范围
    scaler= preprocessing.MinMaxScaler(feature_range=(0,1)).fit(train_data)
    scaler.transform(train_data)
    scaler.transform(test_data)
Out: array([[-0.33333333,-0.33333333],
             [ 0.        ,-0.66666667]])
```

（2）数据的正则化

正则化是将样本在向量空间模型上进行转换，经常被使用在分类与聚类中。函数 normalize()提供了一个快速又简单的方式，在一个单向量上来实现正则化的功能。正则化的范式可以为 L1、L2 或 max。L1 范式下，样本各个特征值除以各个特征值的绝对值之和；L2 范式下，样本各个特征值除以各个特征值的平方之和；max 范式下，样本各个特征值除以样本中特征值最大的值。代码示例如下：

```
In: x=np.array([[1.,-1.,2.],
                [2.,0.,0.],
                [0.,1.,-1.]])
    x_normalized=preprocessing.normalize(x)
    x_normalized
Out: array([[ 0.40824829,-0.40824829, 0.81649658],
             [ 1.        , 0.        , 0.        ],
             [ 0.        , 0.70710678,-0.70710678]])
```

preprocessing 模块同样提供了一个实用类 Normalizer，使用 transform()方法也可以对新的数据进行同样的转换。代码示例如下：

```
In: train_Data=[[1,2],[2,3],[3,4],[4,5]]
    test_Data=[[3,1],[1,5]]

    # 根据训练数据创建一个正则器
    normalizer=preprocessing.Normalizer().fit(train_data)

    # 对训练数据进行正则化
    normalizer.transform(train_Data)
Out: array([[0.4472136 ,0.89442719],
             [0.5547002 ,0.83205029],
             [0.6       ,0.8       ],
             [0.62469505,0.78086881]])
```

（3）特征的二值化

特征的二值化是指将样本的数值型特征数据转换成布尔类型的值。这种转换可以使用实用类 Binarizer 实现。代码示例如下：

```
In: x=np.array([[1.,-1.,2.],
                [2.,0.,0.],
                [0.,1.,-1.]])
    binarizer=preprocessing.Binarizer().fit(x)
    binarizer.transform(x)
Out: array([[1.,0.,1.],
            [1.,0.,0.],
            [0.,1.,0.]])
```

当然也可以自己设置阈值，只需传出参数 threshold 即可。代码示例如下：

```
In: # 大于1.5为True, 取1; 小于或等于1.5, 取0
    binarizer=preprocessing.Binarizer(threshold=1.5)
    binarizer.transform(x)
Out: array([[0.,0.,1.],
            [1.,0.,0.],
            [0.,0.,0.]])
```

（4）One-hot 编码

One-hot 编码（独热编码）又称为一位有效编码，利用 N 位状态寄存器对 N 个类型进行编码，是分类变量作为二进制变量的表示。它的原理为：首先将分类映射为整数值，然后把每个整数值表示为二进制变量，整数的索引标记为 1，其余均标记为 0。One-hot 编码主要用于特征转换和扩充，转换后的数据不仅能够解决模型的权重问题，提升模型的非线性能力，还能够提升模型运算效率，增加模型稳定性。

举例来说，假如有 3 种年龄收入特征：高、中、低。在利用机器学习的算法时一般需要对特征进行向量化或者数字化。我们令高=1、中=2、低=3，这样就实现了标签编码，即将标签数值化。然而这意味着机器可能会学习到"高<中<低"，这并不是我们让机器学习的本意，我们只是想让机器区分它们，并无大小比较之意。所以这时仅进行标签编码是不够的，需要进一步转换，即高为 1 0 0，中为 0 1 0，低为 0 0 1。如此一来，每两个向量之间的距离都是根号 2，在向量空间距离都相等，所以这样不会出现偏序性，基本不会影响基于向量空间度量算法的效果。我们利用 Sklearn 来操作一下，假设数据矩阵是 4×3，即 4 个数据，3 个特征维度，代码示例如下：

```
In: One_hot=preprocessing.OneHotEncoder()
    data=[[0,0,1],[1,3,0],[1,2,1],[1,0,2]]
    One_hot.fit(data)                    # fit 来学习编码
    One_hot.transform(data).toarray()    # 进行编码
Out: array([[1.,0.,1.,0.,0.,0.,1.,0.],
            [0.,1.,0.,0.,1.,1.,0.,0.],
            [0.,1.,0.,1.,0.,0.,1.,0.],
            [0.,1.,1.,0.,0.,0.,0.,1.]])
```

3. 数据集拆分

在得到样本数据集时，我们通常会把数据集进一步拆分成训练集和测试集。训练集用于训练模型，而测试集则用于评估模型性能。数据集拆分的方法非常简单，我们直接来看代码。代码示例如下：

```
In: X=np.array([[1.,-1.,2.],
                [2.,0.,0.],
```

```
                    [0.,1.,-1.],
                    [1.,1.,2.],
                    [2.,1.,-1.]])
    y=np.array([[1],[2],[3],[1],[2]])
    from sklearn.model_selection import train_test_split

    X_train,X_test,y_train,y_test=train_test_split(X,y,test_size=0.4,random_
state=42)
    # test_size 为 int 时，取测试集中样本个数；test_size 为 float 时，取测试集中样本的比例
    # random_state 为随机种子，种子固定时，实验可复现
    # shuffle 是否在分割之前对数据进行洗牌（默认 True）

    print(X_train,y_train)
    print(X_test,y_test)
Out: [[ 0.  1.  -1.]
    [ 1.  -1.   2.]
    [ 1.   1.   2.]] [[3]
    [1]
    [1]]
    [[ 2.   0.   0.]
    [ 2.   1.  -1.]] [[2]
    [2]]
```

4. 构建与训练模型

Sklearn 为我们提供了多种模型，不同的模型适用于不同的数据挖掘目标。Sklearn 为所有模型提供了非常相似的接口，也为所有模型提供了一些通用的方法。常用的方法有用于训练模型的 fit() 方法、使用模型进行预测的 predict() 方法及对模型进行打分评估的 score() 方法等。

我们以决策树算法为例，简单学习如何利用 Sklearn 来构建一个模型。决策树的算法原理及简介会在下一节介绍，使用具体数据进行模型训练、模型使用的代码示例也会在下一节具体展示，这里只简单介绍模型构建时的参数。代码示例如下：

```
In: from sklearn import tree
    model = tree.DecisionTreeClassifier(criterion='gini' max_depth=None,
        min_samples_split=2, min_samples_leaf=1, min_weight_fraction_leaf=0.0,
        max_features=None, random_state=None, max_leaf_nodes=None,
        class_weight=None,presort=False)
```

其中，部分参数的含义如下。

criterion：特征选择指标 gini 或 entropy。

max_depth：树的最大深度。

min_samples_split：分裂内部节点所需的最小样本树。

min_samples_leaf：叶子节点所需的最小样本数。

max_features：寻找最优分割点时的最大特征数。

max_leaf_nodes：优先增长到最大叶子节点数。

模型构建完成后，就要对模型进行具体的操作，如模型的训练、预测、评估等。代码示例如下：

```
In: # 模型训练
    model.fit(X_train,y_train)
    # 模型预测
    model.predict(X_test)
```

```
# 获取模型参数
model.get_params()
# 模型评估
model.score(X,y)
Out:
```

5. 评估模型

（1）准确率和损失率

为了评估不同的模型，我们需要给出一些判断模型好坏的评估指标。Sklearn 中常用的模型评估指标有准确率和损失率。

准确率是指在被预测为正确的值中，真正正确的值所占的比例。公式定义如下：

$$准确率 = \frac{正确预测数}{预测总数} \tag{6-1}$$

错误率是指模型的错误预测数占预测总数的比例。一般来说，错误率数值越小，模型的性能越好。公式定义如下：

$$错误率 = \frac{错误预测数}{预测总数} \tag{6-2}$$

（2）K-Fold 交叉验证

K-Fold 交叉验证应用于样本数据量不充足的情况，其基本思想是把原始数据分为 k 个子样本集，每次选取一个子样本集当做测试集，其余 $k-1$ 个子样本集作为训练集，然后重复 k 次，保证每个子样本集都被验证一次，最后将 k 次交叉验证识别正确率的平均值作为结果。代码示例如下：

```
In: from sklearn.model_selection import cross_val_score
    cross_val_score(model, X,y=None, scoring=None, cv=None, n_jobs=1)
    # model: 拟合数据的模型
    # cv: k-fold
    # scoring: 打分参数 —— 'accuracy'、'f1'、'precision'、'recall'等
```

（3）检验曲线

使用检验曲线，我们可以更加方便地改变模型参数，获取模型表现。代码示例如下：

```
In: from sklearn.model_selection import validation_curve
    train_score,test_score=validation_curve(model,X,y,param_name,param_range,cv=None)
    # model: 拟合数据的模型
    # param_name: 将被改变的参数的名称
    # param_range: 参数的改变范围
    # cv: k-fold
    # train_score: 训练集得分（array）
    # test_score: 验证集得分（array）
Out:
```

6. 保存与调用模型

使用 Sklearn 的时候，如果训练集是固定的，一般会将训练的模型结果保存起来，以便下一次使用，这样能够避免重新训练模型的麻烦。需要再次使用模型时，只需要简单地调用模型文件，然后输入新的数据集使用模型来进行预测即可。

训练好的模型可以保存到本地，方便再次使用时进行调用，或者放到网上供其他用户浏览和使用。这里介绍两种保存和调用模型的方法。

（1）使用 pickle 保存和调用模型

代码示例如下：

```
In: import pickle                              # 保存模型
    with open('model.pickle','wb') as f:      # 调用模型
    with open('model.pickle','rb') as f:
        model = pickle.load(f)
    model.predict(X_test)
```

（2）使用 Sklearn 自带方法 joblib 保存和调用模型

代码示例如下：

```
In: from sklearn.externals import joblib
    # 保存模型
    joblib.dump(model,'model.pickle')
    # 调用模型
    model = joblib.load('model.pickle')
```

6.2　分类预测：决策树算法

6.2.1　分类算法

1. 分类的概述

分类是有监督学习中的一个核心问题，其输出变量为有限个离散值。通俗来讲，分类就是对数据进行"分门别类"，并用于离散型数据的预测。有监督学习的分类算法基于样本数据进行学习，并生成一个分类模型，这个模型称为分类器。分类器预测新的输入并输出类别值，这个过程称为分类，输出的预测值则被称为类。

分类的目的是根据数据集及其特征构造分类函数、分类模型或分类器，然后将未知类别的样本映射到给定类别中的某一个。分类模型不仅需要和输入数据有较高的拟合度，也要能够正确地预测未知样本的分类标签。所以在构建模型的时候，常常使用带有标签的数据集进行模型训练和评估。具体方法是先将数据集按照一定比例划分，例如经常将 70%的数据作为训练集，30%的数据作为测试集，接着用训练集样本进行模型训练，当模型达到一定的准确率后，输入测试集数据，观察输出标签是否与测试集自身标签一致，从而对模型进行评估。具体的评估方法可以采用混淆矩阵（会在后面的内容具体介绍）。

2. 常用的分类算法

（1）决策树（Decision Tree，DT）算法

决策树算法是一个树状的分类模型，由根节点、分支和叶子节点组成。决策树算法通过把数据样本分配到某个叶子节点来确定其所属的分类。

（2）朴素贝叶斯（Naive Bayesian，NB）算法

朴素贝叶斯算法是最简单的有监督学习分类器，它是建立在贝叶斯定理和特征间朴素独立假设基础上的分类方法。

（3）K 近邻（K-Nearest Neighbor，KNN）算法

K 近邻算法是一种基于样本相似度的分类方法。它首先会存储所有的训练样本，然后通过分析和计算找出一个新样本周围 K 个最近邻居，最后把新样本标记为在 K 近邻样本点中频率最高的类。

（4）支持向量机（Support Vector Machine，SVM）算法

支持向量机算法是一种建立在统计学理论基础上的分类算法。它通过把特征向量映射到高维空间建立一个线性判别函数，目的是找到分类中距离分割面最近的特征向量和分割面距离最大化的最优解，离分割面最近的特征向量就被称为"支持向量"。

3. 分类算法的基本步骤

分类算法的基本步骤描述如下。
① 获取数据集，明确分类任务。
② 确定数据集的特征和标签，并根据需求进行数据的预处理。
③ 选择并建立模型。
④ 训练模型，直至模型达到满意的准确率。
⑤ 评估模型，将测试数据集输入分类器并观察输出，以评估模型效果。
⑥ 使用模型。

4. 分类的应用

分类的特点在于可以根据数据的特征进行"分门别类"，所以有着很高的应用价值，如以下示例。
① 用于银行的客户分类，根据贷款风险的大小进行客户分类，从而有效防控风险，也可以根据存款或理财的数额大小进行客户分类，继而向客户推荐合适的理财产品。
② 利用网络日志数据的分类对非法入侵进行判断。
③ 用于手写字体的识别、人脸识别等。
④ 用于垃圾邮件、垃圾短信的识别等。
⑤ 用于医疗病症的判断，如判断细胞是否属于肿瘤细胞。
⑥ 用于挖掘用户画像，实现精准广告投放和精准营销等。

6.2.2　决策树算法

决策树算法是一种常见的有监督数据挖掘算法。决策树算法有两个核心问题，即决策树的分枝与剪枝问题。具体的分枝算法有 ID3、C4.5、C5.0 和 CART 等。决策树是一种树状结构，我们通过一个例子来认识这种结构：其中根节点（出行方式）和每个内部节点（天气、性别）表示属性判断，每个分枝代表判断结果（是或否，或者属性的某个取值）的输出，每个叶节点代表一种分类结果，如图 6-3 所示。我们通过学习样本得到一个决策树，这个决策树能够对新的数据给出分类判断。

假如一所学校想针对性别、当天的天气情况等信息来推测学生的迟到情况，从而给迟到学生提出一些建议，提高同学们的出勤率。那么学校可以先将这些数据收集起来，如表 6-3 所示。

表 6-3　　　　　　　　　　　　　　　　学生迟到情况

性别	天气	出行方式	是否迟到
男	晴	步行	否
男	雨	公交	是
女	雨	公交	是
男	阴	步行	是
女	阴	公交	否

续表

性别	天气	出行方式	是否迟到
女	晴	公交	是
女	雨	步行	否
男	晴	公交	否
男	晴	公交	否
男	阴	公交	是

然后，我们就可以根据某些规则建立决策树，如图 6-3 所示。

决策树构建成功后，学校就可以利用决策树模型辅助管理与决策，帮助提升其管理能力。

那么，这棵决策树是如何构建的？又是依据什么决定分裂节点的呢？下面将具体介绍决策树的构建。

6.2.3 决策树分枝

决策树构建的基本步骤如下。

① 将所有记录看作一个根节点。

② 遍历每个属性，计算每一种划分方式，找到最合理的划分点（属性）。

③ 根据划分点划分成若干个节点 N1、N2……。

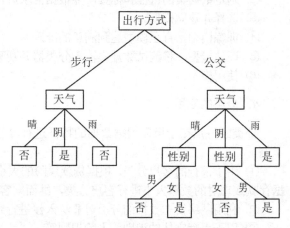

图 6-3 学生迟到情况决策树

④ 对这些节点分别继续执行第②、③步，直到停止分裂为止，得到分类结果，即叶节点。

那么，如何找到最合理的划分点及何时停止分裂就成为构建决策树的关键问题。对于第一个问题，决策树是根据"信息纯度"来构建的。为了更具体地说明，我们引入"信息熵""信息增益""信息增益率""Gini 不纯度"这 4 个概念。

1. 信息熵

信息熵（information entropy）是信息论中的基本概念。信息论主要用于解决信息传递过程中的问题，核心观点为信息传递通过传递系统实现。这个传递系统由信源、信道和信宿 3 部分组成。其中信源是信息的发送端，信宿是信息的接收端，如果将发送的信息记为 X，接收的信息记为 Y，那么信道模型即信息的发送和接收过程，记为 $P(X|Y)$。由于信息传递是在随机干扰环境中进行的，所以信息传递系统对信息的传递是存在随机误差的。

这个信道模型是一个条件概率矩阵。矩阵如下：

$$\begin{bmatrix} P(x_1 \mid y_1) & P(x_2 \mid y_1) & \cdots & P(x_n \mid y_1) \\ P(x_1 \mid y_2) & P(x_2 \mid y_2) & \cdots & P(x_n \mid y_2) \\ \vdots & \vdots & & \vdots \\ P(x_1 \mid y_j) & P(x_2 \mid y_j) & \cdots & P(x_n \mid y_j) \end{bmatrix} \quad (6\text{-}3)$$

其中，$P(x_i|y_j)$ 表示信息源发出信息 x_i，信宿收到信息 y_j 的概率，且有 $\sum P(x_i \mid y_j) = 1 (i = 1, 2, \cdots, n)$。同样，由信息 x_i 发送的概率 $P(x_i)$ 组成的信源数学模型则满足 $\sum P(x_i) = 1 (i = 1, 2, \cdots, n)$。

在实际通信前，信宿不了解信源会发送什么样的信息，即存在不确定性；在实际通信后，这种不确定性才会慢慢减少或消除。由于信息传递在随机干扰环境中进行，且干扰会导致信息传递产生误差，所以在通信完成后，这种不确定性也不能被完全消除。可见，信息是用来消除随机不确定性的，而信息量的大小即所消除的随机不确定性的大小。举个例子，一个人故事讲得越详细，消除的随机不确定性越多，我们所得到的信息量就越大。

信息熵是信息量的数学期望，即平均信息量，公式为：

$$H(X) = \sum_{i=1}^{n} P(x_i) \log_2 P(x_i) \tag{6-4}$$

变量的不确定性越大，信息熵也就越大。回到之前学生迟到的例子，我们一开始并不知道学生是否会迟到，所以此时的不确定性是最大的，但我们可以根据性别、交通工具等属性来逐步减小不确定性，最终产生一个判断。所以我们可以将输入变量（即学生的性别、上学的交通方式等）看作信源发出的信息 X，输出变量（即是否迟到）看作是信宿接收到的一系列信息 Y。那么接下来我们需要选择一个最合理的划分点，也就是选择一个最适合划分的输入变量（属性）。一个比较好的做法是遍历整个数据集，计算每种划分方案下的信息增益值，选取信息增益最大的划分方案。

2. 信息增益

若是否迟到（目标属性）的概率分布为 $P(X)$，输入变量值（参考属性）为 $Y=y_j$，则信息熵为：

$$Ent(X \mid y_j) = -\sum_{i=1}^{n} P(x_i \mid y_j) \log_2 P(x_i \mid y_j) \tag{6-5}$$

所以：

$$Ent(X \mid Y) = \sum_{j=1}^{n} P(y_j) \left(-\sum_{i=1}^{n} P(x_i \mid y_j) \log_2 P(x_i \mid y_j) \right) \tag{6-6}$$

因为 $Ent(X \mid Y) < Ent(X)$，信息增益（information gain）为信息熵的有效减少量，该量越高，表明目标属性在该参考属性那里失去的信息熵越多，用公式表示：

$$Gains(X, Y) = Ent(X) - Ent(X \mid Y) \tag{6-7}$$

ID3 算法最先由罗斯昆兰（J. Ross Quinlan）于 1975 年在悉尼大学提出。ID3 算法的核心为"信息熵"，重复计算每个属性的信息增益，并选取信息增益最高的属性为每次划分的标准，最终生成一个能够最有效分类训练样例的决策树。

但这种选择标准存在一定的问题，ID3 算法除了只能处理离散属性外，它的问题还表现在类别值较多的输入变量（例如天气分为晴、阴、雨 3 类）比类别值少的输入变量（例如性别只分为男、女两类）更有机会成为当前最佳划分点。于是产生了 C4.5 算法，C4.5 算法能够实现对连续属性的离散化处理。此外，与 ID3 算法不同的是，C4.5 算法是基于信息增益率来选择属性的。

3. 信息增益率

信息增益率（information gain ratio）用公式表示为：

$$GainsR(X, Y) = \frac{Gains(X, Y)}{Ent(Y)} \tag{6-8}$$

如果输入变量的类别较多，那么它的熵就会偏大。我们用信息增益除以熵，这时的信息增益率会因此而降低，这样就克服了用信息增益选择属性时偏向选择取值多的属性的不足。

4. Gini 不纯度

尽管 ID3 算法和 C4.5 算法能够在学习训练样本集过程中挖掘到较多的信息，但是两者产生的决策树的分枝与决策树的总数较多，模型学习时间较长。因此，为了缩减决策树的规模，提高构建决策树的效率，根据 Gini 不纯度（也称作 Gini 系数或 Gini 指标）来选择测试属性的 CART 算法应运而生。

与基于信息熵的算法不同，CART 算法采用的是二分递归分割技术，每次划分样本集后计算 Gini 系数，Gini 系数值越小则说明划分越合理。CART 算法习惯于将样本集分割为两个子样本集，这样生成的决策树的每个非叶节点均只有两个分枝。也就是说，CART 算法生成的决策树是一种结构简洁的二叉树。

在 CART 算法中，Gini 不纯度表示一个随机选中的样本在子集中被分错的可能性。Gini 不纯度的数值为这个样本被选中的概率与它被分错的概率值的乘积值。因此，当某节点中所有样本归属于同一类时，Gini 不纯度的值为 0。

假设有 n 个类，样本点属于第 n 类的概率为 $P(i)$，则 Gini 系数定义为：

$$Gini(P) = \sum_{i=1}^{n} P(i)(1 - P(i)) = \sum_{i=1}^{n} P(i) - \sum_{i=1}^{n} P(i)^2 = 1 - \sum_{i=1}^{n} P(i)^2 \tag{6-9}$$

所以，给定的样本集合 D 的 Gini 系数值为：

$$Gini(D) = 1 - \sum_{i=1}^{n} \left(\frac{|C_n|}{|D|} \right)^2 \tag{6-10}$$

则在属性 A 的条件下（注意，每次将样本分成两部分），集合 D 的 Gini 系数为：

$$Gini(D, A) = \frac{|D_1|}{|D|} Gini(D_1) + \frac{|D_2|}{|D|} Gini(D_2) \tag{6-11}$$

决策树的分枝需要指标的辅助，这里以表 6-4 所示的学生迟到数据为例进行介绍。

表 6-4   学生迟到情况

性别	天气	出行方式	是否迟到
男	晴	步行	否
男	雨	公交	是
女	雨	公交	是
男	阴	步行	是
女	阴	公交	否
女	晴	公交	是
女	雨	步行	否
男	晴	公交	否
男	晴	公交	否
男	阴	公交	是

该样本共 10 条记录，目标属性是"是否迟到"，共有两种情况：是或否。参考属性有 3 种情况，分别是性别、天气、出行方式。属性"性别"有两种取值情况：男或女。属性"天气"有 3 种取值情况：晴、阴、雨。属性"出行方式"有两种取值情况：步行或公交。

首先，需要判断数据是离散型数据还是连续型数据。若是离散型数据，应选择该属性产生最小 *Gini* 值的子集作为它的分裂子集；若是连续型数据，则必须考虑每个可能的分裂点，选择导致最小 *Gini* 值的分裂点。

接下来，需要计算每个参考属性的 *Gini* 值。

从属性"天气"开始考虑。假设我们考虑子集{晴,阴}，将样本中的元组二元划分。共有 7 条样本满足"天气 ∈ {晴,阴}"，形成 D1，其余的 3 条划分到 D2，即"天气 ∈ {雨}"。

D1 中包含 3 个迟到者，4 个未迟到者，则：

$$Gini(天气 \in \{晴, 阴\}) = 1 - \left(\frac{3}{7}\right)^2 - \left(\frac{4}{7}\right)^2 = 0.49$$

D2 中包含 2 个迟到者，1 个未迟到者，则：

$$Gini(天气 \in \{雨\}) = 1 - \left(\frac{2}{3}\right)^2 - \left(\frac{1}{3}\right)^2 = 0.44$$

因此，以"天气"划分得到的 $Gini$ 增益为：

$$GINI\_Gain(天气) = \frac{7}{10} \times 0.49 + \frac{3}{10} \times 0.44 = 0.48$$

依此类推，分别按照属性"性别""出行方式"来计算 $Gini$ 增益，可得：

$$GINI\_Gain(性别) = \frac{6}{10} \times 0.5 + \frac{4}{10} \times 0.5 = 0.5$$

$$GINI\_Gain(出行方式) = \frac{3}{10} \times 0.49 + \frac{7}{10} \times 0.44 = 0.46$$

所以决策树的分枝应选择"出行方式"作为第一个分裂节点。得到的决策树如图 6-3 所示。

6.2.4　决策树剪枝

决策树通过递归的形式构建，当不给定停止条件时，递归过程会持续进行，直至决策树节点下面的所有记录都属于一个类，或者当所有的记录属性都使用完毕时才会停止，但是这样往往会使得树的节点过多，导致过拟合问题。

通俗来讲，过拟合（overfitting）是指模型在训练集上效果很好，但在测试集上表现不佳的现象。决策树的过拟合问题则是指生成的决策树模型对训练样本的特征描述得"过于精确"，但对新样本的判别准确度却不是很理想，所以无法称该决策树为一棵分析新数据的最佳决策树。这样的决策树模型虽然能准确地反映训练集中数据的特征，但并不具备普适性，从而无法用于对新的无标签样本集的分类或预测。

如果一个模型出现了过拟合现象，那么随着训练集样本或迭代次数的不断增加，训练误差会不断减少，但是测试误差并不会同步减少（或不变甚至增加），训练误差远远小于测试误差；或者说训练准确度不断增加，测试准确度并没有同步增加（或不变甚至减少），训练准确度大于测试准确度较多。这在机器学习实战中是十分有用的判断是否过拟合的方法。

要解决过拟合问题，一种有效的方法是采取多数表决来决定叶节点的分类，为节点的记录数给定一个最小阈值，当节点的数据量小于该阈值时，则停止分割。另一种可行的方法是对决策树进行剪枝。常用的决策树剪枝方法有预剪枝和后剪枝两种。预剪枝方法是指在决策树完美分割学习样本前，就停止决策树的生长；后剪枝方法则与预剪枝方法尽量避免过度分割的思想不同，它允许决策树充分生长，即使出现过度拟合现象仍不阻止，在决策树达到完全生长状态后，通过给定标准对决策树中的某些子树枝进行剪枝，以达到减少决策树规模的目的。

1．预剪枝

预剪枝（Pre-pruning）方法实质上是更改决策树停止分枝的标准。在原始的 ID3 算法中，停止分枝的标准是决策树节点某个分支中的实例属于同一类别。但对于包含较少实例的节点分枝，就有可能被分割为单一实例节点。为了避免这种情况的发生，我们给出了停止阈值 a。当由一个节点分割导致最大的不纯度下降值小于 a 时，就把该节点看作一个叶子节点。但与此同时，阈值 a 的选择对决策树也会具有很大的影响。当阈值 a 选择过大时，节点在不纯度依然很高时就会停止分割，但此时由于生长不足，会导致决策树过小，分类的错误率过高；当阈值 a 选择过小时，如 a 近似为 0，节点的分割过程近似等同于原始的分割过程。

例如，假设在一个两类问题中，根节点 Root 一共包含 100 个学习样本，其中正例和负例均为 50。使用属性 b 可以将正例与负例完全分开，即决策树在学习样例上的分类精度 $R(T)$=100%。由信息增益公式可知，使用属性 b 分割节点可以得到不纯度下降的最大值 0.5。如果设 a=0.7，因为 Gain(Root,a)=0.5<0.7，所以根节点 Root 不需要分割，这就导致决策树在学习样例上的分类精度下降为 $R(T)$=50%。

由此可见，预剪枝方法的原理虽然简单，但是在实际应用中却有些困难，即阈值 a 的选择存在相当大的主观性，这就需要确定适当的阈值 a 以获得规模合适的决策树。

2. 后剪枝

后剪枝（Post-pruning）方法是从一个"充分生长"树中，按照自底向上的方式修剪掉多余的分枝。修剪有两种方法：一是用新的叶子节点替换子树，该叶子节点的类标号由子树记录中的多数类确定；二是用子树中最常用的分支代替子树。

计算修剪前后的预期分类错误率，如果修剪导致预期分类错误率变大，就放弃修剪，保留相应节点的各个分枝，否则就将相应节点分枝修剪掉。在产生经过修剪的决策树候选后，输入测试集，评估这些经过修剪的决策树分类准确性，保留预期分类错误率最小的（修剪后）决策树。

与预剪枝相比，后剪枝倾向于产生更好的结果，因为后剪枝是根据完全生长的决策树做出剪枝决策，而预剪枝可能会过早终止决策树的生长。

6.2.5　分类算法评估

混淆矩阵一般用于判断分类算法的优劣，一般用最简单的二元分类来表示。其基本形式如表 6-5 所示，二元分类的类别值为 Positive（正）与 Negative（负）。

表 6-5　　　　　　　　　　　　　　　混淆矩阵

混淆矩阵		真实值	
		Positive	Negative
预测值	Positive	TP	FP
	Negative	FN	TN

混淆矩阵包含 4 个一级指标、4 个二级指标和 1 个三级指标。

一级指标是指 TP、FP、FN、TN，其中，TP（True Positive）指样本类别为正，模型预测的类别结果也为正；FP（False Positive）指样本为负，但模型预测结果为正；FN（False Negative）指样本为负，模型预测结果也为负；TN（True Negative）指样本为正，但模型预测结果为负。这 4 个一级指标十分重要且容易混淆，需要认真记忆。

二级指标根据一级指标延伸而出，包括准确率、精确率、灵敏度（也称召回率）和特异度，具体公式及意义如表 6-6 所示。

表 6-6　　　　　　　　　　　评价分类结果的 4 个二级指标

名称	公式	意义
准确率 ACC	$\text{Accuracy} = \dfrac{TP + TN}{TP + TN + FP + FN}$	分类模型所有判断正确的结果占总观测值的比例
精确率 PPV	$\text{Precision} = \dfrac{TP}{TP + FP}$	在模型预测是 Positive 的所有结果中，模型预测对的比例

名称	公式	意义
灵敏度 TPR（或召回率）	$\text{Sensitivity} = \text{Recall} = \dfrac{TP}{TP+FN}$	在真实值是 Positive 的所有结果中，模型预测对的比例
特异度 TNR	$\text{Specificity} = \dfrac{TN}{TN+FP}$	在真实值是 Negative 的所有结果中，模型预测对的比例

三级指标由二级指标延伸而出，即 F1 值（F1-score），它同时兼顾了分类模型的准确率和召回率，公式如下：

$$\text{F1-score} = \frac{2PR}{P+R} \tag{6-12}$$

其中，P 代表准确率，R 代表召回率。F1-score 的最大值为 1，最小值为 0，数值越大代表模型效果越好。

以决策树算法中迟到学生的数据作为例子，我们对学生迟到情况的预测会出现以下 4 种结果。

① 迟到同学被预测出迟到结果（TP）。

② 迟到同学被预测成未迟到（FN）。

③ 未迟到同学被预测出迟到（FP）。

④ 未迟到同学被预测出未迟到（TN）。

TP、FN、FP、TN 即为我们评价预测结果的一级指标，TP 和 TN 的情况越多越好。但有的时候，上述 4 种结果对我们预测的影响力也许是不同的，例如利用大数据通过病人的病症来预测他/她是否患上某种传染病，误诊的情况也许会让后果变得很糟糕。所以我们利用准确率、精确率、灵敏度和特异度作为评价预测结果的二级指标。

三级指标 F1-score 是最常用也最普遍的评估指标，其值越大，说明模型效果越好。

6.2.6 决策树的 Python 实现

1. 数据准备

首先我们导入需要使用的 NumPy 包、Pandas 包和 Sklearn 机器学习包里的决策树模型、评估指标，数据选用员工离职数据，使用 Pandas 进行数据读取并展示前 5 条样本数据。数据中，"是否曾出差错"与"五年内是否升职"两列中，"0"代表否，"1"代表是。代码示例如下：

```
In: import numpy as np
    import pandas as pd
    from sklearn import tree              # 导入决策树模型
    from sklearn import metrics           # 导入评估指标
```

```
In: dataset = pd.read_csv('employee turnover.csv')  # 读取数据
    dataset.head()
```

Out:

	满意度	绩效评估	曾参加项目数	月均工作时长	工作年限	是否曾出差错	五年内是否升职	工资水平	是否离职
0	0.38	0.53	2	157	3	0	0	1	yes
1	0.80	0.86	5	262	6	0	0	2	yes
2	0.11	0.88	7	272	4	0	0	2	yes
3	0.72	0.87	5	223	5	0	0	1	yes
4	0.37	0.52	2	159	3	0	0	1	yes

其次是数据处理。这里需要将 DataFrame 的数据转为模型所需的数据格式，如果读者使用的是 Sklearn 自带的数据集进行练习，则可以省略此步。然后获取数据的样本属性和样本标签，并划分数据集，将 80%的数据作为训练集，20%的数据作为测试集，注意需要打乱样本的顺序。代码示例如下：

```
In: col = data.columns.values.tolist()
    col1 = col[2:-1]                        # 转换数据格式
    X = np.array(data[col1])                # 获取样本属性
    y = data['left']                        # 获取样本标签
    idx = np.arange(X.shape[0])             # 获取样本数量
    np.random.shuffle(idx)                  # 打乱数据集顺序
    X = X[idx]                              # 获取打乱后的样本属性
    y = y[idx]                              # 获取打乱后的样本标签
    X_train = X[:int(X.shape[0]*0.8)]       # 抽取80%作训练集，剩下的为测试集
    y_train = y[:int(y.shape[0]*0.8)]       # 索引不可以为浮点数，所以用int将其强制变成整型
    X_test = X[int(X.shape[0]*0.8):]
    y_test = y[int(y.shape[0]*0.8):]
```

2. 训练模型

接下来就可以调用模型进行训练了。我们采用 Sklearn 提供的 DecisionTreeClassifier 作为分类模型，它可以实现二元分类或多元分类，默认为 CART 算法。代码示例如下：

```
In: clf = tree.DecisionTreeClassifier() # 调用决策树模型，默认为CART算法
    clf = clf.fit(X_train,y_train)          # 训练模型
Out:
```

在调用决策树模型时，若想要修改模型的特征选择指标，即 Gini 指标或 Entripy 指标，只要修改模型中的 criterion 参数即可。

3. 评估模型

训练好决策树模型后，即可使用测试集来评估模型，然后查看模型的准确率、召回率、F1-score 等。代码示例如下：

```
In: pre = clf.predict(X_test)
    print(metrics.classification_report(y_test,pre))
Out:            precision   recall  f1-score   support

         no       0.98     0.96      0.97      3442
        yes       0.89     0.92      0.91      1058

   accuracy                          0.95      4500
  macro avg       0.93     0.94      0.94      4500
weighted avg      0.96     0.95      0.95      4500
```

可以看出，该模型的 F1-score 值为 0.95，说明该模型是一个很不错的模型。

使用模型与测试模型很相似，只不过输入模型的是不含标签的新数据，模型会自动地给每一条新数据预测一个类别。

6.3 朴素贝叶斯

6.3.1 贝叶斯简介

贝叶斯定理，在信息领域内有着无与伦比的地位。贝叶斯分类模型的出现，显著提高了机器

学习的能力。贝叶斯分类是一系列分类算法的统称，这类算法均以贝叶斯定理为基础。朴素贝叶斯算法是其中应用最为广泛的分类算法之一。贝叶斯定理有效解决了现实生活里常见的问题：已知某条件概率，求两个事件交换后的概率，即在已知 $P(A|B)$ 的情况下求 $P(B|A)$。

1. 条件概率与贝叶斯定理

$P(A|B)$ 表示事件 B 已经发生的前提下，事件 A 发生的概率，叫作事件 B 发生条件下，事件 A 发生的条件概率。其基本求解公式为：

$$P(A|B) = \frac{P(AB)}{P(B)} \tag{6-13}$$

我们可以很容易得出 $P(A|B)$，但我们更关心如何求解 $P(B|A)$，贝叶斯定理就为我们打通了从 $P(A|B)$ 获得 $P(B|A)$ 的道路。当 A、B 相互独立时，则有：

$$P(AB) = P(A) \times P(B|A) = P(B) \times P(A|B) \tag{6-14}$$

得到贝叶斯定理：

$$P(A|B) = \frac{P(B|A)P(A)}{P(B)} \tag{6-15}$$

2. 朴素贝叶斯分类

朴素贝叶斯分类是一种十分简单的分类算法。之所以称为"朴素"，是因为只做了最原始、最简单的假设：①所有变量对分类均是有用的，即输出依赖于所有的属性；②变量之间相互独立，即变量之间是不相关的。虽然朴素贝叶斯分类模型的假设非常简单，但它在处理训练样本噪声和不相关属性时性能较好，并且能够简单化贝叶斯网络的构建，故而朴素贝叶斯分类模型在入侵检测和文本分类等现实问题中能够发挥重要作用，具有较强的实用性。

贝叶斯分类器的分类原理是通过某对象的先验概率，利用贝叶斯公式计算出其后验概率，即该对象属于某一类的概率，选择具有最大后验概率的类作为该对象所属的类。

朴素贝叶斯分类器的原理阐述如下。

假设问题的特征向量为 X，$X_i = \{X_1, X_2, \cdots, X_n\}$ 是特征属性之一，并且 $X_1, X_2, \cdots, X_n$ 之间是相互独立的，那么 $P(X|Y)$ 可以分解为多个向量的积，即有：

$$P(X|Y) = \prod_{i=1}^{n} P(X_i|Y) \tag{6-16}$$

那么这个问题就可以由朴素贝叶斯分类器来解决，即：

$$P(Y|X) = \frac{P(Y) \prod_{i=1}^{n} P(X_i|Y)}{P(X)} \tag{6-17}$$

其中 $P(X)$ 是常数，先验概率 $P(Y)$ 可以通过训练集中每类样本所占的比例进行估计。给定 $Y=y$，如果要估计测试样本 X 的分类，那么由朴素贝叶斯分类可以得到 y 的后验概率为：

$$P(Y = y|X) = \frac{P(Y = y) \prod_{i=1}^{n} P(X_i|Y = y)}{P(X)} \tag{6-18}$$

因此最后只要找到使 $P(Y = y) \prod_{i=1}^{n} P(X_i|Y = y)$ 最大的类别 y 即可。

可以看出，$P(X_i|Y)$ 的计算是朴素贝叶斯模型中十分关键的一步。但若数据的特征属性不同，

这一步的计算方法也应有所区别，具体分类如下。

① 特征属性 X_i 是离散的：用类 Y 中的属性值等于 X_i 的样本比例来进行估计。

② 特征属性 X_i 是连续的：先将 X_i 离散化，然后计算属于类 Y 的训练样本落在 X_i 对应离散区间的比例估计 $P(X_i|Y)$；也可以假设 $P(X_i|Y)$ 的概率分布，如正态分布，然后用训练样本估计其中的参数。

③ $P(X_i|Y)=0$ 时：该概率与其他概率相乘的时候会覆盖掉其他概率，因此需要引入 Laplace 修正。基本做法是将所有类别下的划分计数都加 1，从而避免等于零的情况出现。在训练集较大时，修正对先验的影响会降低到可以忽略不计的程度。

6.3.2　构建朴素贝叶斯模型

我们现在来试验一下朴素贝叶斯算法，给出新一天气象指标的 14 条数据，数据属性包括天气、温度、湿度、是否有风，判断一下是否会迟到。

气象数据及是否迟到的数据如表 6-7 所示。

表 6-7　　　　　　　　　　　　　　　天气状况与是否迟到

天气	温度	湿度	是否有风	是否迟到
晴	热	高	无风	否
晴	热	高	有风	否
阴	热	高	无风	是
雨	温和	高	无风	是
雨	冷	正常	无风	是
雨	冷	正常	有风	否
阴	冷	正常	有风	是
晴	温和	高	无风	否
晴	冷	正常	无风	是
雨	温和	正常	无风	是
晴	温和	正常	有风	是
阴	温和	高	有风	是
阴	热	正常	无风	是
雨	温和	高	有风	否

分别统计样本中每个特征值在不同的取值下"是"和"否"的频数，如表 6-8 所示。

表 6-8　　　　　　　　　　　　　　　特征值频数表

天气	是否迟到		温度	是否迟到		湿度	是否迟到		是否有风	是否迟到		合计是否迟到	
	是	否		是	否		是	否		是	否	是	否
晴	2	3	热	2	2	高	3	4	无风	6	2	9	5
阴	4	0	温和	4	2	正常	6	1	有风	3	3	—	—
雨	3	2	冷	3	1								

分别计算在给定测试集下"是"和"否"的概率。给定测试集为 $x=$(晴,冷,高,有风)，记"$a_1=$晴""$a_2=$冷""$a_3=$高""$a_4=$有风"。我们需要计算的是 $P(是|x)$ 和 $P(否|x)$，比较 $P(是|x)$ 和 $P(否|x)$ 的大小就可以决定测试集的类别了。分母 $P(x)$ 实际上是不需要计算的。

$$P(是|x) = \frac{P(x|是)P(是)}{P(x)}$$

$$P(否|x) = \frac{P(x|否)P(否)}{P(x)}$$

$$P(x|是) = P(a_1|是)P(a_2|是)P(a_3|是)P(a_4|是)$$

$$P(x|否) = P(a_1|否)P(a_2|否)P(a_3|否)P(a_4|否)$$

根据贝叶斯定理：

$$P(是|x)P(x) = P(x|是)P(是) = \frac{2}{9} \times \frac{3}{9} \times \frac{3}{9} \times \frac{3}{9} \times \frac{9}{14} \approx 0.0053$$

$$P(否|x)P(x) = P(x|否)P(否) = \frac{3}{5} \times \frac{1}{5} \times \frac{4}{5} \times \frac{3}{5} \times \frac{5}{14} \approx 0.0206$$

0.0206＞0.0053，所以未迟到的概率更大一些。

6.3.3 朴素贝叶斯的 Python 实现

1. 数据准备

Sklearn 提供了 3 种朴素贝叶斯方法：GaussianNB、MultinomialNB、BernoulliNB。MultinomialNB 和 BernoulliNB 适合离散数据，GaussianNB 适合特征属性是连续值时的情况。我们依然以员工离职数据集为例，这次我们使用 Sklearn 提供的标准化数据方法 StandardScaler 和分割数据集方法 train_test_split，这样就不用自己计算和手动划分数据了。我们依然利用 70%的样本作为训练集，剩下的作为测试集，代码示例如下：

```
In: import numpy as np
    import pandas as pd
    from sklearn.naive_bayes import GaussianNB              #导入贝叶斯模型
    from sklearn import metrics                             #导入评估指标
    from sklearn.preprocessing import StandardScaler        #数据标准化方法
    from sklearn.model_selection import train_test_split    #数据集的划分

In: dataset = pd.read_csv('.\data\employee turnover.csv')   #读取数据
    col = dataset.columns.values.tolist()
    col1 = col[2:-1]                                         #转换数据格式
    X = np.array(dataset[col1])                             #获取样本属性
    y = dataset['是否离职']                                  #获取样本标签
    idx = np.arange(X.shape[0])
    np.random.shuffle(idx)
    X = X[idx]
    y = y[idx]
    X = StandardScaler().fit_transform(X)                   #数据标准化
    X_train,X_test,y_train,y_test = train_test_split(X,y,test_size = 0.3) #划分数据
```

2. 训练模型

使用 GaussianNB 进行模型构建和训练，代码示例如下：

```
In: gnb=GaussianNB()                # 调用模型
    gnb=gnb.fit(X_train,y_train)    # 训练模型
Out:
```

3. 评估模型

训练好朴素贝叶斯模型后，即可使用模型来预测新的样本。接下来我们查看模型的准确率（precision）、召回率（recall）、F1-score。代码示例如下：

```
In: pre = gnb.predict(X_test)
    print(metrics.classification_report(y_test,pre))
Out:           precision    recall  f1-score   support

          no       0.95      0.70      0.80      2316
         yes       0.46      0.87      0.60       684

    accuracy                           0.74      3000
   macro avg       0.70      0.79      0.70      3000
weighted avg       0.84      0.74      0.76      3000
```

贝叶斯模型的分类结果为 F1-score 达到 0.74。不难看出，在对员工离职数据的分类中，贝叶斯分类器的优势不如上一节的决策树分类器。当然，我们还可以通过尝试其他比例的数据集划分方法，进一步提高实验的 F1-score，读者可以自己进行练习与尝试。

6.4 人工神经网络

20 世纪 80 年代末，用于人工神经网络的反向传播算法（也可以叫作 Back Forward 算法或 BP 算法）的发明，给机器学习领域注入了新的活力。这种基于统计模型的方法引发了新的热潮。传统的数据挖掘方法可以基于规则从大数据中挖掘数据特征，而 BP 算法可以让人工神经网络从大量训练样本中总结出统计规律，从而对未知数据进行预测。

6.4.1 人工神经网络简介

人工神经网络（Artificial Neural Network，ANN，也可称为神经网络）的起源可以追溯到 20 世纪 40 年代。随着解剖学、认知科学的发展，人们对人脑的内部组成结构和工作原理有了初步了解。早期的神经网络学家以人脑的神经网络系统为参考，综合数学、物理学的知识建立了简化的数学模型，也即最初的神经网络。在目前的机器学习领域，神经网络是由多个神经元构成的网状结构模型，而这些神经元之间的连接则是可以学习的可调整参数。

1. 神经网络简介

目前对神经网络暂没有统一的定义，美国神经网络学家 Hecht Nielsen 认为，神经网络是由多个非常简单的处理单元彼此按某种方式相互连接而形成的计算机系统，该系统依靠其状态对外部输入信息的动态响应来处理信息。简单来说，神经网络是模仿人脑机理、工作机制的计算机系统。

早期的学者可以很容易构建出一个神经网络，但这样的神经网络并不具备学习能力。首个可学习神经网络是基于 Hebb 学习规则的 Hebb 网络，这是一种无监督学习方法。基于 MP 神经元的感知机模型是最开始具备机器学习思维的网络，但是其学习方法无法适用于多层神经网络。直到 20 世纪 80 年代，BP 算法的提出解决了多层神经网络的学习问题，并衍生成多个不同神经网络模型。目前神经网络已经发展出上百种模型，在模式识别、信息处理、自然语音处理、语义理解和语音识别等技术领域取得了非常成功的应用。

2. 神经网络发展历程

神经网络的出现甚至要早于第一台冯·诺依曼结构的计算机，但是神经网络在创立之初却由于算法、硬件、数据量等各方面因素的制约，始终没有得到工业界或学术界的足够重视。同时，神经网络最初并非用来解决机器学习的问题，而是将神经网络看作一种函数逼近器。只要有足够多的神经元和复杂的网络结构，神经网络就可以学习到非常复杂的函数。

为了更准确地了解神经网络，我们将神经网络的发展历程大致分为起源、低谷、复兴、发展4 个阶段。

第一阶段：起源。1943—1969 年，这是神经网络模型的奠基期，众多神经网络学家和数学家共同构造出许多神经元模型和学习规则。

1943 年，神经生物学家 MeCulloch 和数学家 Pitts 合作提出了第一个神经元模型，这种模型之后被称为 MP 模型，神经网络的研究就此拉开序幕。为了研究神经网络中连接作用的可学习性，神经生物学家 Hebb 在 1949 年提出了用于连接权重优化的 Hebb 网络。Hebb 网络向人们展示了连接是可以优化的，神经元的连接强度是可变的，这为构造有学习功能的神经网络奠定了基础。1958年，Rosenblatt 在原有 MP 模型的基础上增加了学习机制，提出了感知机模型（perceptron），并提出了一种模拟人类学习的算法。这种带有隐藏层的网络结构可以对输入数据进行错误修正和迭代更新。Rosenblatt 的神经网络模型蕴含着现代神经网络的基本原理，但前者构造简单，不能解决异或（XOR）或线性不可分等问题。

第二阶段：低谷。1969—1982 年，这是神经网络经历的第一个低谷期，由于神经网络本身结构或是计算硬件的限制，神经网络始终无法在工业界得到广泛应用。

1969 年，人工智能奠基人之一 Minsky 出版了 *Perceptrons* 一书，该书在数学原理上研讨了神经网络的局限性，并指出了神经网络面临的两个问题：一是简单感知机模型的功能是有限的，无法解决线性不可分的分类问题，例如异或回路问题；二是当时计算机的硬件条件无法满足神经网络在多个网络结构下的计算要求。Minsky 对神经网络的评论使其陷入长达 10 年的低谷期，但依旧有不少学者在坚持对神经网络的研究。Grossberg 于 1976 年提出了 ART（Adaptive Resonance Theory，自适应共振理论），从简单的二值输入到连续型输入，ART 都具有自组织和自稳定的特征。福岛邦彦于 1980 年提出了一种带有自卷积和子采样的多层神经网络——新认知器（neocognitron），它结合了生物视觉理论，但是没有采用 BP 算法，而是采用了无监督学习的方式。

第三阶段：复兴。1982—1995 年，得益于 BP 算法的提出，神经网络重新进入人们研究的范畴中。

1982 年，物理学家 Hopfield 在美国国家科学院提出了 Hopfield 模型的理论，他从非线性数学角度对人工神经网络信息存储和提取功能进行分析，很好地解决了旅行商问题。1984 年，Hinton 提出了大规模并行网络学习机，即玻尔兹曼机（Boltzmann Machine），并明确提出了隐单元的概念。

但真正引发神经网络复兴的是 BP 算法的提出。1986 年出版的 *Parallel Distributed Processing: Explorations in the Microstructure of Cognition* 一书，建立了并行分布处理理论，并提出了在多层前馈网络上针对非线性连续转移函数的误差反向传播算法。BP 算法解决了长期以来无法有效调整神经网络中权值的问题，并解释了 *Perceptrons* 一书中提出的神经网络局限性相关问题，证明了神经网络具备很强的运算能力和权重优化能力。

第四阶段：发展。随着神经网络的普及和计算机硬件的性能提升，以神经网络为基础的深度学习迅速崛起。

2006 年，加拿大多伦多大学教授 Hinton 和他的学生在顶尖学术刊物《科学》上发表了一篇文章，首次提出"深度信念网络"的概念，开启了深度学习在学术界和工业界的新研究热潮。这篇文章主要有两个信息：一是隐藏层数较多的人工神经网络的特征学习能力优异，能够对数据特征进行更加深入的刻画与学习，从而提高可视化和分类的效果；二是可以通过"逐层初始化"降低深度神经网络在训练上的难度，减少模型训练的时间。

近年来，随着计算机硬件的提升、大规模并行计算及 GPU 设备的普及，计算机的计算能力得以迅猛地增长。此外，随着互联网的普及，可供计算机训练的数据集规模不断扩大。在计算能力和数据规模双保障的前提条件下，神经网络可以更快、更准确地训练出数据特征。同时，各大研究机构和公司也投入巨资研究以神经网络为基础的深度学习，相信神经网络的未来会更加美好。

6.4.2 神经元与激活函数

本小节将从神经网络的奠基神经元结构（即 MP 模型）开始带大家逐步了解神经网络。之后，我们可以了解到激活函数是如何改变数据映射结果的。

1. 神经元结构

神经网络模型由多个神经元连接而成，其中每个神经元都是一个学习模型。这些神经元采纳一些特征作为输入，并且根据本身的模型经过计算后提供一个输出。

假设一个神经元可以接收 d 个输入 $x_1,x_2,\cdots,x_d$，即输入向量 $x=[x_1,x_2,\cdots,x_d]$，并用 Z 表示一个神经元输入向量的加权总和。神经元结构的公式如下：

$$Z = \sum_{i=1}^{d} w_i x_i + b \tag{6-19}$$

或者：

$$Z = W^T X + b \tag{6-20}$$

其中，W 和 b 都是神经元的参数，W 被称为权重，b 被称为偏置值。

神经元的输出 Z 在经过激活函数（Activation Function）$f(z)$处理后，得到神经元的活性值 a（Activation）。激活函数的公式如下：

$$a = f(z) \tag{6-21}$$

神经元结构如图 6-4 所示。

2. 激活函数

激活函数是人工神经网络神经元中的非线性运算函数，负责将神经元中经过线性运算后的输入映射成输出。由于激活函数将非线性引入神经网络中，因此神经网络模型的表示能力极大提升，模型的学习和拟合能力也得以提高。

在使用激活函数前，人工神经网络中的数据计算都是线性计算。因此，无论神经网络的层级数多或少，其输入、输出始终为线性函数的组合，隐藏层也将失去其存在的价值，这样的模型与最原始的感知机模型并无差别，网络性能的拟合能力极大受限。因此，引入非线性的激活函数，将使得人工神经网络具有更强大的表达能力。

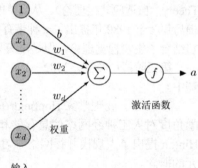

图 6-4　神经元结构

（1）激活函数的特性

① 非线性：即导数不是常数。这个条件是多层神经网络的基础，保证了多层网络不退化成单层线性网络。

② 处处可微：可微保证了函数在优化中梯度是可以被计算的。传统的激活函数（如 Sigmoid 等）满足处处可微；分段线性函数（如 ReLU）只满足几乎处处可微（即仅在有限个点处不可微）。对于 SGD 算法来说，几乎不可能收敛到梯度接近 0 的位置，所以有限的不可微点对于优化结果的影响不会很大。

③ 计算简单：激活函数的计算个数和神经网络中神经元个数成正比。

④ 非饱和性：饱和是指激活函数的导数在某些区间内梯度会趋近于 0（即梯度消失），使得

参数无法更新的问题。例如 Sigmoid，它的导数在 x 为比较大的正值和比较小的负值时都会接近于 0。ReLU 在 $x>0$ 时导数恒为 1，因此对于再大的正值也不会饱和。但同时对于 $x<0$，其梯度恒为 0，这时候它也会出现饱和的现象，此后的 Leaky ReLU 和 PReLU 就对这一现象进行了修正。

　　⑤ 单调性：导数符号固定不变，保证函数为凸函数。

　　⑥ 输出值范围：限制激活函数的输出范围为有限时，基于梯度的优化方法将更加稳定，此时特征值更容易受到权重值的影响。倘若激活函数的输出为无限，需要更小的学习率（Learning Rate）。

　　（2）常用激活函数

　　① Sigmoid 函数。

　　Sigmoid 函数又称 Logistic 函数，用于神经元的输出，输出范围为(0,1)，一般用于二元分类问题。Sigmoid 函数形如 S 形曲线，对输入数据进行一定程度的抑制。当输入在 0 附近时，Sigmoid 函数的作用类似于线性函数。Sigmoid 函数很好地模拟了生物神经元的作用，当输入很小时，输出无线接近于 0，即产生抑制（输出为 0）；当输入很大时，输出无线接近于 1，即产生兴奋（输出为 1）。

　　Sigmoid 函数的数学表达式如下：

$$\sigma(x) = \frac{1}{1 + e^{-x}} \tag{6-22}$$

Sigmoid 函数及其导数曲线图如图 6-5 所示。

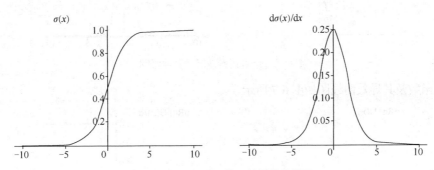

图 6-5　Sigmoid 函数及其导数曲线图

Sigmoid 函数可以说是在神经网络中最常用的激活函数，其导数如下：

$$\frac{d\sigma(x)}{dx} = \sigma(x)(1 - \sigma(x)) \tag{6-23}$$

Sigmoid 函数之前的使用频率高，主要得益于它能够把连续型的输入值变换为[0,1]的输出。特别地，如果是非常大的负数，那么输出就是 0；如果是非常大的正数，输出就是 1。

Sigmoid 函数曾经被使用非常频繁，不过近年来，越来越少为人所使用了。这主要是因为它固有的以下一些缺点所致。

　　（a）Sigmoid 函数在变量取绝对值非常大的正值或负值时会出现饱和现象，意味着函数会变得很平，并且对输入的微小改变会变得不敏感。在反向传播时，当梯度相乘接近于 0，权重基本不会更新，即出现梯度消失的情况，此时神经网络几乎不再学习，进而难以完成深层网络的训练。

　　（b）Sigmoid 输出并非是 0 均值。后续神经元接收到非 0 均值的输入，会对后续梯度训练的收敛速度产生影响。

　　（c）计算复杂度较高。Sigmoid 函数包含指数幂，应用于深层网络时会增加计算时间。

　　② Tanh 函数。

　　Tanh 函数又称为双曲正切函数，输出范围为(-1,1)，其曲线形状和 Sigmoid 函数的类似。Tanh

函数的数学表达式如下：

$$\tanh(x) = \frac{e^x - e^{-x}}{e^x + e^{-x}} \tag{6-24}$$

Tanh 函数及其导数曲线图如图 6-6 所示。

Tanh 函数依旧无法解决梯度消失和指数幂计算量较大的问题，但其输出是以 0 为均值的。

③ 修正线性单元函数。

修正线性单元（Rectified Linear Unit，ReLU）函数是目前深度学习最常用的激活函数，它的本质是一个斜坡函数（Ramp Function）。ReLU 函数的公式如下：

$$\text{ReLU}(x) = \begin{cases} 0, & x<0 \\ x, & x\geqslant0 \end{cases}, \text{ 或 } \text{ReLU}(x) = \max(0, x) \tag{6-25}$$

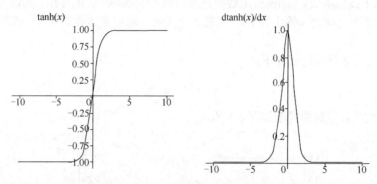

图 6-6　Tanh 函数及其导数曲线图

ReLU 函数及其导数曲线图如图 6-7 所示。

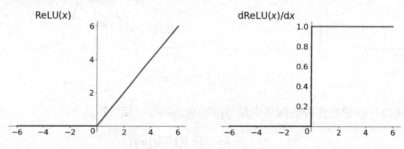

图 6-7　ReLU 函数及其导数曲线图

ReLU 函数本质上是个取最大值的函数，其计算简单，却取得了不错的效果。在优化方面，相对于 Sigmoid 函数两端饱和的结构，ReLU 采取半边饱和的方式，当 $x>0$ 时，其导数为 1。这种方式一定程度上缓解了梯度消失的问题，并加快了梯度收敛的速度。但是 ReLU 依旧存在着以下诸多不足。

（a）ReLU 的输出是非 0 均值的。

（b）死亡 ReLU 问题（Dead ReLU Problem），即某些神经元可能永远死亡，其参数不会更新。在不恰当的参数初始化或进行一次不恰当的更新后，某 ReLU 神经元可能会在所有的训练集上都不会被激活，此梯度参数将永远是 0。

④ ReLU 的演化函数。

带泄露线性整流函数（Leaky ReLU）在输入 $x<0$ 时，保持一个很小的梯度 λ。这样当神经元非激活时也能有一个非零的梯度可以更新参数，以避免永远不能被激活，从而较好地解决死亡 ReLU 问题。Leaky ReLU 函数的公式如下：

$$f(x) = \begin{cases} 0.01x, & x<0 \\ x, & x \geqslant 0 \end{cases}, \ \text{或} \ f(x) = \max(0.01x, x) \tag{6-26}$$

Leaky ReLU 函数及其导数曲线图如图 6-8 所示。

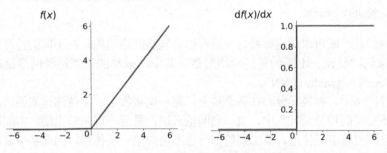

图 6-8　Leaky ReLU 函数及其导数曲线图

Leaky ReLU 理论上继承了 ReLU 所有的优点，并较好地解决了 Dead ReLU Problem。同时，还有一种基于参数的方法，即 PReLU（Parametric ReLU），其公式如下：

$$f(x) = \max(\alpha x, x) \tag{6-27}$$

其中，α 为 $x \leqslant 0$ 时的斜率，PReLU 可以在反向传播的过程中进行训练，因此 PReLU 是一个非饱和的函数。若 $\alpha=0$，则 PReLU 变成了 ReLU 函数；若 α 很小，则 PReLU 退化成了 Leaky ReLU 函数。

⑤ 指数线性单元函数。

指数线性单元（Exponential Linear Unit，ELU）函数是一个近似零中心化的非线性函数，ELU 函数的公式如下：

$$f(x) = \begin{cases} x, & x<0 \\ \alpha(\mathrm{e}^x - 1), & x \geqslant 0 \end{cases} \tag{6-28}$$

ELU 函数及其导数曲线图如图 6-9 所示。

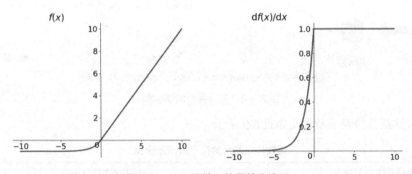

图 6-9　ELU 函数及其导数曲线图

ELU 设计之初是为了解决 ReLU 中存在的问题，因此其在继承了 ReLU 优点的同时，又解决了 Dead ReLU 和输出非 0 均值的问题。其中，α 为超参数，决定了当 $x \leqslant 0$ 时的曲线形状，并将输出均值调整在 0 附近。

（3）激活函数的选择

① 在神经网络结构中，需要处理大量的数据，因此模型的收敛速度很关键。从实际效果出发，训练网络尽量使用 zero-centered 的数据（数据预处理实现）和 zero-centered 输出，因此激活函数要尽量选择带有 zero-centered 输出特点的激活函数。

② 使用 ReLU 函数的过程中要小心设置学习率（Learning-rate），避免出现过多的 Dead ReLU 神经元。

③ Sigmoid 函数存在双侧饱和的情况，更多情况下建议使用 Tanh 函数。

6.4.3　前馈神经网络

给定一组神经元，就可以用这些神经元进行组合构造网络结构。在不同的神经网络模型中，可以有不同数量的神经元、不同的神经网络层数。其中，最早的人工神经网络是前馈神经网络（Feedforward Neural Network，FNN）。

在前馈神经网络中，神经元分布在各个层上，每一层接收上一层传递过来的信息，并生成新的信号传递给下一层的神经元。其中，第一层叫输入层，最后一层叫输出层，中间所有的都是隐藏层。相同层之间没有信号传递，第二层的信号也不会向第一层传播。因此整个前馈神经网络是一个单向的网络结构。

前馈神经网络也经常称为多层感知器（Multi-Layer Perceptron，MLP）。但是多层感知器的说法对于前馈神经网络的描述并不充分，主要是因为在前馈神经网络中，每一个神经元的输出都会经过一个非线性函数（也叫作激活函数）的激活，使得前馈神经网络可以解决非线性分类的问题。

前馈神经网络结构如图 6-10 所示。

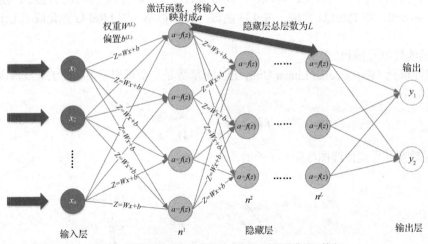

图 6-10　前馈神经网络结构

前馈神经网络符号表示及含义如表 6-9 所示。

表 6-9　　　　　　　　　　　前馈神经网络的符号表示及含义

神经网络符号表示	神经网络符号含义
L	当前神经网络层数
$n^{(L)}$	第 L 层上第 n 个神经元
$f_L(x)$	第 L 层神经元激活函数
$W^{(L)}$	$L-1$ 层和 L 层之间的权重矩阵
$b^{(L)}$	$L-1$ 层到 L 层的偏置矩阵
$Z^{(L)}$	L 层神经元的输入矩阵
$a^{(L)}$	L 层神经元的输出矩阵

前馈神经网络的信号传播如公式 6-28 所示，激活函数和输入矩阵 $z^{(L)}$ 的关系如下：

$$Z^{(L)} = W^{(L)} \times a^{(L-1)} + b^{(L)} \tag{6-29}$$

$$a^{(L)} = f_L\left(Z^{(L)}\right) \tag{6-30}$$

前馈神经网络逐层传递信号，得到最后的预测结果 $a^{(L)}$。整个前馈神经网络可以视作一系列函数的组合 $f(x,w,b)$，由输入向量 x 到输出向量 $a^{(L)}$。

6.4.4 反向传播机制

在神经网络提出的早期，多层感知器模型只能被视为一个复杂的函数逼近表达式，其根本原因就是没有很好的方法去优化参数。反向传播算法的提出很好地弥补了神经网络在参数学习问题上的不足，是神经网络能够被工业界认可的关键。

1. 成本函数（Cost Function）

之前我们在计算神经网络预测结果的时候采用了一种正向传播方法（前馈神经网络），我们从第一层开始正向一层一层进行计算，直到最后一层的 $a^{(L)}$，即 $h(x)$。但是正向传播的结果与实际值的差距较大，因此，为了使得前馈神经网络预测的结果更加符合实际情况，我们在一般的机器学习原理中会引入成本函数的概念来缩小真实值和预测值之间的差距。在神经网络的训练中经常使用反向传播算法来高效地计算梯度（梯度可以简单理解成成本函数对权重的导数）。成本函数也称为代价函数、损失函数、目标函数等。

假设采用随机梯度下降进行神经网络参数学习，给定一个样本 (x,y)，将其输入神经网络模型中，得到网络输出为 $\bar{y}$。假设损失函数为 $L(y,\bar{y})$，要进行参数学习就需要计算损失函数关于每个参数的导数，神经网络内每一层的损失函数如下：

$$L\left(y, \bar{y}\right) = \frac{1}{2n} \sum_n \left(y - a^{(L)}\right)^2 \tag{6-31}$$

其中，n 代表第 n 个样本；L 代表神经网络的第 L 层。

倘若给定训练集 $D = \{(x^{(n)} y^{(n)})\}$，将每个样本 $x^{(n)}$ 输入前馈神经网络，得到的网络输出为 $\bar{y}^{(n)}$，其在数据集上的结构风险最小化函数（Structural Risk Minimization，SRM）如下：

$$R_{\text{SRM}} = \frac{1}{N} \sum_{n=1}^{N} L\left(y^{(n)}, \bar{y}^{(n)}\right) + \omega J\left(f\right) \tag{6-32}$$

其中，N 代表总样本个数；n 代表第 n 个样本；$J(f)$ 为模型的复杂度，模型越复杂，$J(f)$ 就越大；ω 代表模型复杂度的权重。结构风险最小化函数的运用等同于正则化。在样本容量很小的时候，模型很容易发生过拟合现象，而 SRM 函数可以有效防止过拟合的发生。

2. 反向传播（BP）算法

误差反向传播算法简称反向传播算法（即 BP 算法）。使用反向传播算法的多层感知器又称 BP 神经网络。BP 算法是一个迭代算法，它的基本思想为：第一步，先计算每一层的状态和激活值，直到最后一层（即信号是正向传播的）；第二步，计算每一层的误差，误差的计算过程是从最后一层向前推进的（这就是反向传播算法名字的由来）；第三步，更新参数（目标是使误差变小）；然后继续迭代前面两个步骤，直到满足停止准则（如相邻两次迭代的误差的差别很小）。

因此，我们的目标是不断调整参数使得总体损失函数最小，同时计算使总体损失函数最小的各个神经元的参数（即权重 $w_{ij}^{(l)}$ 和偏置 $b_{ij}^{(l)}$）。

这里我们采用梯度下降法去更新参数 $w_{ij}^{(l)}$，$b_{ij}^{(l)}$，$2 < l < L$。其中 i 表示层数，j 表示第几个神经元，l 代表第 l 个网络，L 代表总网络层数。$w_{ij}^{(l)}$ 更新过程如公式 6-33 所示，$b_{ij}^{(l)}$ 更新过程如公式

6-34 所示。

$$w_{ij}^{(l)} = w_{ij}^{(l-1)} - \mu \frac{\partial L(y, \overline{y})}{\partial w_{ij}} \tag{6-33}$$

$$b_{ij}^{(l)} = b_{ij}^{(l-1)} - \mu \frac{\partial L(y, \overline{y})}{\partial b_{ij}} \tag{6-34}$$

由上述公式可知，μ 为梯度下降法迭代的步长，是预先设置的超参数。$w_{ij}^{(l)}$、$b_{ij}^{(l)}$是前一步梯度下降的结果，其初始值也是预先设置的超参数。因此，只需要计算出样本数据损失函数的偏导数 $\frac{\partial L(y, \overline{y})}{\partial w_{ij}}$ 和 $\frac{\partial L(y, \overline{y})}{\partial b_{ij}}$，即可计算出参数梯度下降的最终结果。

首先需要对第 l 层的参数 $w_{ij}^{(l)}$ 和 $b_{ij}^{(l)}$ 计算偏导数，对于 L 层上第 j 个神经元的权重 $w_{ij}^{(l)}$ 和偏置 $b_{ij}^{(l)}$，根据链式法则如公式 6-35 和公式 6-36 所示。

$$\frac{\partial L(y, \overline{y})}{\partial w_{ij}} = \frac{\partial z_j^{(l)}}{\partial w_{ij}^{(l)}} \times \frac{\partial L(y, \overline{y})}{\partial z_j^{(l)}} \tag{6-35}$$

$$\frac{\partial L(y, \overline{y})}{\partial b^{(l)}} = \frac{\partial z_j^{(l)}}{\partial b^{(l)}} \times \frac{\partial L(y, \overline{y})}{\partial z_j^{(l)}} \tag{6-36}$$

其中，公式 6-35 和公式 6-36 的第二项皆是目标函数关于第 l 层神经元输入值 $z_j^{(l)}$ 的偏导数，简称误差项。因此，在反向传播的过程中，我们只需要计算 3 个偏导数，分别是 $\frac{\partial z_j^{(l)}}{\partial w_{ij}^{(l)}}$、$\frac{\partial z_j^{(l)}}{\partial b^{(l)}}$ 和 $\frac{\partial L(y, \overline{y})}{\partial z_j^{(l)}}$，同时我们把 $\frac{\partial L(y, \overline{y})}{\partial z_j^{(l)}}$ 记为 $\delta_j^{(l)}$（误差项）来简化表达式。

推广到一般情况，在总共 L 层的神经网络中，则有：

$$\delta_j^{(l)} = -\left(y_i - a_i^{(L)}\right) f'\left(z_j^{(L)}\right) \qquad (1 \leqslant i \leqslant L) \tag{6-37}$$

$$\frac{\partial L(y, \overline{y})}{\partial w_{ij}} = \delta_j^{(l)} a_i^{(L-1)} \qquad (1 \leqslant i \leqslant L, 1 \leqslant j \leqslant L-1) \tag{6-38}$$

对于输出层和隐藏层权重参数的更新，则有：

$$\frac{\partial L(y, \overline{y})}{\partial w_{ij}} = \frac{\partial z_j^{(l)}}{\partial w_{ij}^{(l)}} \frac{\partial L(y, \overline{y})}{\partial z_j^{(l)}} = \delta_j^{(l)} \frac{\partial z_j^{(l)}}{\partial w_{ij}^{(l)}} = \delta_j^{(l)} a_i^{(l-1)} \tag{6-39}$$

对于 $\delta_j^{(l)}$，$2 \leqslant l \leqslant L-1$，则有：

$$\delta_j^{(l)} = \frac{\partial L(y, \overline{y})}{\partial z_j^{(l)}} = \sum_{i=1}^{n_{l+1}} \frac{\partial L(y, \overline{y})}{\partial z_i^{(l+1)}} \frac{\partial z_i^{(l+1)}}{\partial z_j^{(l)}} = \sum_{i=1}^{n_{l+1}} \delta_i^{(l)} \frac{\partial z_i^{(l+1)}}{\partial z_j^{(l)}} \tag{6-40}$$

上面的公式运用了函数之和的求导法则和链式法则，在 $l+1$ 层时将 $L(y, \overline{y})$ 看作 $z^{(l+1)}$ 的函数。$L(y, \overline{y})$ 对 l 层某个 $z_j^{(l)}$ 求导时，由于 $l+1$ 层每个神经元都和 $z_i^{(l)}$ 所有神经元连接，索引在 $L(y, \overline{y})$ 的函数中，$z_i^{(l)}$ 可以出现 $l+1$ 次，详细函数关系如图 6-11 所示。

综上，可以将公式 6-40 简化为如下：

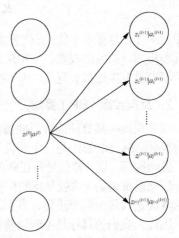

图 6-11 $L(y, y)$ 和各神经元的连接示意图

$$\delta_j^{(l)} = \sum_{i=1}^{n_{l+1}} \delta_j^{(l+1)} w_{ij}^{(l+1)} f'\left(z_j^{(L)}\right) = \sum_{i=1}^{n_{l+1}} (\delta_i^{(l+1)} w_{ij}^{(l+1)}) f'\left(z_j^{(l)}\right) \tag{6-41}$$

上式为 BP 算法的核心，其用 $l+1$ 层的 $\delta_j^{(l+1)}$ 来计算 l 层的 $\delta_j^{(l)}$，因此也可以称之为误差反向传播算法。

输出层和隐藏层偏置参数更新如下：

$$\frac{\partial L(y, \overline{y})}{\partial b^{(l)}} = \frac{\partial z_j^{(l)}}{\partial b^{(l)}} \frac{\partial L(y, \overline{y})}{\partial z_j^{(l)}} = \delta_j^{(l)} \tag{6-42}$$

总结反向传播算法的过程，可以分为以下 3 步。

① 利用前馈神经网络计算每一层的输入 $z^{(l)}$ 和输出 $a^{(l)}$，直到输出层。

② 计算每一层的误差 $\delta^{(l)}$。

③ 计算每一层参数的导数，并更新参数。

6.4.5　神经网络的 Python 实现

我们介绍了神经网络中的神经元结构、激活函数的优劣、前馈神经网络及反向传播中的梯度下降算法。那么如何将概念落实到实际应用中呢？

在 Sklearn 中，可以在 sklearn.nerual_network 模块中调用神经网络相关内容。在处理分类问题时调用 MLPClassifier 模块，处理回归问题时调用 MLPRegressor 模块。我们以分类问题为例对 MLPClassifier 模块进行介绍。

Sklearn 在 0.18 版本更新了新的神经网络分类器的参数，其重要参数如表 6-10 所示。

表 6-10　　　　　　　　　　　　　　神经网络分类器重要参数

参数名称	参数含义
hidden_layer_sizes	神经网络隐藏层层数和每层神经元个数
activation	隐藏层中的激活函数选择
solver	调整网络权重和偏置的重量优化器
learning_rate_init	使用的初始学习率，控制了更新权重的步长
learning_rate	网络权重及偏置更新的速度
max_iter	网络最大迭代次数，决定了数据点会使用多少次

1. 加载相关模块

示例代码如下：

```
In: import pandas as pd
    import numpy as np
    from sklearn.neural_network import MLPClassifier
    from sklearn.tree import DecisionTreeClassifier
    from sklearn.model_selection import train_test_split
    from sklearn.model_selection import GridSearchCV
    from sklearn.model_selection import cross_val_score
    import matplotlib.pyplot as plt
Out:
```

除了必备的 MLPClassifier 模块外，Sklearn 中把对数据集的划分封装在了 sklearn.model_selection 模块中。其中 train_test_split 用于划分训练集与测试集，cross_val_score 用于交叉验证。由于神经网络中需要调试的参数比较多，我们还需要 GridSearchCV 模块进行网格优化搜索。

2. 检查数据集

数据来源于 Cleveland 的心脏病患者数据共 303 条。数据信息如表 6-11 所示。

表 6-11   心脏病患者数据

字段名称	字段含义
age	年龄
sex	性别（1：男性；0：女性）
cp	经历过的胸痛（1：典型心绞痛；2：非典型心绞痛；3：非心绞痛；4：无症状）
trestbps	静息血压（入院时的毫米汞柱）
chol	胆固醇测量值（mg/dl）
fbs	空腹血糖（>120mg/dl，1：正确；0：错误）
restecg	静息心电图测量（0：正常；1：患有 ST-T 波异常；2：根据 Estes 的标准显示可能或确定的左心室肥大）
thalach	该患者达到的最大心率
exang	运动诱发的心绞痛（1：是；0：否）
oldpeak	运动相对于休息引起的 ST 抑郁
slope	最高运动 ST 段的斜率（1：上坡；2：平坦；3：下坡）
ca	主要血管数（0~4）
thal	一种称为地中海贫血的血液疾病（1：正常；2：固定缺陷；3：可逆缺陷）
target	是否患有心脏病（0：否；1：是）

选择部分数据进行展示：

```
In: data = pd.read_csv(r'F:\sklearn\dataset\data\heart.csv')
    data.head()
```

	age	sex	cp	trestbps	chol	fbs	restecg	thalach	exang	oldpeak	slope	ca	thal	target
0	63	1	3	145	233	1	0	150	0	2.3	0	0	1	1
1	37	1	2	130	250	0	1	187	0	3.5	0	0	2	1
2	41	0	1	130	204	0	0	172	0	1.4	2	0	2	1
3	56	1	1	120	236	0	1	178	0	0.8	2	0	2	1
4	57	0	0	120	354	0	1	163	1	0.6	2	0	2	1

验证数据缺失情况，结果为目标数据集完整：

```
In: data.info()
Out: <class 'pandas.core.frame.DataFrame'>
     RangeIndex: 303 entries,0 to 302
     Data columns (total 14 columns):
     age        303 non-null int64
     sex        303 non-null int64
     cp         303 non-null int64
     trestbps   303 non-null int64
     chol       303 non-null int64
     fbs        303 non-null int64
     restecg    303 non-null int64
     thalach    303 non-null int64
     exang      303 non-null int64
     oldpeak    303 non-null float64
```

```
slope       303 non-null int64
ca          303 non-null int64
thal        303 non-null int64
target      303 non-null int64
dtypes: float64(1),int64(13)
memory usage: 33.3 KB
```

3. 数据预处理

示例代码如下：

```
In: chest_pain=pd.get_dummies(data['cp'],prefix='cp',drop_first=True)
    data=pd.concat([data,chest_pain],axis=1)
    data.drop(['cp'],axis=1,inplace=True)
    sp=pd.get_dummies(data['slope'],prefix='slope')
    th=pd.get_dummies(data['thal'],prefix='thal')
    rest_ecg=pd.get_dummies(data['restecg'],prefix='restecg')
    frames=[data,sp,th,rest_ecg]
    data=pd.concat(frames,axis=1)
    data.drop(['slope','thal','restecg'],axis=1,inplace=True)
```

鉴于 cp、slope、thal、restecg 4 个字段表示的都是类别数据而非连续型数据，故利用 Pandas 自带的 get_dummies()函数将上述 4 个字段按照类别进行数据预处理，处理结果如下：

```
In: data.head()
Out:
```

	age	sex	trestbps	chol	fbs	thalach	exang	oldpeak	ca	target	...	slope_0	slope_
0	63	1	145	233	1	150	0	2.3	0	1	...	1	
1	37	1	130	250	0	187	0	3.5	0	1	...	1	
2	41	0	130	204	0	172	0	1.4	0	1	...	0	
3	56	1	120	236	0	178	0	0.8	0	1	...	0	
4	57	0	120	354	0	163	1	0.6	0	1	...	0	

5 rows × 23 columns

这一数据预处理过程是必不可少的，这是因为神经网络会训练各特征的权重，连续型数据之间会有高低之分，而分类型数据没有。示例代码如下：

```
In: X=data.iloc[:,data.columns!='target']
    Y=data.iloc[:,data.columns=='target']
    Y=Y['target'].tolist()
    Xtrain,Xtest,Ytrain,Ytest = train_test_split(X,Y,test_size=0.2,random_state=0)
    Xtrain.shape
Out: (242,22)
```

划分测试集和训练集，测试集划分占比为 0.2，即测试集占总数量的 20%。示例代码如下：

```
In: from sklearn.preprocessing import StandardScaler
    sc=StandardScaler()
    Xtrain=sc.fit_transform(Xtrain)
    Xtest=sc.transform(Xtest)
    Xtrain
Out: array([[-1.32773282,-1.43641607,-0.57412513,...,-0.99176941,
              1.02510851,-0.12964074],
            [ 1.24903178,-1.43641607, 0.83106608,..., 1.0082989 ,
             -0.97550649,-0.12964074],
            [ 0.35276583, 0.69617712, 0.47976828,..., 1.0082989 ,
```

```
        -0.97550649,-0.12964074],
        ...,
       [ 0.12869935, 0.69617712,-0.69122439,..., 1.0082989 ,
        -0.97550649,-0.12964074],
       [-0.87959984, 0.69617712, 0.36266901,..., 1.0082989 ,
        -0.97550649,-0.12964074],
       [ 0.35276583, 0.69617712,-0.69122439,..., 1.0082989 ,
        -0.97550649,-0.12964074]])
```

调用 Sklearn 中的 StandardScaler 模块进行数据标准化。

4. 训练模型

示例代码如下：
```
#网格搜索
from sklearn.model_selection import GridSearchCV

mlp = MLPClassifier()
mlp_clf__tuned_parameters = {"hidden_layer_sizes": [(100,), (300, 30)],
                             "solver": ['adam', 'sgd', 'lbfgs'],
                             "activation":['identity', 'logistic',
                             'tanh', 'relu'],
                             "max_iter": [30],
                             "verbose": [True]
                            }
estimator = GridSearchCV(mlp, mlp_clf__tuned_parameters, n_jobs=6)
estimator.fit(Xtrain,Ytrain)
```
利用网格优化搜索的方式进行最优参数选择，网格优化搜索中需要预先定义模型的参数训练范围，得到的最优参数如下：
```
estimator.best_params_
{'activation': 'relu',
 'hidden_layer_sizes': (300,30),
 'max_iter': 30,
 'solver': 'adam',
 'verbose': True}
```
下一步就可以利用最优参数进行模型训练了。示例代码如下：
```
NN = MLPClassifier(hidden_layer_sizes=(300,30) ,
                   max_iter=30,
                   activation = 'relu',
                   solver='adam',
                   verbose=True)
clf = DecisionTreeClassifier()
score_1 = []
score_2 = []
for i in range(10):
    nn = cross_val_score(NN,Xtrain,Ytrain,cv=10)
    mlp_score = nn.mean()
    clf_s = cross_val_score(clf,Xtrain,Ytrain,cv=10)
    clf_score = clf_s.mean()
    score_1.append(mlp_score)
    score_2.append(clf_score)
plt.figure(figsize=[13,5])
plt.plot(range(1,11),score_1,color='red',label='神经网络')
```

```
plt.plot(range(1,11),score_2,color='blue',label='决策树')
plt.rcParams['font.sans-serif']=['SimHei']   #设置字体类型，可以输出中文
plt.legend()
plt.show()
```

神经网络的模型训练过程和 Sklearn 中其他模型的训练步骤基本一致，设置先前网格优化搜索的最优参数，代码运行结果如图 6-12 所示。

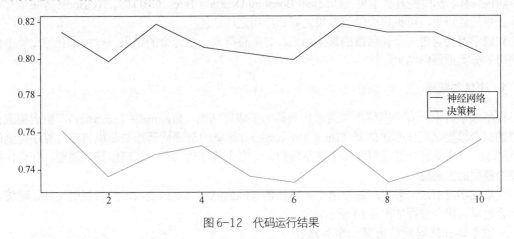

图 6-12　代码运行结果

在 10 次不同交叉验证的结果中，神经网络和决策树在模型准确率上有相同的波动，这显然受到了测试集划分结果的影响。但无论在何种结果中，神经网络的准确率都高于决策树 5% 左右。

5. 评估模型

示例代码如下：

```
from sklearn.metrics import confusion_matrix
cm = confusion_matrix(Ytest, y_predict.round())
sns.heatmap(cm,annot=True,cmap="Blues",fmt="d",cbar=False)
from sklearn.metrics import accuracy_score
ac=accuracy_score(Ytest,y_predict.round())
print('accuracy of the model: ',ac)
print(mlp_metrics)
```

神经网络模型效果如图 6-13 所示。

将训练好的模型放在测试集上进行验证，神经网络模型的准确度达到了较高的 88.52%。

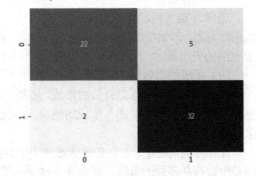

图 6-13　神经网络模型效果

6.5　集成学习

在前面的内容中，我们了解到了机器学习模型是如何训练数据的。这些模型或基于规则、或基于特征，往往在不同的数据集上有截然不同的表现。但在实际应用过程中，构造出单个精度很高的模型是一件困难的事情，但是构造出几个精度不低的模型却并不难办。在这个前提条件下，集成学习应运而生。

6.5.1 集成学习简介

集成学习（Ensemble Learning）是当下非常流行的机器学习算法，但它并非是单独的机器学习算法，而是通过在同一数据集上构建多个模型，集成所有模型的建模结果，并寻找最优的模型组合方式。基本上所有涉及机器学习的领域都可以看到集成学习的身影。在现在的各种算法竞赛中，随机森林、梯度提升决策树（Gradient Boosting Decision Tree，GBDT）、XGBoost 等集成算法的身影也随处可见，可见集成学习效果之好、应用之广。

集成学习会考虑多个评估器的建模结果，并汇总得到一个综合的结果，以此来获得比单个模型更好的分类或回归结果。

1. 个体与集成

在集成学习中，多个模型集成的评估器称为集成评估器（Ensemble Estimator），组成集成评估器的每个模型都叫作基评估器（Base Estimator）。这里的基评估器指的是机器学习算法得到的训练结果，单个基评估器模型准确率并不理想，而多个基评估器在一起可以扬长避短，并合作提高整个模型的准确度。

在集成学习中，一般先产生一组个体评估器（Individual Estimator），然后利用某种策略将它们组合起来，组合过程如图 6-14 所示。

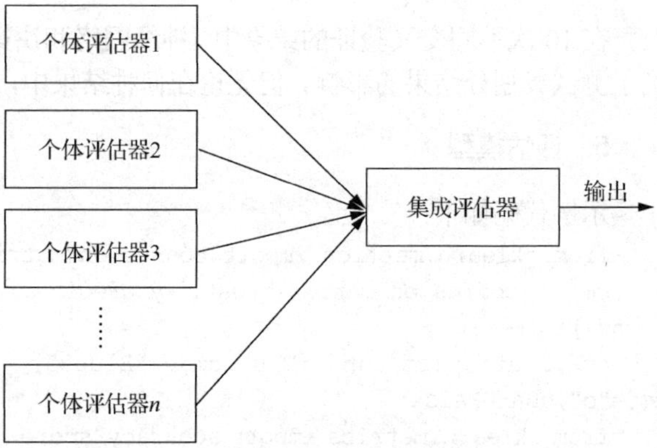

一般个体评估器通常由某一个算法在现有数据集上训练数据产生，CART 算法、神经网络算法等都可以用作个体评估器。如果所有个体评估器都是同一个算法，例如全是决策树或全是神经网络，那么这样的集成就是同质的。这里的个体评估器也称为基评估器。

（1）弱评估器

弱学习器常指泛化性能略优于随机猜测的学习器，例如在二分类问题上精度略高于 50% 的分类器。

（2）集成的有效性

并非所有的集成都是有效的集成，如果

图 6-14　组合过程

基评估器的效果很差，那么集成的结果只会比单个基评估器的结果更差。现在以一个简单的例子来说明。

在二分类问题中，3 个基评估器在 3 个数据集中的表现如表 6-12～表 6-14 所示。假设集成策略是少数服从多数的策略，那么在个体评估器分别对数据集有不同判别时，集成学习的效果会大大不同。

表 6-12　　　　　　　　　　　　　　　　　　集成有效

	数据集 A	数据集 B	数据集 C
基评估器 1	True	True	False
基评估器 2	False	True	True
基评估器 3	True	False	True
集成效果	True	True	True

表 6-13   集成无作用

	数据集 A	数据集 B	数据集 C
基评估器 1	True	True	False
基评估器 2	True	True	False
基评估器 3	True	True	False
集成效果	True	True	False

表 6-14   集成消极

	数据集 A	数据集 B	数据集 C
基评估器 1	True	False	False
基评估器 2	False	True	False
基评估器 3	False	False	True
集成效果	False	False	False

在上述任务的结果中，表 6-12 中的基评估器的准确度为 66.7%，集成学习准确度达到了 100%。表 6-13 中的基评估器的准确度为 66.7%，但由于每个基评估器的结果都是一样的，集成学习无法提高准确度。表 6-14 中的基评估器的准确度为 33.3%，集成学习的结果反而弱化了。这个例子清晰地反映了集成学习的两个基本要求：其一，集成学习的基评估器需要达到一定的准确度；其二，基评估器需要满足多样性，不能完全一样。

2．集成学习的策略选择

通常来说，有 3 类集成算法：装袋法（Bagging）、提升法（Boosting）和堆叠法（Stacking）。
（1）Bagging 算法
作为较早提出的集成学习模型，Bagging 虽然结构较为简单，却有着优越的表现，其通过随机改变训练集分布来产生新的训练子集，然后把这些新的训练子集分配给基评估器。这些基评估器往往相互独立，对多个基评估器的结果进行平均或按照少数服从多数的原则来决定集成评估器的预测结果。Bagging 的实现过程如图 6-15 所示，Bagging 算法最典型的代表就是随机森林。

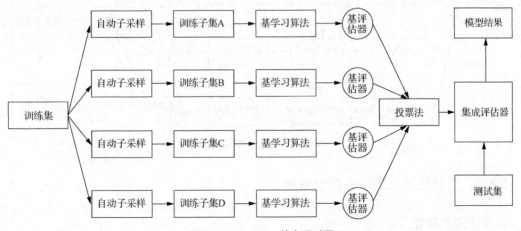

图 6-15　Bagging 的实现过程

（2）Boosting 算法
在提升法（Boosting）中，基评估器是相关的，而且是有序构建的。Boosting 算法核心思想是结合弱评估器的力量对难以评估的样本进行预测，通过增加迭代次数构建一个强评估器。Boosting 的实现过程如图 6-16 所示，Boosting 算法典型代表为 Adaboost、XGBoost。

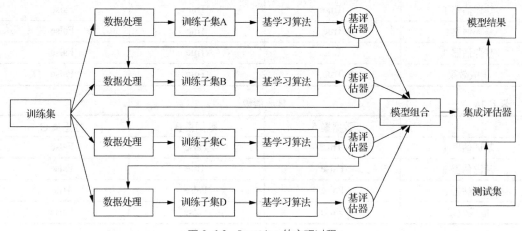

图 6-16　Boosting 的实现过程

（3）Stacking 算法

Stacking 算法先从训练集中训练出初级评估器，然后利用新的数据集去训练次级学习器。在新的数据集中，初级评估器的输出被当作新数据集的输入使用。值得注意的是，新数据集一般通过原始数据集交叉验证的方式生成，如果使用初级评估器的训练集，则会有过拟合风险。Stacking 的实现过程如图 6-17 所示。

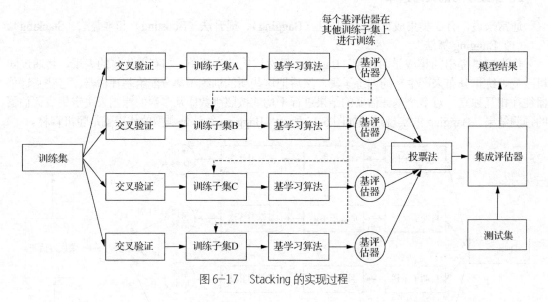

图 6-17　Stacking 的实现过程

6.5.2　装袋法的代表——随机森林

1. 随机森林简介

随机森林是用随机的方式建立由很多决策树组成的森林，其中的任意两个决策树之间都不存在关联。随机森林创建后，每当有新的输入样本进入时，森林中的所有决策树会分别对此数据进行判断并做出分类，最终将样本预测为被选择最多的那一类。随机森林既可以处理属性为离散值的指标，如 ID3 算法，也可以处理属性为连续值的指标，如 C4.5 算法。

随机森林由多个不同决策树构成，如果决策树相同，那么随机森林的模型结果会和单独决策树的结果一致。决策树实际上是不断划分特征的算法，类似于将一个超平面变成一分为二的两份，决策树分枝过程如图 6-18 所示。

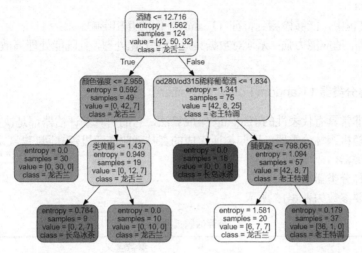

图 6-18   决策树分枝过程

在这个决策树分枝的过程中，决策树将原本的样本空间最终划分成了 6 个特征集以对应酒的 3 个品种。

2. 随机森林如何划分特征

随机森林实际上是构造多个不同特征决策树的过程。以下是随机森林的大致构造流程。

① 假如有 N 个样本，则有放回地随机选择 N 个样本（每次随机选择一个样本，然后返回继续选择）。选择好了的 N 个样本用来训练一个决策树，作为决策树根节点处的样本。

② 当每个样本有 M 个属性，且需要在决策树的每个节点处分裂时，随机从这 M 个属性中选取出 m 个属性，满足条件 $m < M$。然后从这 m 个属性中采用某种策略（如信息增益）来选择 1 个属性作为该节点的分裂属性。

③ 决策树形成过程中每个节点都要按照步骤②来分裂（很容易理解，如果下一次该节点选出来的那一个属性是刚刚其父节点分裂时用过的属性，则该节点已经达到了叶子节点，无须再继续分裂）。一直到不能够再分裂为止。注意，整个决策树形成过程中没有进行剪枝。

④ 按照步骤①～步骤③建立大量的决策树，这样就构成了随机森林。

随机森林是 Bagging 的典型代表，因此其采用的是有放回地重采样过程。以 A、B、C、D、E 5 个样本的集合为例，如果原本决策树的样本是 A、B、C、D、E 共 5 个，随机森林的样本总数同样是 5 个，但是样本的内容可能是 A、A、B、C、A，也可能是 B、A、D、C、E。随机森林的采样方式是完全随机地有放回采样。另外，在决策树中很重要的一个操作是剪枝，而随机森林由于决策树的随机性，不会产生过拟合的结果，因此无须再进行剪枝。

3. 随机森林的优点

① 随机森林在很多不同类型的数据集上的表现相较于其他数据集而言更为良好。

② 训练样本和特征选择的随机性使得随机森林的抗噪声能力较强，且不容易受数据集质量影

响而出现过拟合问题。

③ 由于其特征选择的随机性，随机森林能够在不用经过特征选择的前提下，处理多特征、高维度的数据。

④ 在创建随机森林的时候，对泛化误差（Generalization Error）使用的是无偏估计。

⑤ 训练速度快，可以得到变量重要性排序（两种变量：基于 oob 误分率的增加量和基于分裂时的 Gini 下降量）。

⑥ 在训练过程中，能够检测到特征（Feature）间的互相影响。

⑦ 对数据集的适应能力强：无须对数据集进行规范化处理，且既能处理离散型数据，也能处理连续型数据。

4. 随机森林分类器（Random Forest Classifier）

随机森林是非常具有代表性的 Bagging 集成算法，它的所有基评估器都是决策树。分类树组成的森林就叫作随机森林分类器，回归树所集成的森林就叫作随机森林回归器。这部分内容主要介绍随机森林分类器。

（1）随机森林分类器重要参数

基评估器重要参数如表 6-15 所示。

表 6-15　　　　　　　　　　　　　　　　基评估器重要参数

参数名称	参数含义
criterion	不纯度的衡量指标，有基尼系数和信息熵两种选择
max_depth	树的最大深度，超过最大深度的树枝会被剪掉
min_samples_leaf	一个节点分枝后的每个子节点都必须包含至少 min_samples_leaf 个训练样本，否则分枝就不会发生
min_samples_split	一个节点必须要包含至少 min_samples_split 个训练样本，这个节点才允许被分枝，否则分枝就不会发生
max_features	max_features 限制分枝时考虑的特征个数，超过限制个数的特征会被舍弃，默认值为总特征个数开平方取整
min_impurity_decrease	限制信息增益的大小，信息增益小于设定数值的分枝不会发生

（2）随机森林分类器的实现

除了上述树模型的基础参数，在随机森林分类器中有着具有代表性的一系列参数，分别是 n_estimators、ramdom_state、boot_strap 和 obb_score，之后会对这些参数进行详细阐述。

n_estimators 代表了随机森林中决策树的数量，即基评估器的数量。在一定决策边界内，n_estimators 越多，模型的效果往往越好。在超过决策边界后，随着 n_estimators 的增加，模型的准确性会随之发生波动。并且，当 n_estimators 很大的时候，模型的计算成本也会随着增加，我们往往需要在准确性和计算时间之间找到平衡点。

我们将通过 Sklearn 中自带的红酒数据集来学习随机森林的整体构造流程。

第一步，导入所需的包。代码如下：

```
In: from sklearn.tree import DecisionTreeClassifier
    from sklearn.ensemble import RandomForestClassifier
    from sklearn.datasets import load_wine
Out:
```

注意，Sklearn 中把随机森林放到了 ensemble 模块里。然后在 sklearn.datasets 模块中选择 load_wine 红酒数据集。

第二步，查看数据集数据。代码如下：

```
#导入数据集
In: wine = load_wine()
    print(wine.data,'\n',wine.data.shape)
    print(wine.target,'\n',wine.target.shape)
```

在红酒数据集中，wine.data 为特征数据，wine.target 为标签数据。在红酒数据集中，共有 178 个样本，13 个维度特征的输入数据。标签数据共有 3 个分类，因此，这是一个多分类问题。

第三步，建立模型。代码如下：

```
In: from sklearn.model_selection import train_test_split
    X_train,X_test,Y_train,Y_test = train_test_split(wine.data,wine.target,test_size=0.3)
    rfc = RandomForestClassifier(random_state=0)
    rfc = rfc.fit(X_train,Y_train)
    score_r = rfc.score(X_test,Y_test)
    print("Random Forest:{}".format(score_r))
```

这一步需要划分训练集与测试集，Sklearn 中可以调用 model_selection 模块的 train_test_split() 函数进行数据集划分。其中 test_size 代表测试集的占比，一般使用 0.3。

模型构建需要调用 sklearn.ensemble.RandomForestClassifier 模块来构建随机森林和设置模型参数。模型参数设置完后，利用 fit 接口来训练模型，这个时候需要用到训练集的数据。模型训练完后，利用 score 接口来查看模型在测试集中的准确率，此次模型的准确率达到了 96%。

最后，将随机森林和决策树进行对比。代码如下：

```
In: #10 次交叉验证组合结果
    rfc_l = []
    clf_l = []
    for i in range(10):
        rfc = RandomForestClassifier(n_estimators=25)
        rfc_s = cross_val_score(rfc,wine.data,wine.target,cv=10).mean()
        rfc_l.append(rfc_s)
        clf = DecisionTreeClassifier()
        clf_s = cross_val_score(clf,wine.data,wine.target,cv=10).mean()
        clf_l.append(clf_s)
    plt.plot(range(1,11),rfc_l,label = "随机森林")
    plt.plot(range(1,11),clf_l,label = "决策树")
    plt.legend()
    plt.show()
```

模型对比结果如图 6-19 所示。

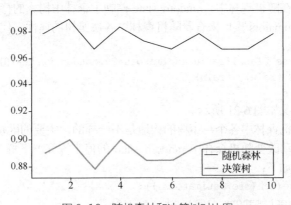

图 6-19　随机森林和决策树对比图

以上代码中，选用 n_estimators=25，即使用 25 个不同决策树构造随机森林，选择交叉验证的方式，cv=10 代表将数据集十等分，每次取一份作为测试集，而 mean() 则取 10 次测试结果的均值。按此操作重复训练 10 次，查看在不同样本空间内随机森林和单独决策树的模型准确率对比。可以发现，随机森林的准确率明显高于决策树，在 96%~98%的范围内波动，而决策树很少有超过 90%的准确率。

① 观察 n_estimators 学习曲线。代码如下：

```
In: #n_estimators 学习曲线 1~100 准确率最高的建模结果
    superpa=[]
    for i in range(100):
        rfc=RandomForestClassifier(n_estimators=i+1,n_jobs=-1)
        rfc_s=cross_val_score(rfc,wine.data,wine.target,cv=10).mean()
        superpa.append(rfc_s)

    print(max(superpa),superpa.index(max(superpa)))
    plt.figure(figsize=[20,5])
    plt.plot(range(1,101),superpa)
    plt.show()
```

n_estimators 变化情况如图 6-20 所示。

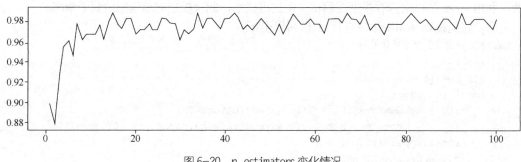

图 6-20　n_estimators 变化情况

以 100 为 n_estimators 的决策边界，寻求随机森林在不同 n_estimators 的准确率，发现随机森林在 n_estimators 超过 14 后就开始上下波动，模型的准确率最高值在 n_estimators=14 时出现。由此可以推断出，随机森林并不是决策树越多越好。

② 观察 random_state 情况。

在决策树模型中，random_state 控制决策树选取特征的方式，以保证决策树每次划分叶子节点的特征都各不相同。在随机森林中，random_state 控制了森林中树木的特征，而非树木的个数。我们可以调用模型的 estimators 接口来查看随机森林中各决策树的属性。代码如下：

```
In: #random_state
    rfc=RandomForestClassifier(n_estimators=20,random_state=10)
    rfc=rfc.fit(X_train,Y_train)
    rfc.estimators_
```

各基评估器参数情况如图 6-21 所示。

我们可以发现，随机森林中各个决策树的构造是不一样的，主要的区别是在 random_state 这个属性上。我们可以手动改变随机森林中 random_state 的值来探究一下每个决策树中的 random_state 的变化规律。代码如下：

```
In: for i in range(len(rfc.estimators_)):
        print(rfc.estimators_[i].random_state)
```

当随机森林设置 random_state 为固定某一数值时，随机森林中每个决策树的 random_state 将是固定的。但是当 random_state 改变时，每个单独决策树的 random_state 会发生相应的变化。也就是说，倘若随机森林 random_state 都为 10，则每次随机森林中相应决策树的 random_state 一致，但是对于 random_state=9 和 random_state=10 的随机森林中每个决策树是不同的。

```
[DecisionTreeClassifier(class_weight=None, criterion='gini', max_depth=None,
            max_features='auto', max_leaf_nodes=None,
            min_impurity_decrease=0.0, min_impurity_split=None,
            min_samples_leaf=1, min_samples_split=2,
            min_weight_fraction_leaf=0.0, presort=False,
            random_state=1165313289, splitter='best'),
 DecisionTreeClassifier(class_weight=None, criterion='gini', max_depth=None,
            max_features='auto', max_leaf_nodes=None,
            min_impurity_decrease=0.0, min_impurity_split=None,
            min_samples_leaf=1, min_samples_split=2,
            min_weight_fraction_leaf=0.0, presort=False,
            random_state=1283169405, splitter='best'),
 DecisionTreeClassifier(class_weight=None, criterion='gini', max_depth=None,
            max_features='auto', max_leaf_nodes=None,
            min_impurity_decrease=0.0, min_impurity_split=None,
            min_samples_leaf=1, min_samples_split=2,
            min_weight_fraction_leaf=0.0, presort=False,
            random_state=89128932, splitter='best'),
```

图 6-21　各基评估器参数情况

③ bootstrap 和 obb_score。

要让基分类器尽量都不一样，一种很容易理解的方法是使用不同的训练集来进行训练，而 Bagging 正是通过有放回地随机抽样技术来形成不同的训练数据的，bootstrap 就是用来控制抽样技术的参数。

然而有放回抽样也会有自己的问题。由于是有放回，一些样本可能在同一个自助集中出现多次，而其他一些样本却可能被忽略。一般来说，自助集大约平均会包含 63%的原始数据。因为每一个样本被抽到某个自助集中的概率如下：

$$P=1-\left(1-\frac{1}{n}\right)^{n} \tag{6-43}$$

当 n 足够大时，这个概率收敛于 1-(1/e)，约等于 0.632。因此，会有约 37%的训练数据被浪费掉，没有参与建模，这些数据被称为袋外数据（out of bag data，oob）。除了我们最开始就划分好的测试集，这些数据也可以被用来作为集成算法的测试集。也就是说，在使用随机森林时，我们可以不划分测试集和训练集，只需要用袋外数据来测试我们的模型即可。

如果希望用袋外数据来测试，则需要在实例化时就将 oob_score 这个参数调整为 True。训练完后，我们可以用随机森林的另一个重要属性——oob_score_ 来查看我们在袋外数据上测试的结果。代码如下：

```
In: #bootstrap &obb_score
    rfc=RandomForestClassifier(n_estimators=25,oob_score=True)
    rfc=rfc.fit(wine.data,wine.target)
    rfc.oob_score_
```

（3）随机森林的重要属性和接口

至此，我们已经讲完了随机森林中的所有重要参数，并通过 n_estimators、random_state、boostrap 和 oob_score 这 4 个参数帮助大家了解了装袋法的基本流程和重要概念。同时，我们还介绍了 estimators_ 和 oob_score_ 这两个重要属性。

随机森林的接口与决策树完全一致，因此依然有 4 个常用接口：apply、fit、predict 和 score。

除此以外，还需要注意随机森林的 predict_proba 接口，这个接口返回每个测试样本对应的被分到每一类标签的概率，标签有几个分类就返回几个概率。

① feature_importances_：可以查看随机森林中对每个特征的重视程度，结合 zip()函数可以更清晰地查看特征的名称。代码如下：

```
rfc.feature_importances_
feature_name = ['酒精',
                '苹果酸',
                '灰',
                '灰的碱性',
                '镁',
                '总酚',
                '类黄酮',
                '非黄烷类酚类','花青素','颜色强度','色调','od280/od315 稀释葡萄酒','脯氨酸']
[*zip(feature_name,rfc.feature_importances_)]
```

② apply()：可以查看模型对测试集的预测结果是在各个决策树中哪个叶子节点划分的，输出的是各决策树叶子节点的索引。代码如下：

```
In: rfc.apply(X_test)
```

5. 随机森林回归器

随机森林回归器所有的参数、属性和接口几乎与随机森林分类器一致，仅有参数 criterion 不一致。

首先，我们查看一下随机森林回归器的重要参数、属性和接口。

criterion 是评估树模型分枝质量的指标，在回归器中主要有以下 3 种参数。

① Mean Squared Error（MSE）：父节点和叶子节点之间的均方误差的差额将被用作特征选择的标准，这种方法通过使用叶子节点的均值来最小化 L2 损失。

② Friedman_MSE：弗里德曼均方误差，即利用弗里德曼原理针对潜在分枝中的问题改进后的均方误差。

③ Mean Absolute Error：利用叶节点中值来最小化 L1 损失。

均方误差表达式如下：

$$MSE = \frac{1}{N}\sum_{i=1}^{N}\left(f_i - y_i\right)^2 \tag{6-44}$$

其中 N 为样本数量，i 为数据样本的下标，f_i 为模型回归出的数值，y_i 为第 i 个样本点实际的数值。所以 MSE 的本质，其实是样本真实数据与回归结果的差异。在回归树中，MSE 不只是我们的分枝质量衡量指标，也是我们最常用的衡量回归树回归质量的指标。当使用交叉验证或其他方式获取回归树的结果时，我们往往选择均方误差作为我们的评估指标（在分类树中这个指标是 score 代表的预测准确率）。在回归中，我们追求的是，MSE 越小越好。

然而，在回归树中 score 接口输出的结果返回的是 R^2，并非 MSE。R^2 的计算公式如下：

$$R^2 = 1 - \frac{u}{v} \tag{6-45}$$

其中 u 为残差平方和（MSE×N），v 为总平方和。R^2 可以为正或负（如果模型的残差平方和远远大于模型的总平方和，那么模型非常糟糕，R^2 就会为负），而均方误差永远为正。

残差平方和表达式如公式 6-46 所示，总平方和表达式如公式 6-47 所示。

$$u = \sum_{i=1}^{N}\left(f_i - y_i\right)^2 \tag{6-46}$$

$$v = \sum_{i=1}^{N} (y_i - \hat{y})^2 \qquad (6\text{-}47)$$

其中，N 为样本数量，i 为数据样本的下标，f_i 为模型回归出的数值，y_i 为第 i 个样本点实际的数值，$\hat{y}$ 为真实数值的平均数。

与此同时，虽然 MSE 结果永远为正，但在 Sklearn 使用均方误差进行评估时，却是使用负均方误差（neg_mean_squared_error）。这是因为 Sklearn 在计算模型评估指标的时候会考虑指标本身的性质，如这里均方误差本身是一种误差，会被 Sklearn 划分为模型的一种损失（Loss），所以在 Sklearn 当中都以负数表示。示例代码如下：

```
In: X_train,X_test,Y_train,Y_test=train_test_split(load_boston().data,load_boston().
target, test_size=0.3)
    regressor=regressor.fit(X_train,Y_train)
    regressor.score(X_test,Y_test)
Out: 0.8386366391618804
```

以波士顿房价模型为例，score 接口的返回值是 R^2，其值越接近 1，说明模型的预测效果越好。示例代码如下：

```
In: from sklearn.datasets import load_boston
    from sklearn.model_selection import cross_val_score
    from sklearn.ensemble import RandomForestRegressor
    boston = load_boston() #获取数据
    regressor = RandomForestRegressor(n_estimators=100,random_state=0) #训练模型
    cross_val_score(regressor, boston.data, boston.target, cv=10,scoring ="neg_mean_
squared_error").mean() #交叉验证
Out: -21.89002571286274
```

在交叉验证中可以使用 neg_mean_squared_error 作为评估指标，返回值即是 MSE 的相反数，越接近 0，模型效果越好。

6.5.3 提升法的代表——XGBoost

1. 概述

如果 Boosting 是在同一个样本空间内有放回地抽取样本，那么 Boosting 每一次抽样的样本分布是不一样的。Boosting 在每一次迭代过程中，都会根据上一次迭代结果来增加被错误分类的样本权重，使得模型可以在之后的迭代过程中更加关注被分类错误的样本。这是一个不断学习、不断提升的过程，这也是 Boosting 的思想核心。迭代后，对每次迭代的基分类器进行集成。如何进行样本权重的调整和分类器的集成是我们需要考虑的关键问题。

目前 Boosting 集成学习的公认代表是 XGBoost，XGBoost 的全称是 Extreme Gradient Boosting，可译为极限梯度提升算法。它致力于让提升树突破自身的计算极限，以实现运算快速、性能优秀的工程目标。和传统的梯度提升算法相比，XGBoost 进行了许多改进，它比其他使用梯度提升的集成算法更加快速，并且已经被认为是在分类和回归上都拥有超高性能的先进评估器。除了在比赛中的应用，高科技行业和数据咨询等行业也已经开始逐步使用 XGBoost。了解这个算法，已经成为学习机器学习中必要的一环。

2. 梯度提升决策树与 XGBoost

在 Boosting 方法中，最著名的是 Adaboost 和梯度提升决策树（GBDT），而 XGBoost 则是由 GBDT 进化而来。梯度提升决策树中可以有回归树，也可以有分类树，两者都以 CART 算法作为

主流，XGBoost 背后也是 CART，这意味着 XGBoost 中所有的树都是二叉树。

要了解 XGBoost 的工作原理，就不得不提到 GBDT。GBDT 是以决策树（CART）为基学习器的 GB 算法。GBDT 建模过程大致如下：最开始先建立一棵树，然后逐渐迭代，每次迭代过程中都增加一棵树，逐渐形成众多树模型集成的强评估器。

GBDT 的核心在于每棵树学的是之前所有树结论和的残差，这里的残差是指真实值与已有预测值的差值。例如真实值 X 为 20，第一棵树的预测值为 13，两者的差值为 7，那么残差即为 7。因此，在第二棵树中，我们将把预测值改为 7 进行学习，如果第二棵树能够将 X 划分至 7 这一叶子节点，则累加两棵树的值即为真实值；如果第二棵树的结论是 4，则 X 仍然存在残差，残差值为 3，在第三棵树中 X 的预设值变为 3，继续学习。因此，对于 GBDT 而言，每个样本的预测结果都是上一个样本的加权求和：

$$\hat{y}_i^k = \sum_{k=1}^{K} w_k h_k\left(x_i\right) \tag{6-48}$$

其中，K 为树的总数量，k 代表第 k 棵树，w_k 为这棵树的权重，h_k 表示这棵树上的预测结果。

XGBoost 总体上和 GBDT 类似，但是与 GBDT 的加权求和不同，XGBoost 会计算每个叶子节点的预测分数（Prediction Score），也称为叶子权重 f_k，其中 k 表示第 k 棵决策树，x_i 表示第 i 个样本对应的特征向量。当只有一棵树的时候，$f_1(x_i)$ 就是 GBDT 返回的结果，但这个结果往往非常糟糕。当有多棵树的时候，集成模型的回归结果就是所有树的预测分数之和。假设这个集成模型中总共有 K 棵决策树，则整个模型在样本 i 上给出的预测结果为：

$$\hat{y}_i^k = \sum_{k=1}^{K} f_k\left(x_i\right) \tag{6-49}$$

GBDT 中预测值是由所有弱分类器上的预测结果的加权求和得到，其中每个样本上的预测结果就是样本所在的叶子节点的均值。而 XGBT 中的预测值是由所有弱分类器上的叶子权重直接求和得到（计算叶子权重是一个复杂的过程）。

6.6 关联分析

6.6.1 关联分析概述

1. 关联分析简介

在大数据时代，我们不再重点关注事物之间难以捉摸的因果关系，转而关注的是事物之间的相关关系。关联分析就是这种思想的产物。

关联分析又称关联规则挖掘，它是一种在大规模数据集中寻找数据之间关系的无监督学习算法。关联分析的目标是挖掘频繁项集，并从频繁项集中发现关联规则。简单来说，就是发现同时出现概率较高的事件，并分析出形如"由于某些事件的发生而引起另外一些事件的发生"等的规则。

关联规则可以反映物品与其他物品之间的关联性，常用于实体商店或在线电商的推荐系统，即通过对顾客的购买记录数据进行关联规则的挖掘，从而发现顾客购买习惯的内在共性。一个典型的应用例子是购物车分析，如众所周知的"啤酒与尿布"的故事，超市发现啤酒和尿布常常一起出现在顾客的购买清单中，且购买啤酒的人基本上会购买尿布，经过分析得出了形如{啤酒}→{尿布}的关联规则。

2. 重要概念

在了解关联分析算法流程前，我们以超市的交易数据为例，对一些重要概念进行简单的说明。

表 6-16 所示的每一行是一条交易数据，表中共有 5 条数据，代表 5 位顾客购买商品的情况，涉及面包、牛奶、尿布、啤酒、鸡蛋、可乐 6 种商品。

表 6-16　　　　　　　　　　　　　某超市的部分交易记录

订单 ID	商品订单
1	{面包,牛奶}
2	{面包,尿布,啤酒,鸡蛋}
3	{牛奶,尿布,啤酒,可乐}
4	{面包,牛奶,尿布,啤酒}
5	{面包,牛奶,尿布,可乐}

① 事务：即样本数据，表 6-16 中的每一条交易数据即为一个事务。

② 项：每个事务中包含数据的多个属性，这里的属性即为"项"。例如在事务 1{面包,牛奶}中，面包和牛奶都被称为项。

③ 项集：项的集合称为项集，如{面包,牛奶}就是项集，{面包,牛奶,啤酒}也是项集。项集不同于事务，它是事务的子集。

④ K 项集：如果一个项集包含 K 个项，则称它为 K-项集，如{面包,牛奶}是一个 2-项集。

⑤ 关联规则：基本形式为 A→B，其中 A 和 B 都是项集。

⑥ 规则前项与规则后项：关联规则 A→B 中，A 称为规则前项，B 称为规则后项。例如在关联规则{啤酒}→{尿布}中，啤酒被称为规则前项，尿布被称为规则后项。

⑦ 支持度（Support）与最小支持度（Minsupport）：支持度为 A 与 B 同时发生的概率，最小支持度则为选取关联规则时设置的支持度最低阈值。

⑧ 置信度（Confidence）与最小置信度（Minconf）：置信度为规则前项 A 发生的条件下，规则后项 B 发生的概率，同理，最小置信度为选取关联规则时设置的置信度最低阈值。

⑨ 频繁项集：指支持度大于或等于最小支持度的项集。

⑩ 强关联规则：指置信度大于或等于最小置信度的关联规则，反之称为弱关联规则。

⑪ 提升度与兴趣因子：评估关联规则的重要指标，会在后面的内容具体介绍。

3. 关联分析原理

关联分析有两大核心问题：一是寻找频繁项集，二是寻找强关联规则。综合来说，是在事务集中找出满足用户给定的最小支持度和最小置信度的关联规则。频繁项集是指支持度超过用户给定的最小支持度的项集，而强关联规则是指从频繁项集中挖掘出的所有高置信度的规则。

因为事务数据量是巨大的，我们不可能关注到每一条事务，但又必须从大量的事务数据中提炼出有价值的关系。如果要采取暴力计算的方法，则需要扫描整个数据集，将整个数据集中的每个项集都作为频繁项集的候选集，并一一计算它们各自的支持度。当数据集数量庞大时，这种做法会产生极大的计算代价。

设数据集包含 d 个项，N 为事务数，$M=2^d-1$ 为候选项集数（不包含空集），W 为事务的最大宽度，则计算复杂度为 $O(NMW)$，也就是需要计算 $O(NMW)$ 次候选项集的支持度，如图 6-22 所示。

为了节约计算时间，降低运算成本，学者们提出了最小支持度和最小置信度的阈值规

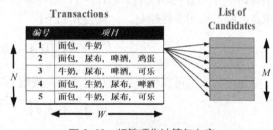

图 6-22　频繁项集计算复杂度

则，并相应地提出了能够大幅减少计算量的 Apriori 算法和 FP-Growth 算法。

至此，可以总结出关联规则挖掘的以下两个基本步骤。

① 根据最小支持度找出数据集 D 中所有频繁项集。

② 根据频繁项集和最小置信度阈值挖掘出所有关联规则。

至于如何有效地规避对无效或弱关联规则的计算，在对两种算法进行具体介绍的时候会详细说明。

4. 关联分析评估

支持度和置信度是描述关联规则的重要属性。

假设事务集 I，项集 A、B，$A \in I$、$B \in I$、$A \cap B = \Phi$，以表 6-17 所示的某城市 100 位市民饮用茶和咖啡的习惯数据为例，支持度和置信度的具体说明如下。

表 6-17   市民饮用茶、咖啡情况

饮品	Coffee	~~Coffee~~	合计
Tea	15	5	20
~~Tea~~	75	5	80
合计	90	10	100

① 支持度：即 A 和 B 这两个项集在事务集 I 中同时出现的概率。公式如下：

$$\text{Support}(A \rightarrow B) = P(A \cup B) = P(AB) \tag{6-50}$$

利用表 6-17 的数据，$A = \{\text{Tea}\}$，$B = \{\text{Coffee}\}$，则计算可得关联规则 $\{\text{Tea}\} \rightarrow \{\text{Coffee}\}$ 的支持度为 15%。

② 置信度：即在出现项集 A 的事务集 I 中，项集 B 也同时出现的概率。公式如下：

$$\text{Confidence}(A \rightarrow B) = P(B \mid A) = \frac{P(AB)}{P(A)} \tag{6-51}$$

则计算可得，关联规则 $\{\text{Tea}\} \rightarrow \{\text{Coffee}\}$ 的置信度为 75%。

前面我们提到过，支持度和置信度是描述关联规则的重要属性，那么满足最小支持度和最小置信度的关联规则是否一定是有价值的规则呢？以关联规则 $\{\text{Tea}\} \rightarrow \{\text{Coffee}\}$ 为例，若单纯考虑支持度和置信度，那么它的支持度为 15%，置信度更是达到 75%，看上去好像是个不错的关联规则。但是，在所有人中，不论喝茶与否，喝咖啡的人本身就是 90%，喝茶反而降低了这个人喝咖啡的概率。

通过上面的例子，我们发现置信度忽略了规则后项的支持度，高置信度的规则有时会引起误会。于是我们在支持度和置信度的基础上又提出了两个新的指标，用来度量关联规则，即提升度和兴趣因子。

③ 提升度（Lift）：提升度计算的是 A 出现时 B 出现的概率与 B 单独出现概率的比值，反映了规则中 A 和 B 的相关性。Lift > 1，意味着 A 和 B 之间能建立起有意义的关联规则，且 Lift 值越高，两者正相关性越高。计算公式如下：

$$\text{Lift}(A \rightarrow B) = \frac{P(B \mid A)}{P(B)} \tag{6-52}$$

上述公式也可以理解为规则置信度与规则后项支持度的比值，这样就可以转化为如下形式。

$$\text{Lift}(A \rightarrow B) = \frac{\text{Confidence}(A \rightarrow B)}{\text{Support}(B)} \tag{6-53}$$

④ 兴趣因子（Interest）：对于二元变量，提升度等价于兴趣因子。公式如下：

$$\text{Interest}(A \to B) = \frac{\text{Support}(A, B)}{\text{Support}(A) \times \text{Support}(B)} \tag{6-54}$$

我们可以计算一下上述例子中关联规则{Tea}→{Coffee}的提升度,得到的结果是 Lift 约为 0.833,0.833 小于 1,所以可以断定该规则不属于强关联规则。

5. 关联规则的分类

为了深入理解关联规则,可以按照不同的标准对关联规则进行分类。常用的关联规则分类标准有变量的类型、数据的层次、数据的维度等。

① 基于变量的类型关联规则分类。关联规则处理的变量可以分为布尔型和数值型。布尔型关联规则处理的值都是离散的、种类化的,例如,{性别=男}→{职业=健身教练}就是一个布尔型的关联规则。而数值型关联规则可以对原始的数据进行处理或对数值型字段进行分类处理,例如,{性别=女}→{收入=4000}或{中收入(3000~5000)}中涉及的收入是数值型数据,所以是一个数值型关联规则。

② 基于数据抽象层次的关联规则分类。关联规则涉及的变量是有不同层次的。单层的关联规则中,所有变量都是同一层次的,例如{IBM 台式计算机}→{Sony 打印机}。而多层关联规则连接的是较高层次和细节层次之间的变量,例如{台式计算机}→{Sony 打印机}。

③ 基于数据维度的关联规则分类。关联规则涉及的变量是有不同属性的。单维关联规则是处理单个属性中的一些关系,例如{啤酒}→{尿布},这条规则只涉及顾客购买的商品种类这一字段。多维关联规则是处理各个属性之间的某些关系,例如{年龄=中年}→{啤酒},这条规则就涉及顾客年龄和购买商品这两个字段,即两个维度。

6. 关联规则的应用场景

通过上面的学习,大家应该可以体会到关联规则强大的功能了。实际上关联规则可以应用在我们生产、生活的各个领域,其中最显著的就是推荐系统的应用。接下来介绍几种常见的关联规则应用场景。

(1)依据用户习惯的商户精准营销和商业选址

在供过于求的大背景下,"顾客就是上帝"这句话被演绎得淋漓尽致,能否在正确选址和获得用户的购习惯成为商户精准营销的关键。伴随着移动终端的快速发展,越来越多的用户选择通过移动终端访问网络,用户上网时留下的浏览记录暴露了用户的喜好,构成了自身独特的用户画像。商户通过数据挖掘方法,并通过用户画像构建标签,致力于寻求不同标签用户和不同分类下商户的关联关系,从而辅助进行选址或向特定的用户推荐特定的商品和服务,这样能极大提高销售效率。试想,当你完成一整天辛苦的工作,希望和同事一起找一家好吃的日料店犒劳一下自己时,刚下公司大楼掏出手机,就跳出一条推荐信息,里面介绍了附近的热门日料店并附有各种各样的优惠信息,你是否会倍感幸福?

(2)银行营销方案的制订

当银行可以预测客户的需求时,就可以向客户推荐其感兴趣的产品或服务。当银行销售代表拿到每一位客户的历史资料时,他/她的计算机屏幕上可以显示客户的特点、最近的动向(如买房、买车等)等信息及他/她有可能感兴趣的产品或服务,那么销售代表的工作就变得非常简单了。如果在银行的数据库中这些客户的资料是完备的,银行甚至可以在邮寄信用卡账单时,向客户推荐产品。

(3)超市的商品摆放和组合销售

处于不同的经营目的,为方便顾客购买相关商品,可以将经常一起被购买的东西摆放在相邻位置。但若要增加顾客购买其他商品的可能性,可以将经常一起被购买的商品放于过道两端,将其他商品放置过道处。超市通过大量的购物数据进行分析挖掘，可以寻找到更多如同"啤酒和尿布"的伴侣商品，通过摆放在邻近的位置实现组合销售。相反，对于没什么关联性的商品，将其放置在过道上，也可以增大它们同时被购买的概率。

（4）交通事故成因分析

随着社会经济的发展，私家车越来越多，给我们的道路交通带来了很大的压力。为了减少各类交通事故带来的人员伤亡和经济损失，我们必须深入挖掘交通事故的潜在诱因。我们可以通过对事故类型、事故路段、事故人员、事故车辆、事故天气、驾驶人员犯罪记录数据及其他和交通事故有关的数据进行深度挖掘，形成交通事故成因分析方案，指导我们在事故高发的路段设置警示、对事故高发人群加强思想教育、在事故高发天气加强警力等。

关联规则的应用场景十分广阔，大家应当联系生活实际，充分理解。

6.6.2　Apriori 算法

1. Apriori 算法简介

Apriori 算法是经典的挖掘频繁项集和关联规则的算法。它遵循一个基本原则，即频繁项集的任何非空子集也一定是频繁的。该关联规则在分类上属于单维、单层、布尔关联规则。

Apriori 算法的基本步骤如下：

① 扫描整个事务集，找出所有的频繁 1 项集，将该集合记做 L_1；

② 利用 L_1 找出频繁 2 项集的集合 L_2，再利用 L_2 找出 L_3，依此类推，直到再找不出更多的频繁 k 项集；

③ 在所有的频繁项集中找出用户需要的关联规则。

Apriori 算法有两大缺点：①可能产生大量的候选集；②可能需要多次扫描数据库。这就导致了 Apriori 算法对计算性能要求较高的问题。

2. Apriori 算法实例

以某商场的 10 条交易记录为例，如表 6-18 所示，设最小支持度为 0.2（最小支持度计数为 2），利用 Apriori 算法求得所有的频繁项集。

表 6-18　　　　　　　　　　　　　　　某商场的部分交易记录

订单 ID	商品订单
1	{A,C,E}
2	{B,D}
3	{B,C}
4	{A,B,C,D}
5	{A,B}
6	{B,C}
7	{A,B}
8	{A,B,C,E}
9	{A,B,C}
10	{A,C,E}

根据表 6-18 中的数据挖掘其频繁项集，算法的实现过程如图 6-23 所示。

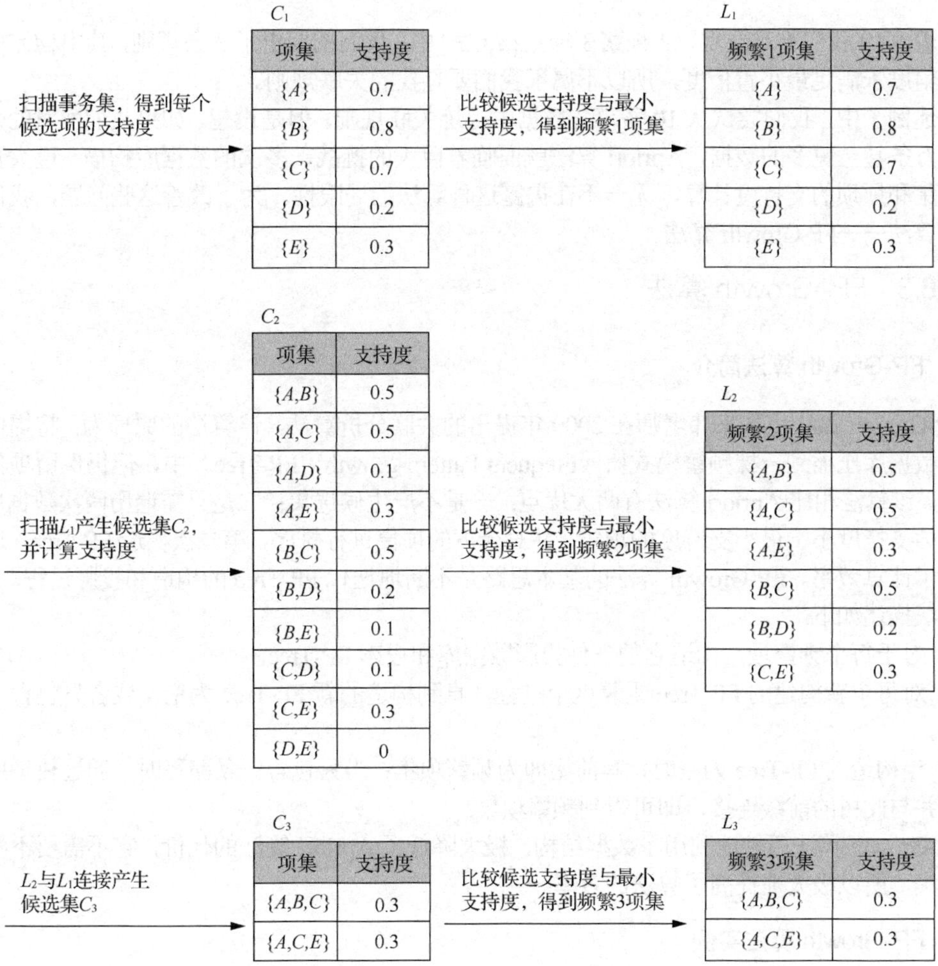

图 6-23　Apriori 算法实现过程

为避免读者产生疑惑，在此详细介绍一下候选 3 项集的集合 C_3 的产生过程：C_3 是 L_1 与 L_2 连接所得的候选 3 项集，本应为{A,B,C}、{A,B,D}、{A,B,E}、{A,C,D}、{A,C,E}、{B,C,D}、{B,C,E}、但是根据 Apriori 算法基本原理，即任一频繁项集的非空子集也一定是频繁的，可知包含非频繁 2 项集{B,D}、{B,E}、{C,D}的 3 项集一定不是频繁项集，需要剔除，所以最后可得候选 3 项集 C_3 应包含{A,B,C}、{A,C,E}两个项集。

由以上过程可知 L_1、L_2、L_3 都是频繁项集，L_3 是最大频繁项集。

得到频繁项集后，我们通过计算置信度来获得关联规则。假设最小置信度为 0.8，以 L_3 中频繁 3 项集{A,C,E}为例，我们来寻找存在于这 3 种商品之间的关联规则，如表 6-19 所示。我们这里只研究后项为 1 种商品的情况，有兴趣的同学也可以尝试计算一下诸如{A}→{C,E}的规则置信度，从而寻找更多的关联规则。

表 6-19　　　　　　　　　　　　　　从频繁项集中挖掘关联规则

频繁项集	规则	置信度	是否为关联规则
{A,C,E}	{A,C}→{E}	0.6	否
	{A,E}→{C}	1	是
	{C,E}→{A}	1	是

由表 6-19 我们不难发现，从频繁 3 项集{*A*,*C*,*E*}中，我们挖掘出了 3 条规则，其中{*A*,*C*}→{*E*}由于置信度未满足最小置信度，所以不属于我们要寻找的关联规则。

上述例子中，我们尝试从 10 条事务数据中提炼关联规则。但是设想，如果我们面对的是上千条、上万条甚至更多的数据，Apriori 算法就面临着巨大的挑战，多次的数据库扫描、巨大数量的候选项集和烦琐的支持度计算，无一不在揭露这种算法的局限性。为了改善这些问题，我们又有了新的算法——FP-Growth 算法。

6.6.3　FP–Growth 算法

1. FP-Growth 算法简介

FP-Growth 算法是韩家炜老师在 2000 年提出的关联分析算法，该算法的原理为：将提供频繁项集的数据库压缩到一棵频繁模式树（Frequent Pattern-growth，FP-Tree）中，但仍保留项集的关联信息。该算法相比 Apriori 算法有两大优点：一是不产生候选集；二是只需遍历两次数据库，第一次去掉支持度小于最小支持度的项集，并对余下的项集进行排序，第二次构造 FP-Tree，这就极大提高了计算效率。FP-Growth 算法的基本思路是不断地迭代 FP-Tree 的构造和投影过程。

算法描述如下。

① 对于每个频繁项，构造它的条件投影数据库和投影 FP-Tree。

② 对每个新构建的 FP-Tree 重复这个过程，直到构造的新 FP-Tree 为空，或者只包含一条路径为止。

③ 当构造的 FP-Tree 为空时，其前缀即为频繁项集；当只包含一条路径时，通过枚举所有可能组合并与此树的前缀连接，即可得到频繁项集。

FP-Growth 算法巧妙地利用了数据结构，极大降低了 Apriori 算法的代价，它不需要不断地遍历候选集，所以极大地提高了算法的效率。

2. FP-Growth 算法实例

以 5 条交易事务集为例，并设支持度为 0.6（支持度计数为 3），利用 FP-Growth 算法求得所有的频繁项集，数据如表 6-20 所示。

表 6-20　　　　　　　　　　　　　　　某商场的部分交易记录

订单 ID	商品订单
1	{*F*,*A*,*C*,*D*,*G*,*I*,*M*,*P*}
2	{*A*,*B*,*C*,*F*,*M*,*O*}
3	{*B*,*F*,*H*,*J*,*O*}
4	{*B*,*C*,*K*,*S*,*P*,*Q*}
5	{*A*,*F*,*C*,*E*,*L*,*P*,*M*,*N*}

第一步：扫描整个项目集，提出频率小于最小支持度的商品，剩余的项目根据频率大小进行降序排列（此为第一次扫描数据库）。

扫描以上项目集可得频繁 1 项集，记为 F_1，如表 6-21 所示。

表 6-21　　　　　　　　　　　　　　　　频繁 1 项集 F_1

项目	频率（降序）
F	4

项目	频率（降序）
C	4
A	3
B	3
M	3
P	3

第二步：对于每一个项目集，删除频率小于最小支持度的商品后，按照 F_1 中的顺序重新排序。此为第二次也是最后一次扫描数据库，整理后的项目集如表 6-22 所示。

表 6-22　　　　　　　　　　　　　　整理后的项目集

编号	整理后的项目集
1	{F,C,A,M,P}
2	{F,C,A,B,M}
3	{F,B}
4	{C,B,P}
5	{F,C,A,M,P}

第三步：将第二步得到的项目集构造为 FP-Tree，如图 6-24 所示。

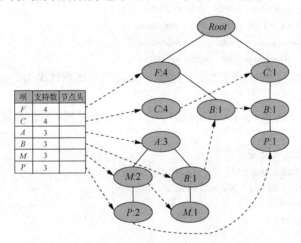

图 6-24　FP-Tree 构造过程示意图

字母后面的数字表示在公共前缀出现的次数。那么满足最小支持度的频繁项集为{F,C}、{F,A}、{A,C}、{F,C,A}。

同理，接下来我们要从频繁项集中寻找关联规则。设最小置信度为 0.9，以频繁 2 项集{F,A}为例：因为{F}→{A}的置信度为 0.75，{A}→{F}的置信度为 1，故从中发掘出的关联规则为{A}→{F}。

6.6.4　关联规则的 Python 实现

利用 Python 实现关联分析时，大多使用 Apriori 算法。现在已经有很多第三方库可以实现关联分析，如专为实现 Apriori 算法的 apyori 包、基于组件的机器学习库 Orange，或者是更高级的机器学习扩展库 MLxtend。考虑到 apyori 包功能较少，且已不再维护，所以在此不再具体介绍。

Orange 是一个基于组件的数据挖掘和机器学习扩展库。它基于 C++和 Python 开发，功能强大，包含了一系列完整的数据预处理组件，便于数据的浏览和可视化。

MLxtend 是 Github 上一款开源的高级机器学习扩展库，使用十分方便，可用于日常处理机器学习的数据任务，也可以用作 Sklearn 的一个补充和辅助工具。

在此选择具有 Apriori 算法的 MLxtend 库进行具体的案例分析，对 Orange 库感兴趣的读者可以查找相关资料进行进一步的学习。

MLxtend 库的安装十分方便，在命令行窗口中使用 pip 命令安装即可。安装命令语句如下：

```
pip install mlxtend
```

本次案例分析选用的数据为电影类型数据，包含电影名称和电影类型标签数据。本案例目的是探究电影的类型标签之间是否存在关联。

首先加载模块并读取数据，显示前 5 行以观察数据。示例代码如下：

```
In: import pandas as pd
    from mlxtend.frequent_patterns import apriori
    from mlxtend.frequent_patterns import association_rules


    movies = pd.read_csv('movies.csv')
    movies.head()
Out:
```

	Name	Lable
0	Edison Kinetoscopic Record of a Sneeze (1894)	Documentary|Short
1	La sortie des usines Lumière (1895)	Documentary|Short
2	The Arrival of a Train (1896)	Documentary|Short
3	Le manoir du diable (1896)	Short|Horror
4	Une nuit terrible (1896)	Short|Comedy|Horror

MLxtend 库需要使用符合其要求规范的数据，所以先将数据转换为 One-hot 编码类型数据，以便后续分析。

将数据转换为 One-hot 编码后，再将电影名称设置为索引列，输出数据形状，并显示前 5 行数据，示例代码如下：

```
In: #将数据转换为One-hot编码格式
    movies_oh=movies.drop('Lable',1).join(movies.Lable.str.get_dummies())
    movies_oh.set_index(['Name'],inplace=True)
    print(movies_oh.shape)
    movies_oh.head()
Out:
(34157, 28)
```

可以看出共有 34157 条电影数据，28 个电影类型标签。代码运行的具体电影数据结果如表 6-23 所示（只显示部分数据）。

表 6-23　　　　　　　　　　　　　电影数据基本情况（部分）

Name	Action	Adult	Adventure	Animation	……	War	Western
Edison Kinetoscopic Record of a Sneeze (1894)	0	0	0	0	……	0	0
La sortie des usines Lumière(1895)	0	0	0	0	……	0	0
The Arrival of a Train(1896)	0	0	0	0	……	0	0
Le manoir du diable(1896)	0	0	0	0	……	0	0
Une nuit terrible(1896)	0	0	0	0	……	0	0

接下来利用 Apriori 算法实现功能，设置最小支持度为 0.1，并输出支持度大于 0.1 的频繁项集，示例代码如下：

```
In: frequent_itemsets_movies=apriori(movies_oh,use_colnames=True,min_support=0.1)
    frequent_itemsets_movies
```

代码运行结果如表 6-24 所示。

表 6-24　　　　　　　　　　　　　电影频繁项集

	Support	itemsets
0	0.151506	Action
1	0.314460	Comedy
2	0.138273	Crime
3	0.514887	Drama
4	0.125538	Horror
5	0.175279	Romance
6	0.213924	Thriller
7	0.115028	Comedy,Drama
8	0.119390	Romance,Drama
9	0.104342	Thriller,Drama

利用 association_rules()方法进行关联规则的计算，使用提升度（lift）作为关联度的衡量指标，设置最小提升度为 0.9，示例代码如下：

```
In: rules_movies = association_rules(frequent_itemsets_movies, metric='lift',
    min_ threshold=0.8)
    rules_movies[(rules_movies.lift>0.9)].sort_values(by=['lift'], ascending=False)
```

代码运行结果如表 6-25 所示（只显示部分数据）。

表 6-25　　　　　　　　　　　电影关联规则评估（部分）

	antecedents	consequents	antecedent support	consequent support	support	confidence	lift
0	(Romance)	(Drama)	0.175279	0.514887	0.119390	0.681142	1.322897
1	(Drama)	(Romance)	0.514887	0.175279	0.119390	0.231876	1.322897
2	(Thriller)	(Drama)	0.213924	0.514887	0.104342	0.487751	0.947298
3	(Drama)	(Thriller)	0.514887	0.213924	0.104342	0.202650	0.947298

MLxtend 使用 DataFrame 的形式来描述关联规则，其中主要指标的解释如下。

① antecedents：规则前项。

② consequents：规则后项。

③ antecedent support：规则前项支持度。

④ consequent support：规则后项支持度。

⑤ support：规则支持度，即前项和后项的并集的支持度。

⑥ confidence：规则置信度。

⑦ lift：规则提升度。

故从代码输出结果可以看出，标签 Drama 经常与标签 Romance 或 Thriller 出现在同一部电影上，它们是比较有关联度的电影类型与题材。

6.7 聚类分析

6.7.1 聚类分析概述

1. 聚类分析简介

"物以类聚，人以群分"，自然科学和社会科学中也存在着大量的聚类问题。类，通俗地讲就是指相似元素构成的集合。而聚类，简单来说，就是将特征相似的样本聚集到一起。

聚类的目的是区分不同特征的样本，它起源于分类学但不同于分类。聚类所划分的类是未知的，它使用无类别标签数据作为输入，然后根据数据的相似与相异度将它们分割成为不同的簇，在同一个簇中的数据对象具有较高的相似度，而不同簇中的对象则具有较高的相异度，即簇内的数据差异尽可能小，簇间的差异尽可能大，从而揭示样本之间的内在性质和相互之间存在的联系和规律。

聚类分析（Clustering Analysis）被广泛应用于各个领域，这是因为即使是在预先不知道划分类的情况下，它也可以根据信息相似度原则进行信息集聚。所以当我们面对一堆数据没有头绪时，就可以使用聚类分析为我们提供思路，或是为其他数据挖掘方法提供基础。聚类分析的一个重要用途是对目标群体做划分，针对特定类别进行差异化营销，从而做到个性化、精细化的运营、服务及产品支持等。

2. 聚类算法的分类

本书介绍的主要聚类算法包括 4 类：基于划分的聚类算法、基于层次的聚类算法、基于密度的聚类算法和基于网格的聚类算法。

（1）基于划分的聚类算法

基于划分的聚类算法是比较简单且常用的一种聚类算法，如图 6-25（图 1）所示。该算法的主要思想是将样本划分为互斥的簇，进而进行聚类，每个数据对象必须且只能属于一个簇，而每个簇中也至少需要包含一个数据对象。

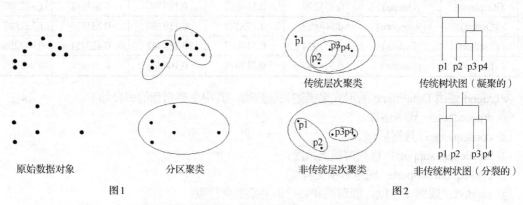

p1
p2
p3
p4
传统层次聚类
p1 p2 p3 p4
传统树状图（凝聚的）
原始数据对象
分区聚类
非传统层次聚类
非传统树状图（分裂的）
图1
图2

图 6-25 基于划分（图 1）和层次（图 2）的聚类

具体描述为：给定一个包含 n 个数据对象的数据集，目的是构造 k 个簇，$k \leqslant n$。对于给定的 k，算法首先给出一个初始的分簇方案，然后通过反复迭代改变原始簇方案，使得每一次迭代后的分簇方案都比前一次完善，能够做到簇之间的相似度尽可能低、簇内部的相似度尽可能高。

基于划分的代表算法有 K-Means 算法、K-Medoids 算法、K-Prototype 算法等，较为常用的算法是 K-Means 算法。

（2）基于层次的聚类算法

基于层次的聚类算法应用广泛程度仅次于基于划分的聚类算法，如图 6-25（图 2）所示。其核心思想是先对数据集进行层次分解，然后把数据对象划分到不同层次的簇中，直至满足分解条件，最后形成一个树状的聚类结构。在这一树状结构上进行不同层次的划分，可以得到不同粒度的聚类结果。

基于层次的代表算法有 BIRCH 算法、CURE 算法等。

（3）基于密度的聚类算法

基于划分和基于层次的聚类算法都是以距离来划分簇的，这就导致无法挖掘出除球状簇以外其他形状的簇。为了解决这一问题，学者们提出了基于密度的聚类算法。这一算法利用了密度思想，只要是邻近区域的密度超过某个阈值，就继续聚类。也就是说，对给定簇中的每个数据对象，在一个给定范围的区域中必须包含大于某个数量的对象。

基于密度的代表算法有 DBSCAN 算法、OPTICS 算法和 DENCLUE 算法等。

（4）基于网格的聚类算法

基于网格的聚类算法的基本思想是尽量把对象空间划为有限数量的单元，从而形成一个网络结构，并在这个网络结构上进行此后所有的聚类操作。与基于密度的聚类算法相比，基于网格的聚类算法运行速度更快、算法的时间复杂度更低，这是因为其处理时间与数据空间分为的单元数有关，而与目标数据库中的记录个数无关。

基于网格的代表算法有 STING 算法、CLIQUE 算法等。

3. 聚类算法的评估

一般使用轮廓系数（silhouette coefficient）来度量聚类结果的质量。

轮廓系数兼顾了聚类结果的凝聚度和分离度，凝聚度用于说明簇内对象的相关程度，分离度则用于说明簇之间的分离程度。轮廓系数的取值为[-1,1]，值越大则说明聚类效果越好。具体计算方法如下。

对于簇 a 内每个样本点，首先计算该点与其同簇的其他所有元素距离的平均值，记作 $a(i)$，用于量化簇内的凝聚度。再选取另一个簇，计算该簇中所有点与簇 a 内所有点的平均距离，遍历其他所有的簇，找到最近的平均距离，记作 $b(i)$，即为 a 的邻居类，用于量化簇之间的分离度。

对于第 i 个样本点，轮廓系数的计算如下：

$$s(i) = \frac{b(i) - a(i)}{\max\{a(i), b(i)\}} \tag{6-55}$$

计算所有样本点的轮廓系数，求出的平均值即为整体的轮廓系数。

6.7.2　常用聚类算法

K-Means 算法是一种常用的聚类算法，是基于划分的聚类算法，它通过样本之间的距离来衡量它们的相似度和相异度，再对样本进行分组。度量数据的相似度与相异度的指标一般是数据间距离。距离度量的方法有很多，我们这里介绍两种常用的距离度量方法：欧几里得距离和曼哈顿距离，具体介绍如下。

设给定的数据集 $x=\{x_m | m=1,2,\cdots,total\}$，$x$ 中的样本用 d 个描述属性 $A_1, A_2, \cdots, A_d$（维度）来表示。数据样本 $x_i=(x_{i1}, x_{i2}, \cdots, x_{id})$、$x_j=(x_{j1}, x_{j2}, \cdots, x_{jd})$，其中，$x_{i1}, x_{i2}, \cdots, x_{id}$ 和 $x_{j1}, x_{j2}, \cdots, x_{jd}$ 分别是样本 x_i 和 x_j 对应 d 个描述属性 $A_1, A_2, \cdots, A_d$ 的具体取值。样本 x_i 和 x_j 之间的相似度通常用它们之间的距

离 $d(x_i, x_j)$ 来表示，距离越小，样本 x_i 和 x_j 越相似，差异度就越小；距离越大，样本 x_i 和 x_j 越不相似，差异度就越大。

① 欧几里得距离（欧氏距离）计算公式如下：

$$D\left(x_i, x_j\right) = \sqrt{\sum_{k=1}^{d}\left(x_{ik} - x_{jk}\right)^2} \tag{6-56}$$

其中，x_i、x_j 是两个数据对象，例如，用 $x_1=(2,5)$ 和 $x_2=(6,8)$ 表示两个对象，则两点间的欧几里得距离为：$D\left(x_i, x_j\right) = \sqrt{\left(2-6\right)^2 + \left(5-8\right)^2} = 5$。

② 曼哈顿距离计算公式如下：

$$D\left(x_i, x_j\right) = \sum_{k=1}^{d}\left(x_{ik} - x_{jk}\right)^2 \tag{6-57}$$

同样，用 $x_1=(2,5)$ 和 $x_2=(6,8)$ 表示两个对象，则两点间的曼哈顿距离为：$D(x_i, x_j)=|2-6|+|5-8|=7$。

K-Means 算法的基本思路是：计算样本点与簇质心之间的距离，将与簇质心距离相近的样本点划分为同一个簇，从而使每个簇内部具有较高的相似度，每个簇之间具有较高的相异度。同时，K-Means 算法也是一种迭代算法，在随机定义初始的 k 个簇后，继续不断地更新这些簇，并在不断的迭代中优化这些簇，直至无法继续优化或者达到给定的迭代次数为止。

K-Means 算法的具体步骤如下。

① 从样本中随机选取 K 个样本点作为质心，即为初始的簇中心。

② 对剩余的每个样本对象计算每个对象到各质心的距离，并将样本分配给距离最小的簇。

③ 所有样本对象都分配完成后，根据每个簇当前拥有的所有对象，重新计算质心。

④ 继续根据每个样本对象与各个簇中心的距离，将其分配给距离最近的簇。

⑤ 重复步骤③，并重新计算每个簇的平均值。这个过程不断重复，直到满足条件或质心不再发生变化时停止。

K-Means 算法的简单示意图如图 6-26 所示。

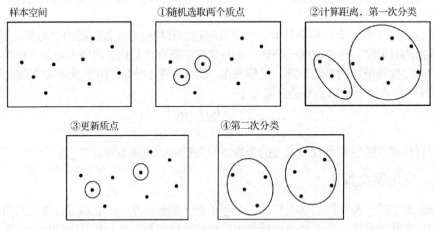

图 6-26　K-Means 算法示意图

以上内容可能无法直观帮助读者理解 K-Means 算法计算的原理，下面以一个简单、具体的计算实例来换个角度理解 K-Means 算法。

使用的数据对象如表 6-26 所示，实例采用聚类分析的二维样本，设簇的数量 $K=2$，即有两个簇中心。样本点用 O 表示，簇中心用 M 表示，簇集合用 C 表示。

表 6-26　　　　　　　　　　　　　　　　数据对象集合样本

O	X	Y
O_1	0	0
O_2	0	1
O_3	2	1

① 选择 $O_1(0,0)$、$O_2(0,1)$作为初始簇中心，即 $M_1=O_1=(0,0)$、$M_2=O_2=(0,1)$。

② 采用欧氏距离算法计算余下每个对象与各个簇中心的距离，并将它分配给最近的簇。如下：

$$D(M_1,O_3) = \sqrt{(0-2)^2 + (0-1)^2} = 2.236$$

$$D(M_2,O_3) = \sqrt{(0-2)^2 + (1-1)^2} = 2$$

显然 $D(M_2,O_3) \leqslant D(M_1,O_3)$，所以应将 O_3 分配给簇 C_2。

得到更新后的新簇为 $C_1 = \{O_1\}$、$C_2 = \{O_2, O_3\}$。

③ 计算更新后的簇中心：$M_1 = O_1 = (0,0)$，$M_2 = ((0+2)/2,\ (1+1)/2) = (1,1)$。

④ 重复步骤①和步骤②，计算可得：O_1 分配给 C_1，O_2 分配给 C_2，O_3 分配给 C_2。

⑤ 计算可得：簇中心为 $M_1 = (0,0)$，$M_2 = (1,1)$。由于在两次迭代中，簇中心没有改变，所以停止迭代过程，算法停止。

K-Means 算法的评估如下。

一般来说，评价一个聚类是否有效从距离原则来说，就是使簇内距离极小化、簇间距离最大化。从质心的角度来考量，对于使用欧几里得距离的数据，我们采用 SSE（误差平方和）作为度量聚类质心质量的目标函数，计算每个数据点到每个质心的欧几里得距离的平方和作为 SSE 值。该值越小，误差越小，聚类效果也就越好。目标函数公式如下：

$$SSE = \sum_{i=1}^{K} \sum_{x \in c_i} dist(c_i, x)^2 \tag{6-58}$$

K-Means 算法是非常经典的聚类算法，有着无可替代的功能和优点，但也存在其固有的局限性。接下来我们就详细分析一下 K-Means 算法的优缺点。

K-Means 算法的优点如下。

① 算法原理简单、计算快速、易于实现。

② 聚类结果直观且容易解释。

③ 比较适用于高维数据或大数据集。

④ 当结果簇是密集的，且簇与簇之间的区别较为明显时，算法效果较好。

K-Means 算法的缺点如下。

① 算法中的 K 值是事先给定的，而这个 K 值十分难以选定。换句话说，一开始很难知道应该把给定的数据集分成多少个类别才最合适。

② 需要根据初始聚类中心来确定一个初始划分，然后对初始划分进行后续优化操作。这就导致初始聚类中心的选择对聚类结果会有较大的影响，一旦初始值选择不恰当，就可能难以得到有效的聚类结果。例如，如果存在 K 个"真正"的聚类，特别是 K 值很大时，初始时就很难从每个聚类中选出一个合适的质心。

③ 从 K-Means 算法的框架可以看出，该算法需要不断地进行样本分类调整，并且需要不断地计算调整后的新聚类中心，因此当样本数据量非常大时，算法的时间开销和计算成本就会非常大。

④ 算法对离群点和噪声点数据十分敏感，少量的该类数据就能够在很大程度上影响到平均值的计算，进而影响到最终的聚类结果。

⑤ 该方法无法处理非凸面形状（非球形）的数据集。

对 K-Means 算法的改进如下。

K-Means 算法有两个核心问题，即 K 值和簇中心的选择，不同的选择会在很大程度上影响到最后的聚类结果和运行时间。针对 K 值和初始质心选择上可能带来的问题，我们也有以下解决方案。

① 多次运行，可能有帮助，但是结果完全是随机的。

② 选择多于 K 值的质心，然后在这些初始质心中做选择。

③ 处理空簇，空簇指的是没有被指派样本点的簇，我们可以从具有高 SSE 的簇中选择样本点替换空簇中的指定点。

④ 增量改进质心。在基本的 K-Means 算法中，在所有点被分配到质心后，质心才被更新。采取增量改进质心的方法，就是每次分配点时更新 0 个或两个质心，这样永远不会产生空簇；此外，可以使用"权重"来改变影响，但算法开销更大。

⑤ 预处理和后处理。预处理指的是在聚类前就确保使用的是规范化数据，消除异常值；后处理指的是消除可能代表异常值的小群集、拆分"松散"的簇（即具有较高 SSE 的簇）、合并"接近"且 SSE 相对较低的集群等。

受 K-Means 算法的局限性，又提出了二分 K-Means 聚类算法。该算法基本思想是将所有数据点看作一个簇，当簇数量小于 K 时，对每一个簇计算总误差，在给定的簇上面进行二均值聚类，将该簇一分为二后计算其总误差，最后选择能使得误差最小的那个簇进行划分操作。

1. 基于层次的聚类算法

层次聚类算法与 K-Means 算法一样，是重要的聚类方法。它包含两种不同类型的方法：凝聚法和分裂法。凝聚法是指将每个数据点都作为一个簇，然后在每次的迭代中合并距离最近的一对簇，直至达到要求的簇数量为止；分裂法则正好相反，是指将整个数据集作为一个簇，然后在每次的迭代中分割这个簇，直至达到要求的簇数量为止。这两种方法虽然操作思维正好相反，但原理是相似的，所以我们重点讨论凝聚的聚类法，分裂法只做简单的流程简介。

分裂法的基本算法流程为：自顶向下，首先将所有对象置于同一个簇中，然后逐渐细分为越来越小的簇，直到每个对象自成一簇，或达到某个终止条件。

凝聚法的基本算法流程如图 6-27 所示。

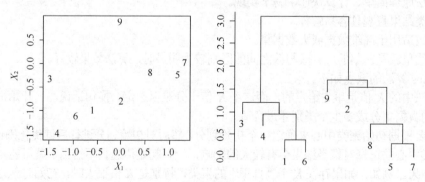

图 6-27　凝聚法的基本算法流程

凝聚法的基本算法流程如下。

① 自底向上，首先将每个对象作为一个簇。

② 不断合并两个"相近"的簇为一个新的类，图 6-27 中第一次被合并的是 1 和 6、5 和 7，

它们组成新的簇分别与 4、8 完成第二次合并。

③ 重复以上操作，直到所有的对象都在一个簇中，或某个终止条件被满足。

算法的第一步就是计算簇与簇之间的近邻度矩阵（初始状态下就是样本与样本之间的近邻度矩阵）。与 K-Means 一样，计算两个簇之间的近邻度即为计算它们之间的距离。求簇间距有以下 3 种方法。

① 最短边：类间距离等于不同簇中两个最近点之间的最小距离，如图 6-28 所示。

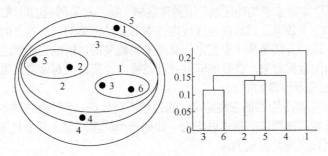

图 6-28 单连接法示意图

② 最长边：类间距离等于不同簇中两个最远点之间的最大距离，如图 6-29 所示。

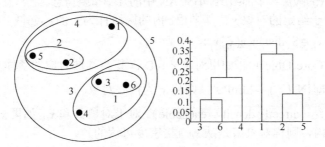

图 6-29 完全连接法示意图

③ 平均边：类间距离等于两个簇中的点之间成对接近度的平均距离。平均边是最短边和最长边的折中，不易受到噪声和异常值的影响，如图 6-30 所示。

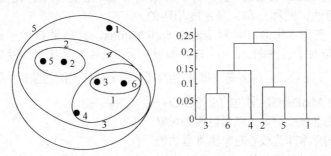

图 6-30 平均连接法示意图

凝聚的层次聚类算法不需要指定簇的个数，也没有目标函数，避开了目标函数优化问题，对初始数据集不敏感。但它也有着基于层次聚类方法的缺点，具体如下。

① 一旦决定合并两个簇，就不能撤销。

② 没有可以直接最小化的目标函数。

③ 对噪声和异常值敏感，难以处理不同大小的簇和凸形状的簇。

2. 基于密度的聚类算法

基于划分的聚类算法和基于层次的聚类算法在聚类过程中是根据距离来划分簇的，因此更适用于挖掘球形簇。但往往现实中还会有各种各样的形状，例如环形和不规则形，这类形状的数据往往会极大地影响聚类的效果。为了解决这一问题，提出了基于密度的聚类算法（DBSCAN 算法）。

基于密度的聚类算法是以局部数据特征作为聚类的度量标准，该算法的思想为：将样本空间中的高密度区域（即样本对象密集的区域）用稀疏区域（样本对象稀疏的区域或噪声）分隔开来。换句话说，簇被看作一个数据区域，在该区域内样本对象是密集的，而簇之间的分隔是样本对象稀疏的区域或噪声。这种方法是基于密度来计算样本相似度的，所以它能够适应于挖掘任意形状的簇、处理任意分布的数据对象，并且能够有效过滤噪声或离群点对聚类结果的影响。

DBSCAN 算法原理及步骤如下。

DBSCAN 算法采用基于中心的密度定义，通过核心对象在 ϵ 半径内的样本点个数（包括其自身）来估计样本的密度。该算法的基本思想为：如果一个样本对象在其半径为 ϵ 的邻域包含至少 MinPts 个对象，那么该区域是密集的。

DBSCAN 算法基于领域来描述样本的密度，输入样本集 $D = \{x_1, x_2, \cdots, x_m\}$ 和参数 $(\epsilon, \text{MinPts})$，用以刻画邻域的样本分布密度。其中，$\epsilon$ 表示样本的邻域距离阈值，MinPts 表示对于某一样本 p，其 ϵ-邻域中样本个数的阈值。下面给出 DBSCAN 中的几个重要概念。

① ϵ-邻域。对于给定的对象 x_i，其半径 ϵ 内的区域称为 x_i 的 ϵ-邻域。在该区域中，D 的子样本集 $N_\epsilon(x_i) = \{x_j \in S \mid \text{distance}(x_i, x_j) \leqslant \epsilon\}$。

② 核心对象（Core Object）。如果对象 $x_i \in D$，其 ϵ-邻域对应的子样本集 $N_\epsilon(x_i)$ 至少包含 MinPts 个样本，即 $|N_\epsilon(x_i)| \geqslant \text{MinPts}$，则称 x_i 为核心对象。

③ 直接密度可达（directly density-reachable）。对于对象 x_i 和 x_j，如果 x_i 是一个核心对象，且 x_j 在 x_i 的 ϵ-邻域内，则称对象 x_j 是从 x_i 直接密度可达的。

④ 密度可达（Density-reachable）。对于对象 x_i 和 x_j，若存在一个对象链 p_1、p_2、$\cdots$、p_n，使得 $p_1 = x_i$、$p_n = x_j$，并且对于 $p_i \in D$（$1 \leqslant i \leqslant n$），$p_{i+1}$ 从 p_i 关于 $(\epsilon, \text{MinPts})$ 直接密度可达，则称 x_j 是从 x_i 密度可达的。

⑤ 密度相连（Density-connected）。对于对象 x_i 和 x_j，若存在 x_k，使得 x_i 和 x_j 皆从 x_k 关于 $(\epsilon, \text{MinPts})$ 密度可达，则称 x_i 和 x_j 是密度相连的。

⑥ 类与噪声。在样本集 D 中，对于对象 x_i 和 MinPts，类 C 是 D 的子样本集且满足以下两个条件之一：一是对于任意的 x_i、$x_j \in D$，如果 $x_j \in C$，且 x_i 是从 x_j 密度可达的，则 $x_i \in C$；二是对于任意的 x_i、$x_j \in C$，x_i 与 x_j 是密度相连的。不属于任何类的对象称为噪声。

图 6-31 所示的 MinPts=5，黑色的点为核心对象，灰色的正方形为非核心对象。以黑色核心对象为中心的超球体内的样本即为核心对象密度直达的样本，不在超球体内则不能密度直达。图 6-31 中用灰色箭头连起来的核心对象组成了密度可达的样本序列。在这些密度可达样本序列的 ϵ-邻域内，有的样本之间都是密度相连的。

DBSCAN 算法是通过收集直接密度可达的对象来完成聚类的过程，具体步骤如下。

① 对数据集中的每一个数据对象 x_i，检查其 ϵ-

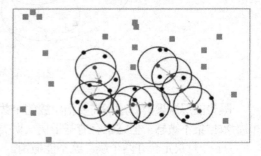

图 6-31　核心点与密度可达示意图

邻域内是否包含至少 **MinPts** 个对象，也即确认对象 x_i 是否为核心对象。若是，则创建一个初始的类 C，类中包含对象 x_i 和从 x_i 直接密度可达的所有对象，即包含对象 x_i 及其 ϵ-邻域内的所有对象。

② 检查该邻域内的每一个对象是否为核心对象。若是，则将其 ϵ-邻域内尚未包含在类 C 中的所有对象追加到类 C 中，并继续检查确认这些新追加的对象是否为核心对象；若是，则继续上述过程，直至没有新的对象可以追加到类 C 中为止。

DBSCAN 算法的特点如下。

① 可以对任意的数据形状进行聚类，尤其是非球形数据，聚类效果较好。

② 不受异常值和噪声的影响，甚至可以帮助找出异常值和噪声。

③ 聚类结果受邻域参数(ϵ,MinPts)的影响较大，而且需要调参，较为复杂。

④ 当样本空间的数据密度不均匀，或者类之间的距离相差很大时，聚类结果较差。

6.7.3　聚类算法的 Python 实现

Python 的 Sklearn 机器学习工具包中内置了聚类分析的模块，可以直接调用来进行分析。模块名为 cluster，使用命令 from sklearn.cluster import [算法名]即可直接调用具体的聚类算法。

此次案例分析将从两类不同形状的随机数据入手，利用 Sklearn 内置的 datasets 模块生成随机数据集，分别使用基于划分的 K-Means 算法与基于密度的 DBSCAN 算法进行分析示例。至于基于层次的聚类算法，留给读者自行查阅资料并进行练习。

1. K-Means 聚类算法示例

首先，生成随机数据集。在这里使用 make_blobs 方法，它可以根据用户指定的特征数量、中心点数量、范围等来生成几类数据（服从高斯分布），可以用来测试聚类算法的效果。设置样本点总数为 150、每个样本点的特征数量为 2、类别数为 3、各个类别的标准差统一为 0.5、确定随机状态为 0。代码如下：

```
In: from sklearn.datasets import make_blobs
    X,y=make_blobs(n_samples=150,n_features=2,centers=3,cluster_std=0.5,shuffle=True,
random_state=0)
        # n_features=2 设置 X 特征数量
```

另外，导入 matplotlib 模块功能，将样本数据集绘制成散点图，以方便后续观察。示例代码如下：

```
In: import matplotlib.pyplot as plt

    plt.rcParams['font.sans-serif']=['SimHei'] # 使文字可以展示
    plt.rcParams['axes.unicode_minus']=False    # 使负号可以展示

    plt.scatter(X[:,0], X[:,1], c='black', marker='o', s=50)
    plt.grid()
    plt.show()
```

代码运行结果如图 6-32（图 1）所示。

接下来使用 K-Means 算法进行分析，设置簇数量为 3、容忍度为 le-04，示例代码如下：

```
In: from sklearn.cluster import KMeans

    km=KMeans(n_clusters=3, init='random',n_init=10, max_iter=300, tol=1e-04,random_
state=0)
    y_km=km.fit_predict(X)
```

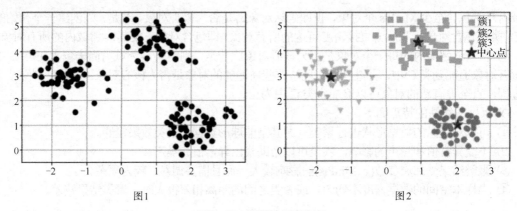

图 6-32　聚类结果示意图

最后，将结果绘制成散点图并展示出来，示例代码如下：

```
In: plt.scatter(X[y_km==0,0],X[y_km==0,1],
            s=50,c='lightgreen',marker='s',label='簇 1')
plt.scatter(X[y_km==1,0],X[y_km==1,1],
            s=50,c='orange',marker='o',label='簇 2')
plt.scatter(X[y_km==2,0],X[y_km==2,1],
            s=50,c='lightblue',marker='v',label='簇 3')
plt.scatter(km.cluster_centers_[:,0],km.cluster_centers_[:,1],
            s=250,marker='*',c='red',label='中心点')
plt.legend()
plt.grid()
plt.show()
```

代码运行结果如图 6-32（图 2）所示。这样，聚类的结果就能很直观地呈现出来了。

2. DBSCAN 聚类算法示例

基于划分的聚类算法倾向于使用球形的数据，非球形的数据聚类效果往往很差，而基于密度的聚类算法克服了这一缺陷，能够处理任意形状的数据，尤其是非球形数据。所以在此会使用半月形的随机数据集，并在 DBSCAN 算法分析完成后，尝试使用 K-Means 算法对同一数据集进行分析，以便读者直观地比较不同的数据形状对聚类算法结果的影响。

首先仍是生成随机数据集，使用 make_moons 方法生成半环形数据集，同样进行可视化展示，示例代码如下：

```
In: from sklearn.datasets import make_moons
    X,y=make_moons(n_samples=200,noise=0.05,random_state=0)

    plt.scatter(X[:,0],X[:,1])
    plt.show()
```

代码运行结果如图 6-33（图 1）所示。

接下来使用 DBSCAN 算法对数据集进行聚类分析，并进行可视化展示，示例代码如下：

```
In: from sklearn.cluster import DBSCAN

    db = DBSCAN(eps=0.2, min_samples=5, metric='euclidean')
    y_db = db.fit_predict(X)

    # 可视化
```

```
plt.scatter(X[y_db==0,0], X[y_db==0,1], c='lightblue', marker='o', s=40, label='
簇 1')
    plt.scatter(X[y_db==1,0], X[y_db==1,1], c='red', marker='s', s=40, label='簇 2')
    plt.legend()
    plt.show()
```

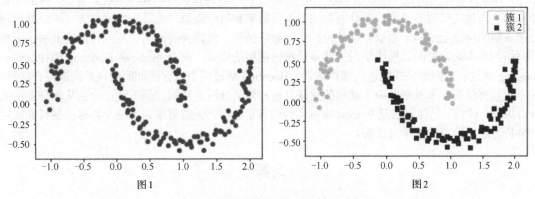

图 6-33　DBSCAN 算法聚类前后结果示意图

代码运行结果如图 6-33（图 2）所示。

可以看出，DBSCAN 算法十分完美地完成了对半月形数据的聚类。那么换作 K-Means 算法，结果会是怎样的呢？示例代码如下：

```
In: km = KMeans(n_clusters=2, random_state=0)
    y_km = km.fit_predict(X)
    plt.scatter(X[y_km==0,0], X[y_km==0,1], c='lightblue', marker='o', s=40, label='
簇 1')
    plt.scatter(X[y_km==1,0], X[y_km==1,1], c='red', marker='s', s=40, label='簇 2')
    plt.legend()
    plt.grid()
    plt.show()
```

代码运行结果如图 6-34 所示。

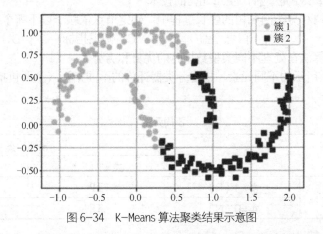

图 6-34　K-Means 算法聚类结果示意图

可以清晰地看出，K-Means 算法对半月形数据的聚类效果远不如 DBSCAN 算法，也能够说明不同的数据形状需要选择不同的算法才能达到理想的效果。

本章小结

本章主要介绍了数据挖掘的基本概念和如何基于 Python 的数据科学包 Sklearn 来实现常见的机器学习方法。数据挖掘方法主要包括有监督学习方法（决策树、朴素贝叶斯、神经网络和集成学习）和非监督学习方法（关联分析和聚类分析）。决策树通过树状结构实现样本分类，树的生长和修剪是构建决策树的关键。贝叶斯算法以条件概率和贝叶斯原理为基础实现分类。神经网络模拟了人脑的神经元结构，本章分别从神经元、激活函数、前馈神经网络、反向传播详细阐述了神经网络的基本运行机制。集成学习主要是针对树模型的集成，有 Bagging 和 Boosting 两种形式。Bagging 通过有放回地采样构造出强评估器，Boosting 通过减小弱评估期间的误差构造强评估器。关于无监督学习，本章则介绍了常用的关联分析和聚类分析的数据挖掘方法，分别从两种方法的计算原理、评估、具体算法及 Python 案例实现进行了介绍。无监督学习方法是数据挖掘行业常用的分析方法，值得读者学习掌握。

习题

1. 在决策树模型中，恰有一条入边、但没有出边的节点被称作什么？
2. 建立决策树的基本方式是完成哪两项任务？
3. （多选）以下哪些情况发生时，决策树将停止分枝？（　　　）
    A. 该群数据的每一笔数据都已经归类到同一类别
    B. 该群数据的剩余属性信息增益相同
    C. 该群数据已经没有办法再找到新的属性来进行节点分割
    D. 该群数据已经没有任何尚未处理的数据
4. 下列关于分类回归树 CART 算法及其应用的说法正确的是哪一项？（　　　）
    A. CART 算法仅用于目标变量为连续型变量的模型中
    B. CART 算法仅用于目标变量为离散型变量的模型中
    C. CART 算法既可用于目标变量为连续型变量的模型中，也能用于目标变量为离散型变量的模型中
    D. CART 算法不是一种产生二元树的技术
5. 在一般决策树和分类回归树的生长过程中，确定节点依赖于以下哪个指标？（　　　）
    A. 信息量　　　　　B. 信息增益　　　　　C. 基尼指标　　　　　D. 相关性和差异性
6. 分析决策树算法在处理不同类型数据时的优势和劣势。
7. 根据表 6-27 所示的不同元素，描述分类器评价的不同指标（主要包括准确率、精确率、召回率及 F1 值）。

表 6-27　　　　　　　　　　　　　　　　不同元素

		预测的类	
		类=1（P）	类=0（N）
实际的类	类=1（P）	TP	FN
	类=0（N）	TF	TN

8. 在以下 3 层感知器模型中，总共需要训练参数的维度是多少？（　　　）

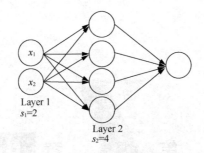

A. 2×4　　　　　B. 3×4　　　　　C. 4×4　　　　　D. 2×3

9. 在感知器模型中，以下哪种是第二层激活函数输出 $a^{(2)}$ 的正确公式表达？（　　）

注意：$w^{(1)}$ 代表权重矩阵，$g()$ 代表激活函数；此题忽略偏置。

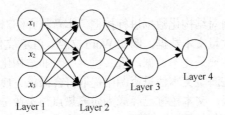

A. $a^{(2)}=w^{(1)}a^{(1)}$　　　　　　　　　　B. $z^{(2)}=w^{(2)}a^{(1)}$; $a^{(2)}=g(z^{(2)})$

C. $z^{(2)}=w^{(1)}a^{(1)}$; $a^{(2)}=g(z^{(2)})$　　　　D. $z^{(2)}=w^{(2)}g(a^{(1)})$; $a^{(2)}=g(z^{(2)})$

10. 在多分类问题中，假设有 5 个目标分类。在 3 层感知器模型中，假设输入层有两个特征数据，中间层共 5 个神经元，试问需要计算的权重个数有几个？（　　）

11. 神经网络有哪些激活函数？它们各自对神经网络起到什么作用？

12. 什么是梯度消失？

13. 和决策树相比较，神经网络更适合什么样的数据？

14. 在集成学习中，如何保证生成不同的基分类器？

15. 下列哪个操作能够实现和神经网络中 dropout 相类似的操作？（　　）

A. Boosting　　　B. Bagging　　　C. Stacking　　　　D. Mapping

16. 什么是 oob？随机森林中 oob 是如何计算的？（为什么不用交叉验证？）

17. 简述 Apriori 算法的优点和缺点。

18. 下面选项中哪个不是 K-Means 算法的局限性？（　　）

A. 容易受噪声或离群点的影响

B. 不能处理非球形、不同尺寸和不同密度的簇

C. 容易产生空簇

D. 一旦决定合并两个簇，就不能撤销

19. 许多自动地确定簇个数的划分聚类算法都声称这是它们的优点。列举两种情况，表明事实并非如此。

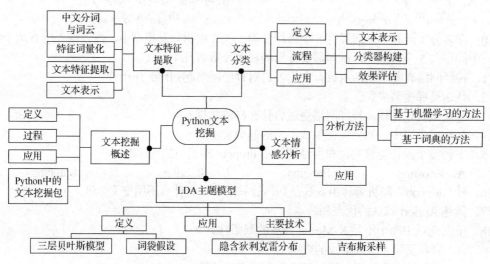

第 **7** 章 **Python 文本挖掘**

之前我们已经学习了如何对结构化数据进行挖掘，本章将介绍对非结构化文本数据的挖掘。我们的生活与工作中存在着大量文本数据，例如 Word 文档、PDF 文件、PPT 文件、电子邮件等，互联网网站中网页的内容也主要是文本数据。现实世界中，非结构化文本数据的数量远超结构化数据。文本挖掘就是要从这些海量文本信息资源中提取符合需求、使人感兴趣、潜在的有用模式和隐藏的信息。在大数据时代，文本挖掘已经成为研究热点与实践重点。

Python 文本挖掘的知识框架如图 7-1 所示。

图 7-1　Python 文本挖掘的知识框架

7.1　文本挖掘概述

7.1.1　文本挖掘的定义

文本挖掘的定义有多种，其中被普遍认可的文本挖掘定义是：文本挖掘是从大量文本数据中抽取隐含在其中、人们事先未知、可理解、最终可用的知识的过程。

从广义上讲，文本挖掘可以认为是数据挖掘的扩展，也属于数据挖掘的范畴。因为许多数据挖掘方法也要把非结构化的文本数据转换成结构化的数据。例如，将 n 篇文档中的特征词作为列，每篇文档作为行，而这个二维表中单元格的数据最简单的可以是词频。这样就将非结构化的文本转换成结构化的文档——特征矩阵,然后就可对其用数据挖掘常用的分类、关联、聚类等方法进行分析与挖掘。这里包含着一个重要前提,即要能够对非结构化的文本数据进行分析与挖掘,首先要对其进行结构化处理。如果这个对象中的基本单元(列或属性)是字或词,则需要用到自然语言处理技术。这也是文本挖掘区别于数据挖掘的一个明显的地方。经过预处理的文本,才可以使用数据挖掘的技术。

文本挖掘是一个交叉的研究领域,需要很多学科的支持,它涉及语言学、自然语言处理、数据挖掘、机器学习、统计概率、信息检索等多个领域的内容。目前,深度学习的理论方法对文本挖掘的应用与发展起到了巨大的推动作用。我们将在第 8 章、第 9 章中介绍深度学习方法在文本挖掘上的应用。

7.1.2　Python 中的文本挖掘包

Python 在自然语言处理(Natural Language Processing,NLP)、文本处理与文本挖掘等领域有着广泛的应用。Python 中含有丰富的用于文本挖掘的工具包,可以直接调用,而且 Python 支持自定义包,使用起来很方便。另外,可以比较容易地从网上找到许多优秀的文本挖掘相关模块与研究成果,为我们使用 Python 做文本挖掘提供参考。

下面列出一些比较常用的文本挖掘相关包。Python 网页爬虫工具包:Scrapy、BeautifulSoup、Lxml、Selenium。Python 文本处理工具包:NLTK、Stanford CoreNLP、Jieba、TextRank、Gensim等。当然文本挖掘也要用到前面章节介绍过的 Python 科学计算工具包:NumPy、Pandas、SciPy、Matplotlib。Python 机器学习工具包:Scikit-learn 等。下面主要介绍其中使用较为广泛的几个。

NLTK 是 Python 中用来处理自然语言的工具包,它提供了几十个广泛使用的语料库接口,可以通过这些接口实现获取与处理语料库、词性标注、字符串处理、分类、语义解释、指标评测等多项语言处理功能。

Stanford CoreNLP 是由斯坦福大学开发的一套 Java NLP 工具,用于提供诸如分词、词性标注(Part of Speech Tagging,POS Tagging)、命名实体识别(Named Entity Recognition,NER)、情感分析、句法树及依存句法分析等功能。

Jieba 是目前使用较多也是较好的 Python 中文分词工具。它提供了分词、词性标注、用户自定义词典及关键词提取等功能。

TextRank 是一个 Python 的文本处理工具包,主要用于从文本中抽取关键词。TextRank 采用的算法是一种文本排序算法,由网页重要性排序算法——Google 的 PageRank 算法改进而来。它能够从一个给定的文本中提取出该文本的关键词、关键词组,并使用抽取式的自动文摘方法提取出该文本的关键句。

Scikit-learn 是一个开源机器学习工具包,前一章重点学习过。Scikit-learn 中也有很好的文本处理功能,可以对文本进行标记、文本特征提取、文本特征量化等操作。进一步,可以调用 Scikit-learn 的分类算法、聚类算法及训练数据来训练文本分类器模型与文本聚类模型。

文本挖掘的应用十分广泛,接下来将详细介绍文本挖掘的一般流程,以及如何使用 Python 来进行文本挖掘,然后以文本自动分类、文本聚类、文本情感分析等这几个方面为例结合 Python 做具体介绍。

7.1.3　文本挖掘的过程

典型的文本挖掘流程如图 7-2 所示。首先要从文本中提取合适的特征,将文本表示成计算机能够理解的数字形式(数字才能计算,以便发挥计算机强大的计算能力)。文本的特征常用字和词来表示,所以分词就显得特别重要。特别是对于中文来说,词之间没有明显的分隔符,那就有多种切分可能,会很容易造成分词歧义。接下来的特征量化是大多数文本挖掘任务的关键,是能用数字形式正确表示文本的重要前提。文本特征量化和提取完成以后，就可以使用文本分类、文本聚类、主题模型、文本过滤、话题检测与跟踪、全文检索、知识图谱等文本挖掘方法发现隐藏在文本中的知识。

在图 7-2 中，文本源即文本数据源，这是文本挖掘的起点。文本的数据源有本地的 Word 文件与文本文件等，也会有网页、邮件、图书、文章、日志等。倘若文本源是已经准备好的数据集，我们可以直接使用。在搜索引擎中可以查到一些

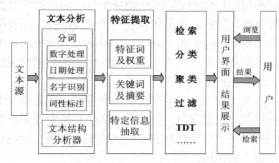

图 7-2　文本挖掘流程图

文本数据集，同样也可以在网站上去查找一些学术研究者提供的文本数据集。另外，Scikit-learn 中也提供了一些文本数据集，但主要是英文的。在这里要特别说明一下，要想自己准备数据集，Python 爬虫知识是不可或缺的。爬虫爬取的数据一般要经过预处理才能使用。文本预处理包括去除数据中不需要的部分和处理编码问题，例如通常将文本的编码格式设成 UTF-8 格式。

7.1.4　文本挖掘的应用

从图 7-2 中可知，文本特征提取是后续文本挖掘应用的基础，也是文本挖掘中最重要的内容，我们在 7.2 节中会重点介绍。经过文本特征提取与文本表示后，我们可以把文本集转换成一个矩阵，供后续的文本挖掘任务采用。在挖掘与分析的过程中，需针对文本挖掘的具体应用需求来选择相应的分类器。如我们可以采用统计学习或机器学习算法来实现文本自动分类，常用的算法有朴素贝叶斯分类法、KNN 分类法、支持向量机分类法等；对于文本聚类可以使用层次聚类法、简单贝叶斯聚类法、分级聚类法、基于概念的文本聚类等。

7.2　Python 文本特征提取

7.2.1　中文分词与词云

1. 中文分词技术

图 7-2 中的文本分析最重要的内容就是分词。分词就是将文本序列（一般是连续的字序列）按照一定的规则重新组合成词序列的过程，也就是将一个汉字序列切分成一个一个单独词的过程。通过分词及后续对词的量化工作，即可将非结构化文本转化成数据挖掘技术可以处理的结构化数据。

中文分词目前存在两个难点：歧义识别与未登录词识别。歧义是指语句在理解上会产生两种或两种以上可能，在结合语境的前提下，人们很容易理解句子的具体含义，但是对于计算机来说却非常困难。例如"躺在床上没多久，他想起来了"，这句话可以理解为他想起来了某件事，也可以理解为他想起床了。未登录词即没有被收录在分词词表中的词，主要包括人名、地名、机构名称等各类专有名词。

常用的分词算法有基于字符串匹配的分词算法、基于理解的分词算法、基于统计的分词算法、基于语义的分词算法等。

（1）基于字符串匹配的分词算法

该算法按照一定的策略到预定义的词汇词典中去查找将要作为候选词的汉字串，若在词典中找到则确认这个汉字串就是词。这类方法中最常用的是正向最大匹配法与逆向最大匹配法。

（2）基于理解的分词算法

该算法模拟了人对句子的理解过程，在分词的同时需要进行句法分析与语义分析。这种分词方法需要使用大量的语言知识和信息。由于汉语语言知识的复杂性，基于理解的分词算法还不成熟，还处在试验阶段，因此不能够普遍应用。

（3）基于统计的分词算法

该算法考虑字与字相邻出现的概率或频率，如达到某一个阈值，便可认为此字组可能构成了一个词。该类算法主要用到 N 元文法模型、隐马尔可夫模型和最大熵模型等。该算法是一种无字典的分词算法。

（4）基于语义的分词算法

该算法引入了语义分析，对自然语言自身的语言信息进行更多的处理，如知识分词法、邻接约束法、语法分析法等，这类算法大多数还处于学术研究阶段。

2. Python 的 Jieba 中文分词包

Python 的中文分词包有很多，这里重点介绍比较常用也比较好用的 Jieba 分词包。目前 Jieba 分词支持 3 种分词模式：精确模式、全模式与搜索引擎模式。精确模式将句子最精确地切开，不重叠；全模式把句子中所有可成词的都分出来；搜索引擎模式是在精确模式的基础上，对长词再次切分。

Jieba 分词具体使用方法如下：

```
In: import jieba
    words = "华东师范大学位于中国上海"
    default_mode = jieba.cut(words)
    full_mode=jieba.cut(words,cut_all=True)
    search_mode=jieba.cut_for_search(words)
    print("搜索引擎模式: ","/".join(search_mode))
    print("精确模式: ","/".join(default_mode))
    print("全模式: ","/".join(full_mode))
Out:
搜索引擎模式: 华东/师范/大学/华东师范大学/位于/中国/上海
精确模式: 华东师范大学/位于/中国/上海
全模式: 华东/华东师范/华东师范大学/师范/师范大学/大学/学位/位于/中国/上海
```

上述代码中，各方法的参数含义如下。

jieba.cut()方法接收两个输入参数：第一个参数为需要分词的字符串，第二个参数 cut_all 用来控制是否采用全模式，默认不采用。

jieba.cut_for_search()方法接收一个参数：需要分词的字符串，该方法适用于搜索引擎构建倒排索引的分词，粒度比较细。

经过上面的步骤，我们已经对所有的词进行了分类。但是这些词并不都是我们所需要的，如英文中的"a""of""is"等、中文中的"是""的"等词也不会对文本挖掘的整个流程产生什么影响，因为这些词在所有的文章中都大量存在，并不能反映出文本的意思，可以处理掉，这个操作称为去停用词。当然针对不同的应用可能还有很多其他词也是可以去掉的，例如形容词等。具体实现如下：

```
In: import jieba
    stopwords = {}.fromkeys(['的','是'])
    segs = jieba.cut('华东师范大学位于中国的上海, 是一所985高校',cut_all = False)
    result = ''
    for seg in segs:
```

```
        if seg not in stopwords:
            result += seg
    print(result)
Out:
```
华东师范大学位于中国上海，一所985高校

3. 词频统计

在对文本进行分词处理后，接下来使用 Pandas 来进行词频统计，为生成词云做准备。这里选择《人民日报》的文章作为语料来实现该部分的内容介绍。

① 导入需要的包和需要读取的文件。示例代码如下：

```
In: import jieba
    import codecs
    import pandas
    file = codecs.open("语料.txt", 'r', 'utf-8')
    content = file.read()
```

② 对文本进行分词并使用 Pandas 对分词结果构造数据框。示例代码如下：

```
In: segments = []
    segs = jieba.cut(content)                              #默认模式
    for seg in segs:
        if len(seg)>1:
                segments.append(seg)
    segmentDF = pandas.DataFrame({'segment':segments})    #利用字典构造 Pandas 数据框
```

③ 去除停用词。示例代码如下：

```
In: stopwords = pandas.read_csv('data/Stopwords.txt',encoding='utf-8',
                        index_col=False, quoting=3, sep="\t" )
segmentDF = segmentDF[~segmentDF['segment'].isin(stopwords)]
```

④ 使用 Pandas 进行词频统计并显示前 10 行结果。示例代码如下：

```
In: segStat=segmentDF.groupby(by=["segment"] )["segment"].agg(["count"]).reset_index().
sort_values(by="count",ascending=False)
    segStat.head(10)
Out:
```

	segment	count
194	疫情	12
180	治理	10
201	科技	8
136	技术	7
38	优势	7
154	数字	7
198	社会	6
258	防控	6
114	平台	5
149	支撑	4

4. 词云

在信息纷繁的今天，如果想要快速抓住用户和读者的眼球，一张漂亮的词云必不可少。词云以其清晰的呈现方式、直观的用户观感越来越受到人们的欢迎。生成词云的包和软件非常多，这里选择 Python 中的第三方库——wordcloud 来具体实践。

在使用 wordcloud 之前需要使用 pip install wordcloud 命令安装该库，安装后在命令行窗口中输入 import wordcloud，没有报错则安装成功。

在进行词云生成时，WordCloud()函数涉及很多参数，如表 7-1 所示。

表 7-1 WordCloud()函数参数

参数	数据类型	含义
font_path	string	词云图需要呈现的字体路径
width	int	输出的画布宽度，默认为 400 像素
height	int	输出的画布高度，默认为 200 像素
prefer_horizontal	float	词语水平方向排版出现的频率，默认为 0.9
mask	nd_array or None	词云是否填充画布大小，默认为 None
scale	float	按照比例放大或缩小画布，默认为 1
min_font_size	int	显示的最小字体大小，默认为 4
max_font_size	int	显示的最大字体大小
font_step	int	字体步长
max_words	number	要显示的词的最大个数
stopwords	set of strings or None	停用词
background_color	color value	背景颜色，默认为黑色
mode	string	背景是否为透明，默认为 RGB
relative_scaling	float	文字出现的频率与字体大小的关系，默认为 auto
color_func	callable	获取颜色函数，默认为 None
regexp	string or None（optional）	使用正则表达式来分隔输入的文本
collocations	bool	是否包含两个单词的搭配，默认为 True
colormap	string or matplotlib colormap	随机为每个词染色，默认为 viridis
normalize_plurals	bool	是否移除词尾的 s，默认为 True
repeat	bool	是否重复单词或词组，默认为 False

这里仍然选择《人民日报》文章作为语料来进行实践。

① 导入需要的包。具体代码如下：

```
In: import matplotlib.pyplot as plt
    from wordcloud import WordCloud
```

② 将数据框转化成字典格式。具体代码如下：

```
In: segList=segStat.values.tolist()        #数据框转成列表
    segTuple=tuple(segList[:100])          #列表转成元组
    segDict ={k:v for k,v in segTuple }    #v 是词频；wordcloud 要求字典格式
```

③ 生成词云，注意需要中文字体的支持，即在 font_path 中设置中文字体文件。具体代码如下：

```
In: wordcloud = WordCloud(font_path = 'data/simhei.ttf',scale = 32,
                    max_font_size=40).fit_words(segDict)

    plt.figure()
    plt.imshow(wordcloud)
    plt.axis("off")
    plt.show()
    plt.close()
```

生成的词云结果如图 7-3 所示。

图 7-3　词云

wordcloud 库功能非常强大，可以自定义字体的大小、颜色，还可以生成自定义形状的图形。由于版面限制，这里不多介绍，感兴趣的读者可以自行查阅相关资料学习更加强大的功能。

7.2.2　特征词量化与文本特征提取

在图 7-2 中，文本分词处理后，接着可以做文本特征提取，也称作文本特征选择。文本特征提取的关键是将其量化，量化方法的差异即是不同方法的差异。量化而不直接用文本中的字或词，主要是因为字或词不能进行各种数学计算，不能充分发挥计算机的强大计算能力，因而不能通过科学的计算获得文本的语义。文本挖掘中常用的特征量化方法有词频逆文档频率（TF-IDF）、互信息（Mutual Information，MI）、信息增益（Information Gain，IG）、卡方统计（Chi-Square）、期望交叉熵（Cross Entropy，CE）、概率比（Odds Ratio，OR）及目前最热门的词向量（Word Embedding，WE）技术。由于篇幅原因，本书中只详细介绍其中的词频逆文档频率与词向量技术，感兴趣的读者可以自行查阅相关资料学习其他的技术。

1.　词频逆文档频率

词频逆文档频率，即 TF-IDF（Term Frequency-Inverse Document Frequency）是一种统计方法，用以评估某个词语对于该词语所在文档的重要程度。TF 代表词语 i 在一篇文档中出现的次数，同一个词语在长文件中的词频可能会比短文件更大，因此为了防止这一情况的出现，这个数字通常会被归一化。TF 通常是由词语出现的次数除以所有词语数量得到的，公式如下，其中 $n_{i,j}$ 表示词 i 在文本 j 中出现的频率，$\sum n_{k,j}$ 表示文本 j 中出现的所有词次数总和。

$$tf = \frac{n_{i,j}}{\sum n_{k,j}} \tag{7-1}$$

逆文档频率（IDF）用于判断一个词语在文档集合中的重要性。一般文档频率（DF）是指一个词语在文档集合的多少篇文档中出现，而 IDF 的含义与 DF 相反，是指一个词语在文档集合的多少篇文档中没有出现。但在实际应用中，IDF 可以由总文件数除以该词语所出现的文件数，再将得到的商取对数得到，公式如下，其中 N 代表文档集中的文档总数，n_i 代表词 i 出现的文档数，这里为了避免分母 n_i 为 0（即词 i 不在文档集中出现的情况），对分母进行 n_i+1 处理。

$$idf = \log \frac{N}{1 + n_i} \tag{7-2}$$

TF-IDF 结合了 tf 和 idf，其计算公式如下。tf 与 idf 两者相乘的计算方法保证了当词 i 在一篇文档中出现频率较高，但 idf 值较低时仍有机会成为文档集关键词的可能性。

$$tfidf = tf \times idf \tag{7-3}$$

例如，在一批报道疫情的文章中，其中一篇文章的总词语数是 200 个，"复工"一词在该文件中出现过 10 次，转换成公式 7-1 所指的词频 *tf* 就是 10/200 = 0.05。在计算 *idf* 时，需要知道在多少篇报道文章中出现了"复工"一词。如果"复工"一词在 100 篇报道中出现，总报道数是 5000 篇，其 *idf* 就是 log(5000/100) = 1.7。最后的 *tfidf* 的权值为 0.05×1.7 = 0.085。

2. 词向量技术

最早被使用的知名词向量技术是 word2vec，它是由谷歌公司在 2013 年推出的一种基于神经网络生成词向量的方法。word2vec 一般将分词处理好的文本语料库作为输入，利用其内部的神经网络语言模型从语料库中根据词汇的上下文来学习词汇的向量表示，最后输出每个词汇的词向量。可以对比一下前面的 TF-IDF，词向量因综合了词汇的上下文关系，因而具有良好的语义特性，在自然语言处理与文本挖掘中具有较大的应用价值。word2vec 中两种训练词向量的框架如图 7-4 所示。

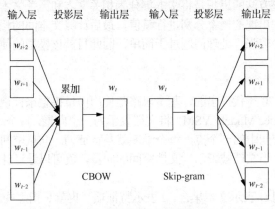

图 7-4　CBOW 和 Skip-gram 框架

从图 7-4 可知，word2vec 中有两种训练词向量的框架：连续词袋模型（Continuous Bag-Of-Words，CBOW）与跳字模型（Skip-gram）。用 context(*w*) 表示关于词 *w* 的上下文，则 CBOW 用以预测给定上下文 context(*w*) 的情况下，词 *w* 的概率为 $P(w|\text{context}(w))$；Skip-gram 用以预测给定词 *w* 的情况下，其上下文 context(*w*) 的概率为 $P(\text{context}(w)|w)$。对于词向量训练的效率问题，word2vec 分别提供了 Hierarchical Softmax 和 Negative Sampling 两套解决方案。

word2vec 因具有较好的语义特性，故现在被作为特征词量化的主流方法。而且这一技术路线的发展也非常迅速，比 word2vec 更优的方法还有 glove、bert、gpt-2、gpt-3 等。在第 8 章和第 9 章的深度学习基础和应用中我们会频繁使用到 word2vec 技术，因此在这里不具体介绍其在 Python 中的实现。

7.2.3　文本表示

文本表示就是将文本表示成计算机容易理解与处理的形式，最主要的就是将文本向量化，以便发挥计算机强大的运算能力。如果对文本的处理、分析与挖掘只是理解成对文本字符串的处理与分析，那是远远不够的，也是不正确的。目前文本表示模型包括布尔模型、概率模型、向量空间模型、主题模型和神经网络语言模型等。在实际应用中，简单应用场合使用布尔模型较多，要求较高的场合早期使用较多的是向量空间模型，本章以该模型为例做详细介绍。目前使用较多的是神经网络语言模型，其代表是分布式表示的词向量技术，本书第 8 章、第 9 章会介绍和应用。另外，主题模型也是一种文本表示技术，7.5 节会单独详细介绍。

1. 布尔模型

布尔模型是建立在经典的集合论和布尔代数基础上的一种简单检索模型，是比较容易被理解的文本表示方法。布尔模型的基本思想是判断每个词在一篇文章中是否会出现，如果出现给其一个权重值 1，如果不出现则给其一个权重值 0，这也就是标准的二元逻辑（0 或 1）。在该模型中，一个查询词就是一个布尔表达式（包括关键词和逻辑运算符），布尔表达式可以表达用户希望文档所具有的特征。布尔模型一般只能解决关键词的匹配，其语义表达能力不高。

2. 概率模型

由于在信息检索中存在着文本信息相关性判断的不确定性和信息查询的模糊性，因此人们需要借助概率框架的方法来解决这方面的问题。概率模型是以相关性理论为基础，通过计算文本间的相关概率来实现的。该方法的思想是将文本集分为相关文本和无关文本两类，然后对某特征词在相关文本和无关文本中出现的概率分别进行赋值，最后计算文本间的相关概率。由于概率模型对所处理的文本集依赖性较强、处理问题过于简单，因此目前该模型的使用并不是很多。

3. 向量空间模型

该模型是在 20 世纪 70 年代提出的，基本思路是使用向量模型来标识一篇文档或一个查询。向量空间模型（Vector Space Model，VSM）将文档表示为一个向量，每个元素就是特征词的权重，这样可把文档看作向量空间中的一个点，每个维度就是特征词。向量空间模型以空间上的相似度来表达语义间的相似度。当文档被表示为文档空间的向量，就可以通过计算向量之间的相似性来度量文档间的相似性。

具体来说，我们使用 D 表示文本集合，t 表示特征项（也就是指那些出现在文档 D 中并且能够代表该文档内容的基本语言单元，主要由词或短语构成），那么，文本便可以用特征项集表示为 $D(t_1,t_2,t_3,\cdots,t_n)$。对于含有 n 个特征项的文本来说，我们通常会给每个特征项赋予一定的权重来对其进行量化，即 $D=D(t_1,w_1;t_2,w_2;\cdots;t_n,w_n)$，简记为 $D(w_1,w_2,w_k,\cdots,w_n)$。我们把上式叫作文档 D 的向量表示，其中 w_k 是 t_k 的权重，$1 \leq k \leq n$。

因此向量空间模型需要解决两个问题：如何进行特征项的权重计算和如何计算向量的相似度。

（1）权重计算

在实际运用中，给特征项赋予权重的方法有很多，常用的方法有布尔权重、词频率法和 TF-IDF 方法。前文已经详细介绍了词频率法和 TF-IDF 方法，因此这里只对布尔权重进行详细介绍。

在计算机中，布尔值即表示逻辑值，取值有真（True）和假（False）两种。真值数字化后一般是 1，而假值是 0。布尔权重法的思想是：若特征词 t_k 在文本 d_i 中出现，则该特征词在给定文本的向量空间模型中的权重为 1，否则为 0。表达式如下：

$$w_{ik} = \begin{cases} 0 & tf_{ik} = 0 \\ 1 & tf_{ik} \geq 1 \end{cases} \tag{7-4}$$

其中 w_{ik} 为特征词 t_k 在文本 d_i 的权重，tf_{ik} 为特征词 t_k 在文本 d_i 出现的概率。布尔权重法的优点是计算简单，适用于文本集较小的模型；与 TF-IDF 相比，缺点是没有考虑特征词的重要性，无法体现特征词在不同文本类别中贡献的区别。

（2）相似度计算

将文档中的特征值表示为向量后，接下来就需要借助特征值向量之间的距离来判断文本的相似度。在实际使用中，一般使用内积、欧几里得距离、夹角余弦距离和切比雪夫距离等度量方式来计算距离，计算方法如公式 7-5 至公式 7-8 所示。

内积：

$$\text{sim}(d_i, d_j) = \sum_{k=1}^{n} w_{ik} \times w_{jk} \tag{7-5}$$

欧几里得距离：

$$\text{sim}(d_i, d_j) = \sqrt{\sum_{k=1}^{n} \left(w_{ik} - w_{jk} \right)^2} \tag{7-6}$$

夹角余弦距离：

$$\text{sim}(d_i, d_j) = \frac{\sum_{k=1}^{n} w_{ik} \times w_{jk}}{\sqrt{\left(\sum_{k=1}^{n} w_{ik}^2 \right)\left(\sum_{k=1}^{n} w_{jk}^2 \right)}} \tag{7-7}$$

切比雪夫距离：

$$\text{sim}(d_i, d_j) = \max(|\, w_{ik} - w_{jk} \,|) \tag{7-8}$$

在选择上述公式进行文本相似度计算时，相似度的值最好能与真实情况相符合并且要便于计算，同时最好能规范到[0,1]这个区间内，使得分布尽可能均匀，阈值的选择更加容易。其中 d_i、d_j 代表文档的特征向量，w_{ik}、w_{jk} 分别代表文档 i 和文档 j 的第 k 个特征项的权重。

4. 神经网络语言模型

随着神经网络的发展，使用神经网络进行文本表示的方法受到广泛关注，各种各样的神经网络模型也被相继提出，大致可以分为以下 3 类。

（1）基于词向量合成的模型

该类模型是在词向量的基础上简单合成的模型，对于大量文本而言效果较差。

（2）基于 RNN/CNN 的模型

该类模型利用更加复杂的深度学习模型对文本进行建模。

（3）基于注意力机制的模型

该类模型在已有的神经网络模型基础上，引入注意力机制，进而提升文本建模效果。

由于本书的第 8 章和第 9 章会详细介绍神经网络模型在文本挖掘上的应用，因此这里就不展开介绍。

5. 文本表示的 Python 实现

以上我们已经学习了使用布尔模型、概率模型、向量空间模型、主题模型和神经网络语言模型等实现文本表示，在这里我们使用 Python 选择最常用的向量空间模型来对检索结果进行排序。

本次示例的查询和文档集取自泰戈尔的《生如夏花》，如表 7-2 所示，其中包含 1 个查询 Q 和 3 篇文档。

表 7-2　　　　　　　　　　　　　　　　　文档集

项	内容
Q	Let life be beautiful like summer flowers
D1	Born as the bright summer flowers
D2	life be beautiful like summer flowers and death like autumn leaves
D3	Filling the intense life but also filling the pure

上一章学习过的 Sklearn 数据挖掘包提供了 **TF-IDF** 权值计算模块，操作简单、方便，因此在这里我们可以使用这个包来计算查询和文档集的权值，实现代码如下：

```
In: from sklearn.feature_extraction.text import TfidfTransformer
    from sklearn.feature_extraction.text import CountVectorizer
    corpus=["Let life be beautiful like summer flowers",
            "Born as the bright summer flowers",
            "life be beautiful like summer flowers and death like autumn leaves ",
            "Filling the intense life but also filling the pure"]
    vectorizer=CountVectorizer()
    transformer=TfidfTransformer()
    tfidf=transformer.fit_transform(vectorizer.fit_transform(corpus))
    print(tfidf.toarray())
```

我们将程序输出结果整理成表格形式，如表 7-3 所示。

表 7-3   TF-IDF 计算结果

词项	tf_i				IDF_i	$w_i = tf_i \times IDF_i$			
	Q	D_1	D_2	D_3		Q	D_1	D_2	D_3
also	0	0	0	1	0.477	0	0	0	0.477
and	0	0	1	0	0.477	0	0	0.477	0
as	0	1	0	0	0.477	0	0.477	0	0
autumn	0	0	1	0	0.477	0	0	0.477	0
be	1	0	1	0	0.176	0.176	0	0.176	0
beautiful	1	0	1	0	0.176	0.176	0	0.176	0
born	0	1	0	0	0.477	0	0.477	0	0
bright	0	1	0	0	0.477	0	0.477	0	0
but	0	0	0	1	0.477	0	0	0	0.477
death	0	0	1	0	0.477	0	0	0.477	0
filling	0	0	0	2	0.477	0	0	0	0.954
flowers	1	1	1	0	0	0	0	0	0
intense	0	0	0	1	0.477	0	0	0	0.477
leaves	0	0	1	0	0.477	0	0	0.477	0
let	1	0	0	0	0.477	0.477	0	0	0
life	1	0	1	0	0	0	0	0	0
like	1	0	2	0	0.176	0.176	0	0.352	0
pure	0	0	0	1	0.477	0	0	0	0.477
summer	1	1	1	0	0	0	0	0	0
the	0	1	0	2	0.176	0	0.176	0	0.352

由于经过上述操作后所得的向量是归一化向量，此时的余弦相似度与矩阵点乘的结果计算相同，计算余弦相似度较为方便，因此，这里我们选择余弦相似度来计算查询 Q 和其他文档的距离，以此来判断文档间的相似度。实现代码如下：

```
In: from sklearn.metrics.pairwise import linear_kernel
    cosine_similarities=linear_kernel(tfidf[0:1],tfidf).flatten()
    print(cosine_similarities)
```

输出结果整理如下：

$$sim(Q,D_1) = \cos(\vec{Q},\vec{D_1}) \approx 0.19$$

$$sim(Q,D_2) = \cos(\vec{Q},\vec{D_2}) \approx 0.61$$

$$sim(Q,D_3) = \cos(\vec{Q},\vec{D_3}) \approx 0.06$$

即 Q 与文档 D_2 的相似度最高，其次为 D_1，与 D_3 的文档相似度最低。因此检索顺序依次为 D_2、D_1、D_3。

6. 关键词和摘要抽取的 Python 实现

从图 7-2 可知，关键词和摘要抽取是特征抽取的重要组成部分。关键词即最能够反映一篇文章的主题和主要内容的词语，在信息检索中，准确的关键词和摘要抽取可以大幅提升效率；在对话系统中，关键词抽取可以帮助计算机理解用户意图；在文本分类中，关键词的发现也非常有帮助。

目前，关键词和摘要抽取的方法主要有 TF-IDF、TextRank、Rake 和 Topic-Model 等，前文已经对 TF-IDF 方法的原理和实践展开了详细的介绍，这里只对 TextRank 方法进行详细介绍和实现。TextRank 是一种基于图算法的无监督抽取式摘要方法，它的思想来源于 Google 的 PageRank，因此在学习 TextRank 前，我们需要了解 PageRank 算法。

（1）PageRank 算法

PageRank 算法通过互联网中的超链接关系来确定一个网页的排名，其主要用于对在线搜索结果中的网页进行排序。接下来我们通过一个例子来理解 PageRank 算法的思想。

假设我们有 5 个网页，分别是 w1、w2、w3、w4 和 w5，如表 7-4 所示。这些页面包含着指向彼此的链接，有些没有链接的页面被称为悬空页面。

表 7-4 页面链接

webpage	Links
w1	[w4,w2]
w2	[w3,w1]
w3	[ ]
w4	[w1]
w5	[w2,w3,w4]

为了对上述这些页面进行排名，我们需要计算用户访问页面的概率，我们称其为 PageRank 分数。首先创建一个矩阵来记录网页之间互相跳转的概率，如表 7-5 所示，其中矩阵中的每个元素表示从一个页面跳转到另一个页面的可能性。

表 7-5 初始记录矩阵

		w1	w2	w3	w4	w5
M=	w1					
	w2					
	w3					
	w4					
	w5					

接下来需要初始化网页之间互相跳转的概率。

① 页面 i 跳转到页面 j 的概率，即 M[i][j]，初始化为 1/页面 i 的连接总数。

② 如果页面 i 没有跳转到页面 j 的链接，那么 M[i][j]初始化为 0。

③ 如果一个页面是悬空页面，那么假设它跳转到其他页面的概率为等可能的，将 M[i][j]初始化为 1/页面总数。

因此，在本例中，记录概率的矩阵初始化后如表 7-6 所示。

表 7-6　　　　　　　　　　　　　　初始化矩阵

		w1	w2	w3	w4	w5
	w1	0	0.5	0	0.5	0
	w2	0.5	0	0.5	0	0
M=	w3	0.2	0.2	0.2	0.2	0.2
	w4	1	0	0	0	0
	w5	0	0.33	0.33	0.33	0

最后，这个矩阵中的值将会以迭代的形式进行更新，以获得网页排名。

（2）TextRank 算法

TextRank 算法的思想来源于 PageRank，主要区别在于 TextRank 将 PageRank 中的网页替换成句子，将网页互相跳转的概率替换成两个句子的相似性。

Python 中提供了 textrank4zh 模块来支持针对中文文本的 TextRank 算法实现，基础的用法较为简单，接下来将通过代码来展开介绍。这里使用的数据仍然是学习词云时所使用的《人民日报》文章。

首先导入需要的库，代码如下：

```
In: import codecs
    from textrank4zh import TextRank4Keyword,TextRank4Sentence
```

然后使用 **textrank4zh** 模块中的 **TextRank4Keyword** 方法和 **TextRank4Sentence** 方法实现最简单的关键词和摘要抽取，代码如下：

```
In: text = codecs.open('data/语料.txt', 'r', 'utf-8').read()
    #print(text)
    tr4w = TextRank4Keyword()
    tr4w.analyze(text=text, lower=True, window=2)
    print( '关键词: ' )
    for item in tr4w.get_keywords(20, word_min_len=1):
        print(item.word, item.weight)
    print()
    print( '关键短语: ' )
    for phrase in tr4w.get_keyphrases(keywords_num=20, min_occur_num= 2):
        print(phrase)
    tr4s = TextRank4Sentence()
    tr4s.analyze(text=text, lower=True, source = 'all_filters')
    print()
    print( '摘要: ' )
    for item in tr4s.get_key_sentences(num=3):
        print(item.index, item.weight, item.sentence)
        #index为语句在文本中的位置；weight 为权重
```

最后输出的结果中 index 表示语句在文本中的位置，weight 表示语句在文本中的权重。程序自动抽取出的关键词、关键短语和摘要如图 7-5 所示。

关键词

治理 0.01814103862872496	企业 0.007327515143978582
社会 0.01650570360650553	企业 0.007327515143978582
技术 0.01596967815768199	智能 0.009671304408805335
科技 0.01472474050612742	人工智能 0.00944642933745
疫情 0.01459481790288148	能力 0.0092777709852837334
优势 0.01401835818237403	防控 0.008145517130106665
数字 0.01117906653362420	机器人 0.0077987405647434
新 0.01085865035766648670	支撑 0.007645199744154917
提供 0.01074578313208108	人员 0.007495962730766651
平台 0.00986705886140471	群众 0.007429557387671126
企业 0.007327515143978582	社群 0.007419211058986411

关键短语:
数字技术 数字科技 社会治理 治理能力 数字平台 科技支撑 疫情防控

摘要:

40.0577641345746881在国家引导和社会需求的催化下,众多科技力量纷纷登场,为疫情防控开发的新产品、新服务、新应用纷纷亮相,助力提升治理能力和治理效能

170.055444967119019986很多 AI 科技公司迅速响应号召,将技术应用到抗击新冠肺炎疫情场景中,比如为医患提供基于医疗影像分析的智能化系统,AI 外呼系统完成人员排查回访等事宜,AI 机器人无接触配送,等等

90.0552156733357253又如,一些物流与供应链企业发挥数字化专业优势,在大规模的物资调配方面成为疫情防控的重要支撑,等等,均彰显了技术赋能带来的良好效果

图 7-5　关键词与摘要抽取示例

以上例子只是 TextRank 算法最简单的应用,在实际实践中还可以结合词向量、神经网络等技术实现更复杂、精度更高的案例,感兴趣的读者可以深入学习。

7.3　文本分类

7.3.1　文本分类概述

文本分类与数据挖掘的分类技术一样,也是一种有监督的机器学习技术。文本分类采用的分类技术可以利用机器学习与数据挖掘的大多数分类算法,例如最近邻分类器、规则学习算法、贝叶斯分类器、支持向量机、人工神经网络、集成学习等。建立文本分类器,需要一个预先分好类的文本数据集,每段文本或每个文档对应一个类别。文本分类器训练好,经过评估可用后,可以对未知类别的文本进行自动分类,不需要专家干预,能适应于任何领域。

1. 文本分类的定义

文本分类是按照一定的规则给文档集合中未知类别的文本自动确定一个类别。文本分类也就是本书前面介绍过的有监督的分类技术,只不过它处理的是文本分类的问题。同样,文本分类也与很多学科有关系,它涉及数据挖掘、计算语言学、信息学、人工智能等多个学科,是自然语言处理的一个重要应用领域。中文文本分类已经在信息检索、Web 文档自动分类、数字图书馆、自动文摘、分类新闻组、文本过滤、单词语义辨析,以及文档的组织和管理等多个领域得到了广泛的应用。

中文文本分类需要用到前面介绍的文本特征提取与量化、文本表示等技术。通过这些技术,将文本处理成结构化的数据矩阵,再使用具体的分类技术训练文本分类器,或使用已经构建好的文本分类器进行未知类别的文本分类。

2. 文本分类流程

文本分类流程如图 7-6 所示，文本分类过程可以大致分为 3 个步骤。

① 文本表示：将进行预处理后的文本源使用前面介绍的布尔模型、向量空间模型等转换成数据矩阵，例如矩阵中的每一行是一篇文档，每列是一个词（特征项），而单元格中的值是词的权重，可以通过 TF-IDF、词向量等计算得到。

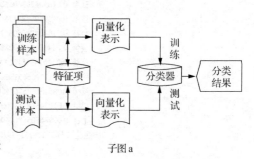

子图 a

② 分类器构建：选择常用的有监督分类技术来构建文本分类器。分类技术可以选择决策树、贝叶斯、支持向量机等，不同的分类技术有各自的优缺点和适用条件，可以通过实验来比较具体场景中选择哪一种分类技术更合适。具体的分类技术可参见第 6 章的相关内容。

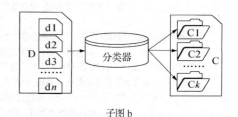

子图 b

图7-6　文本分类流程

③ 效果评估：在分类过程完成后，需要对分类效果进行评估。图 7-6 的子图 a 中上面的路径是训练，下面的路径是测试评估。评估过程是将训练好的模型应用于测试集上来判断文本分类器的效果。常用的评估指标与数据挖掘相同，包括精度、召回率、F1 值等，这些指标的详细解释可以参见 6.2.5 小节相关内容。

模型评估符合要求后，即可以部署应用。图 7-6 中的子图 b 即是应用文本分类模型来分类预测未知类别的文档。

7.3.2　文本分类的 Python 实现

总的来说，文本分类的应用较广，常见应用主要有垃圾邮件的判定、新闻出版按照栏目分类、词性标注、词义排歧、机器翻译、自动文摘、邮件分类等。例如，我们要为某数据中心做科技文献的文本分类。这些文献包括学术论文、研究报告、科技新闻报道、专利等，通过文本分类，可以有效地组织和管理这些电子文本信息，以便能够快速、准确、全面地从中找到用户所需的信息。如果再结合全文检索，将检索结果用文本分类器进行自动分类，然后以分类目录的方式展示检索结果，方便用户浏览并快速找到所需信息，可以大幅提高检索效率与用户满意度。所以文本分类技术可以作为信息过滤、信息检索、搜索引擎、各单位数字化门户的技术基础，有着广泛的应用前景。

下面我们以与科技文献有关的 8 个组新闻数据集为数据源，结合朴素贝叶斯算法，介绍 Python 中文本分类的具体实现。8 个组新闻数据包含了关于 8 个主题的约 60672 个新闻数据文档，这些文档被分为两个子集，即用于开发的训练集和用于性能评估的测试集。

① 加载相关库，加载停用词。示例代码如下：

```
In: # -*- coding:utf-8 -*-
    import re        #加载停用词
    import time
    import numpy as np
    import jieba
    from jieba import analyse
    import random
```

```
from sklearn.feature_extraction.text import TfidfTransformer
from sklearn.feature_extraction.text import CountVectorizer
from sklearn.naive_bayes import MultinomialNB
from sklearn import metrics
star_time = time.time()
stopword = open('stopkey.txt', 'r', encoding = 'utf-8')
stop = [key.strip('\n') for key in stopword]
```

② 将文本类别标签、文本内容分别放入 y_label1 和 x_content 中。示例代码如下：

```
In: def loaddata(filename):              #reading files, 下载数据
        y_label1 = []                    #y_label1 表示主类别
        x_content = []                   #x_content 表示文本内容
        with open(filename, 'r', encoding = 'utf-8') as file:
            for line in file:
                linelist = line.split('||')
                y_label1.append(linelist[0])
                line3 = re.sub('[\a-zA-Z0-9]', '', linelist[1])   #去掉英文和数字
                x_content.append(line3.strip('\n'))
        return y_label1,x_content
```

③ 建立随机种子，打乱类别和文本的对应关系。示例代码如下：

```
In: def Random(filename):                #建立随机种子, 打乱类别和文本
        y_label1, x_content = loaddata(filename)
        randnum = 600
        random.seed(randnum)
        random.shuffle(y_label1)
        random.seed(randnum)
        random.shuffle(x_content)
        return y_label1, x_content
```

④ 对每个文本进行分词后用空格连接，整合文本，建立文本集合。示例代码如下：

```
In: def segmentWord(cont):               # 对列表进行分词并用空格连接
        c = []
        for i in cont:
            for n in range(len(stop)):
                if stop[n] in i:
                    p = re.compile(stop[n])
                    i = p.sub('', i)

            a = list(jieba.cut(i))
            a = [key.strip('\n') for key in a if key != ' ']
            b = " ".join(a)
            c.append(b)
        return c
    def tfidf_extra(filename):                    #分词后, 整合文本
        content, keywords = [], []
        y_label1, x_content = Random(filename)
        x_content = segmentWord(x_content)
        tfidf = analyse.extract_tags
        for i in range(len(x_content)):
            key = tfidf(x_content[i], topK=40)
            content.append(' '.join(key))
        train = [content, y_label1]
        return train
```

⑤ 提取特征值。

首先利用 CountVectorizer 将文本文档的集合转换成标记计数矩阵。用 CountVectorizer 提取出来的标记计数矩阵存在着一个潜在的问题，就是内容较长文档的平均计数值要大于较短的文档。为了避免这种潜在的差异，在标记计数的基础上还需使用 TfidfTransformer 来计算词频和逆向文件频率，返回 TF-IDF 特征矩阵，提取具有代表性的特征。此外，我们用 fit() 方法来训练数据，然后用 transform() 方法将计数矩阵转换成 TF-IDF 特征矩阵，这两个步骤可以使用 fit_transform() 方法合并。

⑥ 训练模型。

采用步骤⑤的特征值提取方法构建贝叶斯分类器。示例代码如下：

```
In: def NBayes(filename):
        train = tfidf_extra(filename)
        content = train[0]
        opinion = train[1]
        train_content = content[:4000]
        train_opinion = opinion[:4000]
        test_content = content[4000:5000]
        test_opinion=opinion[4000:5000]    #划分训练集和测试集
        #该类会将文本中的词语转换为词频矩阵，矩阵元素a[i][j]表示j词在i类文本下的词频
        vectorizer = CountVectorizer() #利用CountVectorizer将文本文档的集合转换成标记计数矩阵
        tfidftransformer = TfidfTransformer()
        tfidf = tfidftransformer.fit_transform(vectorizer.fit_transform(train_content))
        clf = MultinomialNB(alpha = 0.0001).fit(tfidf, train_opinion)
        predicted = clf.predict(tfidftransformer.fit_transform(
        vectorizer.transform(test_content)))
        r = clf.score(tfidf, train_opinion)
        print('朴素贝叶斯分类准确率', np.mean(predicted == test_opinion))
        end_time = time.time()
        print('耗时: ', end_time - star_time, 's')
        return predicted, test_content, test_opinion
```

⑦ 预测并评估模型。

使用 metrics.classification_report 来评估模型的准确率（Precision）、召回率（Recall）和 F1-score。示例代码如下：

```
In: predicted, test_content, test_opinion = NBayes('data/data_all.txt')
    print(metrics.classification_report(test_opinion,predicted))
```

代码运行结果如图 7-7 所示。

	presicion	recall	f1-score	support
电子信息技术	0.91	0.89	0.90	1025
高技术服务业	0.82	0.83	0.82	967
新材料技术	0.85	0.81	0.83	762
资源与环境技术	0.83	0.80	0.81	901

图 7-7　贝叶斯分类器模型评估图

由图 7-7 可知，朴素贝叶斯分类器在几个文本类别上分类效果不是很好，F1-score 值超过 90% 的很少。要提升文本分类效果，可以考虑进一步提升文本质量，例如高技术服务与资源环境技术这两类文本语料中，可能有些文本很相似，难以区分，需要做些处理；另外也可提高文本数量，以及尝试其他的文本分类技术；进一步可考虑使用深度学习的文本分类技术。

7.4　文本情感分析

随着社交网络的发展，互联网上产生了大量用户参与的对于产品、服务、商家、事件等有价值的评论信息。这些评论信息表达了人们的各种情感色彩和情感倾向，或褒或贬。通过这些评论，客户可以获得对产品信息的第一手评估并将此直接作为他们的采购行为的依据。同时，商家可以获得即时反馈，从而洞察客户行为、偏好和需求，以提高产品和服务质量。因此，在线评论越来越受到单位和个人的重视，来自在线评论的情感分析（或意见挖掘、观点挖掘）已成为越来越迫切的需求，吸引了研究人员的大量关注。情感分析或观点挖掘技术应运而生。

7.4.1　情感分析概述

1. 情感分析简介

情感分析是对文本进行上下文挖掘、识别和提取文本中的主观信息（积极、消极或中性），帮助企业了解其品牌、产品或服务的用户情感。这里的文本可以是整个文档、段落、句子或短语。达到短语或单词级别的情感分析是细粒度情感分析，而句子或段落级别的情感分析则是粗粒度的情感分析。

文本情感分析主要分析的是情感倾向，即积极与消极，或正面与负面；也可分析情绪，即喜怒哀乐等；又可分析意图，即感不感兴趣。这类情感倾向性的情感分析实质上也是一种文本分类技术，也可以称为情感分类。当然，情感分析还可以给文本情感打分，按照文本情感得分的多少来判断文本的具体情感。本书介绍的情感分析主要是情感分类。文本情感分析涉及统计学、语言学、心理学、机器学习等领域的知识。文本情感分析要充分利用自然语言处理与自然语言理解技术，也称为观点挖掘或意见挖掘。

2. 情感分析的流程

基于机器学习的文本情感分析流程与文本自动分类的流程大致相同，也可以分为 3 个部分：语料处理、模型训练与模型评估。首先要对已标注好（一般标注为正面与负面）的待训练文本集进行简单的文本预处理（分词与去停用词等）；接着要进行特征选取，对特征进行量化；然后利用常用的分类技术来构建情感分类模型；最后通过测试样本对训练好的情感分类模型进行评估，评估方法和文本分类技术中采用的方法相同。文本情感分析流程如图 7-8 所示。

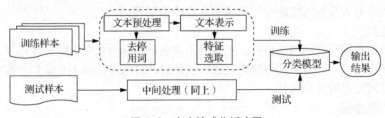

图 7-8　文本情感分析流程

3. 情感分析的主要方法

目前最常用的文本情感分析方法有两种：基于词典的方法与基于机器学习的方法（包括深度学习）。

（1）基于词典的方法

该方法需要一个情感词典或情感词汇表。情感词典可以根据行业或领域的情感词汇特征来构造，构造过程可参见一些通用的情感词典，例如知网情感词典（HOWNET），以及一些行业的情感词典，例如 Bosen 情感词典。

该方法的具体过程是在文本语料预处理好后（主要是分词处理等），再到情感词典中去查找并匹配具体的情感词，然后结合该词周边的程度副词、否定词等计算该词的情感得分，最后综合一句话或一个段落的情感得分值，根据得分值的范围最终决定其情感倾向。

（2）基于机器学习的方法

该方法使用机器学习算法，例如朴素贝叶斯、最大熵、支持向量机等对文本进行情感倾向分类。机器学习可分为有监督和无监督学习两种，情感分析也可分为这两种类型，但目前使用比较多的是有监督的情感分析方法。

有监督的情感分析，即是情感分类。在情感语料中需要类别标签，也称为情感标签，在实际应用中大多分为两类——正面和负面（积极和消极）。所以做情感分类项目时，需要大量的人工标注情感语料，给这些语料打上情感标签。标注的粒度可以是段落、句子或短语，这样对应的训练好的情感分析模型可以判断段落、句子或短语的情感倾向。如果要做到短语或单词粒度的情感分析，可以在这些语料的基础上利用句法分析、共现关系、搭配关系等来判断词语的情感倾向性。

一般把深度学习也纳入机器学习的范畴，目前最新的研究是基于深度学习的情感分析方法。该方法的文本表示采用词向量，分类算法则使用深度学习的循环神经网络或卷积神经网络。

7.4.2 情感分析的具体应用和示例

1. 情感分析的应用领域

情感分析的应用包括但不局限于下面的这些场合。

（1）消费者口碑分析

消费者与商家都重视产品和服务的口碑，这也是情感分析应用最多的方面。消费者据此制订自己的购买决策，商家据此分析与总结产品和服务的优势及不足，并加以改进以赢得消费者的青睐。

（2）事件走向预测

通过对重大事件发生时的民意进行分析，挖掘用户的主流观点与态度，研判事件未来的走向与发展趋势。例如国外有投资基金机构通过情感分析研究金融评论文本中的投资者情绪构建情绪模型，预测未来的金融走势作为投资依据，取得了不错的投资成绩；美国总统大选时，一些研究机构分析美国大选时大量的网络新闻评论预测大选的结果等。

（3）舆情监控

政府机构非常重视互联网舆情分析。互联网上的热点话题与重要舆情传播迅速、影响巨大，利用情感分析技术可以很好地监控与分析这些舆情信息，过滤掉那些不良信息，有效地传播积极信息，维护互联网信息的健康运行。

（4）用户兴趣挖掘

网络社区蕴含着巨大的商业价值，社会网络分析与社区营销方兴未艾。根据网络社区中用户的发言、转发与评论，识别网络社区圈子，挖掘意见领袖，分析个人的偏好、兴趣等情感倾向，是商家的制胜法宝。

2. 情感分析的 Python 实现

下面结合 Python 以具体实例来说明。我们使用的原始语料为 1000 条豆瓣电影评论，其中第一列为积极评论，第二列为消极评论。我们在这里使用 SVM 模型和 XGBoost 模型对豆瓣评论语料库进行情感分析，具体操作步骤如下。

① 加载相关库与导入原始语料。示例代码如下：

```
In: from sklearn.model_selection import train_test_split
    from gensim.models.word2vec import Word2Vec
    import numpy as np
    import pandas as pd
    import jieba
    from sklearn.svm import SVC
    from xgboost import XGBClassifier
    from sklearn.metrics import f1_score
    from sklearn.metrics import recall_score
    from sklearn.metrics import precision_score
    sample = pd.read_csv("douban.csv",encoding = "gb18030")
    sample.head(5)
```

② 构造数据预处理函数。

对原始语料进行分词，划分测试集和训练集（7:3）并对文档进行标签化。示例代码如下：

```
In: def data_processing():               #数据处理，返回测试集、训练集及其相应标签
        good = sample["Good"]
        bad = sample["Bad"]
        cw = lambda x:list(jieba.cut(x))          #jieba 分词
        sample['goodwords'] = good.apply(cw)      #增加新列
        sample['badwords'] = bad.apply(cw)
        y = np.concatenate((np.ones(len(good)),np.zeros(len(bad))))
        #0 为负面，1 为正面
        x_train,x_test,y_train,y_test = train_test_split(np.concatenate((
        sample['goodwords'],sample['badwords'])),y,test_size=0.3)  #训练集占 70%
        return x_train,x_test,y_train,y_test
```

③ 构造句子向量化处理函数。

计算训练集和测试集每条评论数据的向量，对每个句子的所有词向量取均值，生成一个句子的向量。示例代码如下：

```
In: def sentence_vector(text,size,douban):
        vec=np.zeros(size).reshape((1,size))
        count=0
        for word in text:
            try:
                vec+=douban[word].reshape((1,size))
                count+=1
            except KeyError:
                continue
        if count!=0:
            vec/=count
        return vec
```

④ 构造词向量生成函数。

用 word2vec 建立词向量模型，训练词向量，返回词向量集合。示例代码如下：

```
In: def train_vecs(dim_size,x_train,x_test):            #(词向量维度，训练集，测试集)
        douban=Word2Vec(size=dim_size,min_count=3)   #Word2Vec 建立词向量模型
        douban.build_vocab(x_train)                  #建立模型词汇表
        douban.train(x_train,total_examples=douban.corpus_count,epochs=20)
                                                     #在训练集上训练词向量
```

```
    train_vecs=np.concatenate([sentence_vector(z,dim_size,douban) for z inx_train])
    #训练集向量集合
    douban.train(x_test,total_examples=douban.corpus_count,epochs=20)
    #在测试集上训练词向量
    test_vecs=np.concatenate([sentence_vector(z,dim_size,douban) for z in x_test])
    #测试集向量集合
    return train_vecs,test_vecs
```

⑤ 构建 SVM 和 XGBoost 模型函数。

这两个函数都是返回模型评估指标（f1、acc、recall）。示例代码如下：

```
In: def svm_train(train_vecs,y_train,test_vecs,y_test):
        clf = SVC(kernel = 'rbf',verbose = True)
        clf.fit(train_vecs,y_train)          #根据给定的训练数据拟合 SVM 模型
        y_pred = clf.predict(test_vecs)
        f1 = f1_score(y_test, y_pred)
        acc = clf.score(test_vecs,y_test)
        recall = recall_score(y_test, y_pred)
        return f1,acc,recall                 #返回模型评估指标
    def XGB_train(train_vecs,y_train,test_vecs,y_test):
        clf = XGBClassifier(learning_rate = 0.01,
                            n_estimators = 800,
                            max_depth = 10,
                            subsample = 0.8,
                            colsample_btree = 0.8,
                            objective = 'binary:logistic')
        clf.fit(train_vecs,y_train)          #根据给定的训练数据拟合 XGBoost 模型
        y_pred = clf.predict(test_vecs)
        f1 = f1_score(y_test, y_pred)
        acc = clf.score(test_vecs,y_test)
        recall = recall_score(y_test, y_pred)
        return f1,acc,recall                      #返回模型评估指标
```

⑥ 训练模型与评估模型效果。示例代码如下：

```
In: X_train,X_test,y_train,y_test = data_processing()
    for i in range(300,310):
        Train_vecs,Test_vecs = train_vecs(i,X_train,X_test)
        sf1,sacc,srecall = svm_train(Train_vecs,y_train,Test_vecs,y_test)
        xf1,xacc,xrecall = XGB_train(Train_vecs,y_train,Test_vecs,y_test)
        if i%5 == 0:
            print("当维数为{}时,支持向量机的 f1 值为{}".format(str(i),str(sf1)))
            print("当维数为{}时,支持向量机的准确率为{}".format(str(i),str(sacc)))
            print("当维数为{}时,支持向量机的召回率为{}".format(str(i),str(srecall)))
            print("当维数为{}时,XGBoost 的 f1 值为{}".format(str(i),str(xf1)))
            print("当维数为{}时,XGBoost 的准确率为{}".format(str(i),str(xacc)))
            print("当维数为{}时,XGBoost 的召回率为{}".format(str(i),str(xrecall)))
```

模型评估指标如表 7-7 所示。

从上述结果中可以看到，使用 XGBoost 模型（维度 305）进行文本情感分析的精确率最高，达到 81%。同时，精确率、召回率、F1 值彼此间很接近，这意味着分类很均匀。

上面的示例需要自己准备情感语料，以及自己开发情感分析模型。我们也可以用第三方开发好的情感分析包或接口直接进行情感分析，例如 snowNLP、百度 API 情感分析接口等。

表 7-7   SVM 和 XGBoost 模型评估

维度	300		305	
模型	SVM	XGBoost	SVM	XGBoost
精确率	0.72	0.78	0.76	0.81
召回率	0.77	0.83	0.78	0.86
F1	0.74	0.80	0.77	0.83

7.5　主题模型

对文本的相似性判断有很多种方法，如经典的 VSM 模型。这些方法在判断文本相似性时，往往基于一个基本的假设，即文档之间重复的词语越多越可能相似。然而，这一点在实际中并不尽然。在自然语言处理中，很多情况下文档的相似不完全取决于文字的重复，例如下面的两句话。

第一句：苹果价格会不会降？

第二句：iPhone 的售价确实高。

从这两句话结构来看，没有重复的词语，如果单纯从字面上判断，无法识别两句之间是否存在关联，需要对文字背后的语义关联进行分析。但是，如果由人来判断，根据相关的领域知识，一看就知道，这两个句子之间虽然没有任何公共词语，但存在很大的相关性。这是因为第一句中的"苹果"可能是指吃的苹果，也有可能是指苹果公司，由于第二句里面出现了"iPhone"的字样，结合两句话的意思，我们会很自然地把"苹果"理解为苹果公司的产品。事实上，这种文字语句之间的相关性、相似性问题，在文本处理和信息检索中经常遇到。例如，在一个文本集合中，当用户需要获得具有相似内容的文本数据时，如何将词语重复很少但语义相似的文本识别出来，以及在信息检索时，当用户输入一个检索请求，如何从海量数据集合中获取相关结果，这些应用场景都涉及文本和数据语义相似度判断的问题。对于这类问题，人是可以通过上下文语境来判断的。但是，机器如何判断呢？

如果把一篇文本的"内容"看作一个"主题"的话，那么一个文本集合就代表了一个统一的主题内容，对文本集合主题的提取将帮助人们快速理解海量文本集合的内容。相对于传统的文本挖掘方法，主题模型能够从"主题""主题间关系"等抽象概念层面实现对文本的挖掘，并能获取隐含、有价值、易于理解的知识模式。

还是上面的例子，"苹果"这个词的背后既包含苹果手机这样一个主题，也包括了水果的主题。当将第一句和第二句话进行综合比较时，苹果手机这个主题就和"iPhone"所代表的主题匹配上了，因而我们认为它们是相关的。

对文本所包含的语义关联进行挖掘，可以让我们的文本分析和信息检索变得更加智能化。其实，如何进行文本语义关系的度量，在自然语言处理领域已经有很多种方法，这些方法从词、词组、句子、篇章角度进行衡量。接下来，我们将介绍一个语义挖掘常用的机器学习方法：主题模型。

7.5.1　主题模型简介

主题模型从不同的应用场景来看，可以有不同的理解。例如，我们可以将主题模型理解为是对文本集合中词语的共现关系进行计算的方法，也可以理解为是一种文本的聚类算法、文本的降维算法，还可以将其看作一个概率计算模型和文本的生成模型等。

LDA（Latent Dirichlet Allocation）模型是一种文档主题生成模型，也可以理解为是一个三层贝叶斯概率模型，包含词、主题和文档 3 层结构。所谓生成模型，就是说，我们认为一篇文章的每个词都是通过"以一定概率选择了某个主题，并从这个主题中以一定概率选择某个词语"这样一个过程得到。文档到主题服从多项式分布，主题到词服从多项式分布。

在主题模型出现前，人们对文本主题的理解可追溯到 20 世纪 70 年代。Salton 等人提出的向量空间模型（VSM）是最早的主题挖掘方法。向量空间模型实现了将文本表达成数学概念，即几何空间中的向量，从而为探究词项与文本之间的关系和计算文本之间的相似度提供了有效的方法。向量空间模型简单、易懂，自提出后就在实际应用中获得了极大的成功，目前商业搜索引擎（百度等）都采用其作为检索模型中的文本表示方法。为了识别文本中词项对文本的重要程度，1988 年，Salton 和 Bucley 等人又提出了 TF-IDF（Term Frequency-Inverse Document Frequency）统计方法。其中 TF（Term Frequency）为词频，IDF（Inverse Document Frequency）为反文档频率。TF 用来统计词项在表达文本内容方面的能力，IDF 则用来描述词项在区分不同文本中的能力。在 TF-IDF 中，某一词项在文本中出现的频率越高，说明其在文本中的重要性越高，但此重要程度会同时随着该词在整个语料库中出现频率的升高而下降。虽然 TF-IDF 获得了广泛的应用，但是其以关键词的词频统计来衡量词项在文本中的重要性这方面，还有一些逻辑问题。例如，对一篇文本来说，重要的词项可能频率并不高，且如果出现同义词现象，则 TF-IDF 无法有效地识别。向量空间模型和统计模型尽管在方法论上有着不同，但两者还是存在很多的共同点，一个最重要的共同点就是两者的方法都认为文本是在词典空间上的表示，也就是说将文本表示成一个"文本→词"的映射，形成了一个一对多的关系。

然而，人们对文本的理解不能简单地通过词频统计描述，需要能够进一步深入地对文本进行挖掘，同时也希望能够挖掘出文本潜在的"语义"信息。这就使得文本处理进入了语义处理的阶段。

在文本语义处理中，早期的研究是 Thmoas 等人在 1998 年进行的潜在语义分析（Latent Semantic Analysis，LSA）。潜在语义分析的创新性是将语义维度引入文本分析中。在 LSA 出现前，人们对文本表示的方法沿用一个思维定式，即文本是在词典空间上的表示。语义维度的引入，实现了将文本信息进一步的浓缩，并将文本看作语义维度上的一个表示。简单来说，如果传统的文本描述是"文本→词"之间的映射，那么潜在语义模型在引入语义维度后，形成了"文本→语义→词"的描述空间。后来的主题模型实际上都沿用了这一核心思想。潜在语义模型的本质是考虑词与词在文本中的共现，通过这种共现关系的提取，实现文本在语义空间上的低维表示。

随着概率统计分析在文本建模中的不断应用，潜在语义分析被提升到了概率统计的分析模型（pLSI 或 pLSA）。LSA 描述的每一个语义维度对应一个特征向量，在概率模型中，每个语义维度则对应到词典上词项的概率分布。早期的概率主题模型被称作"aspect model"。pLSA 在潜在语义分析的基础上增加了概率分布，这给文本分析带来了很多好处，如可以方便地进行模型的扩展，以及引入作者、时间等维度，实现了将相关描述元数据引入文本分析之中，增强了文本分析的语义性；此外在文本词项概率分布上，概率分布也可以引入先验信息等。然而，pLSA 还不是一个"完整"的贝叶斯概率模型，这主要是因为 pLSA 在概率分布计算时，对于"文档→主题和主题→词项"之间的分布并没有采用随机变量，而是看作参数。

2003 年，Blei 等人在其发表的论文 *Latent Dirichlet Allocation* 中第一次提出了主题模型（topic models）。在自然语言处理中，主题被看成词项的概率分布，Blei 所说的主题则是指文本中的语义维度。

从理论上来看，主题模型是对文字隐含主题进行建模的方法。它克服了传统信息检索中文档相似度计算方法的缺点，并且能够在海量互联网数据中自动寻找出文字间的语义主题。近些年来各大互联网公司都开始了这方面的探索和尝试。

1. 什么是主题

主题就是一个概念、一个方面。它表现为一系列相关的词语。例如上文两句话，涉及"苹果公司"这个主题，那么"iPhone""Mac""手机"等词语就会以较高的频率出现；而如果涉及"谷歌"这个主题，那么"搜索引擎"等就会出现得很频繁。如果用数学来描述，主题就是词汇表上词语的条件概率分布。与主题关系越密切的词语，它的条件概率越大，反之则越小。

通俗地来说，可以把主题比喻成一个"桶"（或词袋），它装了若干出现概率较高的词语。这些词语和这个主题有很强的相关性，或者说，正是这些词语共同定义了这个主题。一篇文本可能包含多个"主题"，词语可以出自不同的"桶"（或词袋），因此，文本往往是若干个主题的杂合体，可以通过概率计算获得最合适的主题（即高概率的主题）。

在自然语言处理中，主题被看成词项的概率分布，Blei 所说的主题则是指文本中的语义维度。在主题模型中，主题是语料集合上语义的抽象表示。图 7-9 所示为几个主题的例子，可以看出，每一个主题都对应着一组带有语义的词项，每个主题都可以看作一个多项式分布。

从图 7-10 中我们可以看到，每个主题都是对文本内容的语义挖掘。

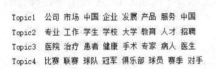

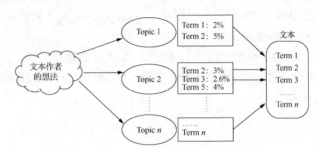

图 7-9　相关语料生成的主题模型　　　　　图 7-10　主题模型的基本想法

2.　主题模型原理

LDA 主题模型是一种非监督学习技术，可以用来识别大规模文档集（document collection）或语料库（corpus）中潜藏的主题信息。它有一个重要的假设——词袋（bag of words），即一篇文本中的单词是可以交换次序而不影响模型的训练结果的，可交换表明文本中词项出现与顺序无关。词袋方法降低了问题的复杂性，同时也为模型的改进提供了契机。

LDA 主题模型是建立在文本生成过程中的一种假设，如图 7-10 所示。主题可以理解为一篇文章、一段话或是一句话所要表达的中心思想。模型认为，每一篇文本都会围绕某个想法展开，而它的作者为了能够阐述这个想法，就会选择组成这篇文本的主题分布。根据这些主题的分布情况，主题由一组特定的词项来反映。根据假设，每个主题都是由特定位置上的词项组成，而文本则是由每个词项不断重复而完成。

主题模型利用词语的共现，通过词项的概率计算来发现主题与词项之间的概率分布规律，以及文本与主题之间的概率。也就是说，主题模型是一种混合概率模型。主题模型允许一篇文本包括多个主题，但同时为了避免主题太多无法描述文本的内涵，可以通过狄利克雷分布来限定主题的比例。主题模型的建模效果示例如图 7-11 所示。

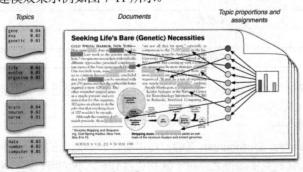

图 7-11　主题模型的建模效果示例

图 7-11 的左侧表示不同的主题，通过 LDA 模型将文本中的每个词项分配给一个主题（即图中不同颜色的圆圈），并获得文本的主题分布情况（右侧柱状图），最后生成文本中主题与词项之间的概率分布（图左侧的 Topics 列表）。

由此可见，LDA 主题模型是一个三层贝叶斯概率模型，它包括单词层、主题层、文档层 3 层，即每一篇文档代表了一些主题所构成的一个概率分布，而每一个主题又代表了很多单词所构成的一个概率分布，如图 7-12 所示。假设在一个文档集 D 中有 m 篇文档，即 $D=\{d_1,d_2,d_3,\cdots,d_m\}$，文档集 D 中分布着 k 个主题 z，即 $\{z_1,z_2,z_3,\cdots,z_k\}$，其中每个主题 z 都是一个基于单词集合 $\{w_1,w_2,\cdots,w_n\}$ 的概率多项分布。就"主题—词"的概率分布而言，可以表示成向量 $\varphi_k=\{p_{k1},p_{k2},\cdots,p_{kn}\}$，其中 p_{kn} 表示词 w_n 在主题 z_k 中的生成概率；就"主题—文档"而言，可以表示为 $\theta=\{\theta_1,\theta_2,\cdots,\theta_d\}$，其中每一个向量又可以用 $\theta_d=\{p_{d1},p_{d2},\cdots,p_{dk}\}$ 来表示文档的主题分布，其中 p_{dk} 是主题 z_k 在文档 d 中的生成概率。

LDA 模型如图 7-13 所示，其中 D 为整个文档，N_d 为文档 d 的单词集，α 和 β 分别是"文档—主题"概率分布 θ 和"主题—词"概率分布 φ 的先验知识。表 7-8 所示为 LDA 模型中各符号的含义。

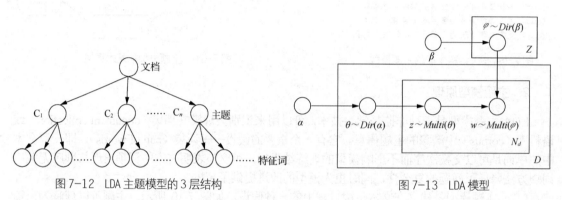

图 7-12　LDA 主题模型的 3 层结构　　　　　　图 7-13　LDA 模型

表 7-8　　　　　　　　　　　　　LDA 模型的参数说明

符号	含义
α	θ 的超参数
β	φ 的超参数
θ	文本—主题概率分布
φ	主题—词概率分布
z	词的主题分布
w	词
D	文本数
N	词数
Z	主题数

LDA 主题模型在对文本主题求解过程中，采用了隐含狄利克雷分布和吉布斯采样两个主要的技术环节。

（1）隐含狄利克雷分布

狄利克雷分布（Dirichlet Distribution，DD）可以看作分布之上的分布，它是为纪念德国数学家约翰·彼得·得热纳·狄利克雷而得名。对于狄利克雷分布，我们可以这样来理解，例如，为判断某一事件出现的概率，可能会采用 50 次的随机试验，假设得到 4 种结果，这 4 种结果表明该事件发生的概率分别是(0.4,0.65,0.3,0.5)。如果在此基础上需要继续验证该事件所发生的概率,则针对每一个结果再进行 50 次子实验,这样就得到了一个概率分布的概率分布。这就是一个狄利克雷分布。

隐含狄利克雷中的"隐含"是指主题的表示是隐含的,即指在处理文本时并不知道文本包含什么样的主题。也就是说,在 LDA 模型进行主题获取时,只给出了主题的数量而不知道主题具体是什么。由此可见,LDA 模型是一个无监督的计算机学习算法,训练时不需要手动标注文本集,仅给出主题数量即可。

在 LDA 中,有两组先验概率:一组是"文档→主题"的先验,来自一个对称的 Dir(α);一组是"主题→词项"的先验,来自一个对称的 Dir(β)。对于经验值 α、β 的取值,有 $\alpha = 50/z$,$\beta = 0.1$。

（2）吉布斯采样

主题模型的求解是一个非常复杂的最优化问题,一般进行模型的求解有 3 种方法:一种是吉布斯（Gibbs）采样的方法,一种是基于变分法的 EM 求解,还有一种是基于期望推进的方法。由于吉布斯方法推导的结果简单且效果不错,因此它是目前采用较多的一种求解方法。吉布斯是一种近似推理算法,假设文本中出现的词汇连成一串且不重复,在 LDA 迭代的过程中,Gibbs 为这个词汇串中的每一个词分配一个主题,然后 Gibbs 不断地更新节点状态,直到收敛到一个较为稳定的数据集上,以此计算出 LDA 概率分布的近似值。

7.5.2 主题模型在文本语义挖掘中的应用

主题模型在文本主题识别中的应用步骤如图 7-14 所示。

从图 7-14 可以看出,主题模型进行主题求解主要包括如下步骤。

① 文本预处理。预处理主要是采用工具对文本文件进行分词处理以及停用词的过滤等。

② 构建语料库。语料库的构建是提供 LDA 主题模型求解所需的数据,其目的是对文本文件进行数字化表示,形成文本中每个词语的 ID 和频率的矩阵。

③ LDA 模型训练。对语料库的数据进行主题计算,利用训练好的模型对新文本的主题进行推断。

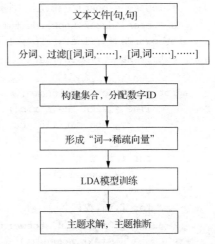

图 7-14 主题模型在文本主题识别中的应用步骤

1. 最佳主题数计算

主题是文本内容的抽象描述。在主题模型中,主题的数量需要预先给定。一般来讲,语料集越大,主题的数量越多。面向主题模型的文献知识关联识别的效果好坏与主题的选取有非常大的关系,最佳的主题数将带来较好的知识抽取。

为确定文献集的主题数,我们使用统计语言模型中常用的评价指标,即困惑度来确定最优的主题数。困惑度一般在自然语言处理中用来衡量训练出的语言模型的好坏,在用 LDA 作主题和词聚类时,采用困惑度来确定主题数量,困惑度的描述公式如下:

$$perplexity = \exp\left\{-\left(\frac{\sum \lg(p(w))}{N}\right)\right\} \tag{7-9}$$

公式中,$p(w)$是指文本集中出现的每一个词的概率,N 则是文本集中出现的所有词。困惑度为文档集中包含的各句子相似性几何均值的倒数,随句子相似性的增加而逐步递减。困惑度 *perplexity* 表示预测数据时的不确定度,值越小表示性能越好。

2. Python 实现 LDA 主题模型求解方法

用 Python 实现 LDA 主题模型求解可以采用 Gensim 包。用 Gensim 实现 LDA 主题模型有以下 3 个环节。

① 语料库（corpus）。文档集合，用于自动推出文档结构及它们的主题等，也可称作训练语料。

② 词典（dictionary）。实现用字符串表示的文档转换为用 ID 表示的文档向量。

③ 模型（LdaModel）。用于实现主题求解。

3. 新闻文本主题挖掘案例

本文以慧科新闻数据库的数据作为实验对象，以"上海图书馆"和"讲座"为关键词，进行检索，形成有关上海图书馆讲座的新闻报道义本集合。

实验环境为：Python 3.7+Gensim。预处理使用 jieba 分词组件进行分词处理，结合哈尔滨工业大学停用词表在分词的同时对文本进行停用词剔除操作。经过预处理，最后形成的新闻文本语料库共包含 221024 个词汇。

具体的实现步骤及其代码如下。

① 中文分词。

```
In: import jieba
    filename = open('data/上图讲座.txt','r',encoding = 'UTF-8')      #读入文件
    s = open('data/stopwords.txt','r',encoding='UTF-8')
    stopwords = [line.strip() for line in s.readlines()]            #读入停用词
    outfilename = open('data/上图讲座_分词.txt','w',encoding = 'UTF-8') #读入输出文件

    for eachLine in filename:
        line = eachLine.strip()
        z1 = jieba.cut(line,cut_all=False)           #对所有内容进行精准分词
        z2 = []
        for i in z1:
            z2.append(i)
        text = []                                    #去停用词处理
        for i in z2:                                 #去除停用词
            if i not in stopwords:
                text.append(i)
        for word in text:
            outfilename.write(word+' ')
        outfilename.write('\n')                      #将分词后的结果写入输出文件
    filename.close()
    outfilename.close()
```

② 导入相关的包。示例代码如下：

```
In: from gensim import models,corpora
    from gensim.models import LdaModel
    import numpy as np
```

③ 训练 LDA 模型。示例代码如下：

```
In: doc=[]
    size_lda = 20    #主题数
    iterations = 10000

    def LDA_model():
```

```
        lda = LdaModel(id2word = dictionary,num_topics = size_lda,iterations =
iterations)    #训练模型
        for i in range(size_lda):
            aa = [x[0] for x in lda.get_topic_terms(i, topn=5)] #选取主题概率最高的前
5个词

            words = ''
            for it in aa:
                words += dictionary[it] + ' '
            print ('第%d个主题:'%i,words)
        return lda


    if __name__=='__main__':
        fin = open('data/上图讲座_分词.txt','r',encoding = 'UTF-8')   #打开分好词的文件
        f=fin.readlines()
        for eachLine in f:
            doc.append(eachLine.strip().split(' '))
        dictionary = corpora.Dictionary(doc)                #构建词典，并把词典向量化
        corpus = [ dictionary.doc2bow(text) for text in doc ]
        lda = LDA_model()
```

本章小结

随着社交网络和数字办公的发展，越来越多的非结构化数据需要处理，而文本挖掘能够从非结构化的文本文档中提取到有用的知识模式。本章从文本挖掘的定义出发，由浅入深地介绍了文本挖掘的核心内容：文本特征提取、文本表示、文本分类、文本情感分析、主题模型，以及它们在 Python 中的具体实现。

由于篇幅的原因，本书无法详细介绍文本挖掘的所有内容。感兴趣的读者可以去网上检索资料自行学习。

习题

1. 请简述文本挖掘的定义和过程。
2. Jieba 分词支持几种分词模式，分别是什么？
3. 请简述 TextRank 算法的原理。
4. 计算下列语料库的 TF-IDF 矩阵。

词典：[我,要,去,首都,北京]

文档 1：[北京,是,首都]

文档 2：[我,去,北京]

5. 请说明模型评价指标中哪个指标最重要。
6. 试用自己的数据集基于贝叶斯算法进行文本分类分析。
7. 试用自己的数据集对比分析 SVM 和 XGBoost 算法的优劣。
8. 基于题目 7，尝试修改不同的维数以对比模型的性能。

深度学习篇

第 **8** 章 深度学习基础

在前两章中我们详细介绍了数据挖掘和文本挖掘的概念，从广义上来讲，这两者采用的核心技术都与传统的机器学习（即深度学习之前的机器学习）有关，传统的机器学习大多数只能实现弱人工智能。但是随着大数据的发展，机器学习越来越不能满足人们对强人工智能的追求，因此以神经网络为基础的深度学习越来越受到人们的重视。

本章将从深度学习基础、深度学习的框架、深度学习经典模型等几个方面入手，帮助读者入门深度学习。深度学习基础的知识框架如图 8-1 所示。

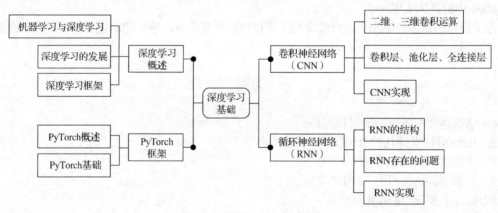

图 8-1　深度学习基础的知识框架

8.1　深度学习概述

8.1.1　机器学习与深度学习

机器学习实际上是一种使用数学模型对现实问题进行抽象并建模，以解决某领域内相似问题的过程。而深度学习是一种在形式上多变，让计算机不断尝试，直到最终逼近目标的一种机器学习方法。从数学本质上说，深度学习与前面谈到的传统机器学习方法并没有实质性差别，都是希望在高维空间中，根据对象的特征将不同类别的对象区分开来。从这个层面上讲，深度学习也属于机器学习的范畴，它们都是人工智能的核心技术。但是在表达能力与学习能力方面，深度学习要大幅领先传统机器学习。

为进一步区分深度学习和机器学习，接下来将从数据、硬件、问题解决方式、训练时间、可解释性等几个方面介绍两者的区别。

1. 数据

深度学习的各种算法通常需要大量的训练数据才能达到令人满意的效果，因此对于现实生活中的小样本数据而言，传统机器学习算法的效果更好。图 8-2 清晰地展示了深度学习和机器学习模型的性能与数据量之间的关系。

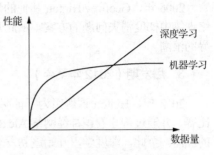

图 8-2 模型性能受数据量的影响

2. 硬件

深度学习算法需要进行大量的矩阵运算，即需要算力支持。而图形处理器（Graphics Processing Unit，GPU）的内核数量多且支持并行运算，能够为高效优化矩阵算法提供算力。所以 GPU 是深度学习正常工作的必需硬件，与传统机器学习算法相比，深度学习更加依赖安装 GPU 的高端机器设备。

3. 问题解决方式

传统机器学习算法解决问题的方式是将问题分解成很多子问题并汇总阶段性成果，以此获得最终结果。传统机器学习将解决问题的过程拆分成很多步骤，每个步骤是一个独立的任务，每个步骤的质量会影响下一个步骤，以致影响整个结果。这种方式是非端到端的。相反，深度学习提倡的是直接端到端的解决问题方式。深度学习解决问题的流程是输入数据（输入端），经过训练不断降低误差，直到模型达到预期的效果，最终直接得到输出结果（输出端），这种方式是端到端的。

4. 训练时间

大多数情况下，训练一个深度学习算法需要很长的时间。深度学习算法中的参数很多，会明显多于机器学习中的参数，因此训练算法需要更长的时间。

5. 可解释性

如果训练模型的样本数据足够大，深度学习可以达到很好的效果，但是它不会告诉我们好的效果背后的模型运算逻辑。尽管从数学角度来讲，我们可以找到哪个神经元被激活了，但是我们无法解释这些神经元具体在执行什么操作，当然也就无法解释结果是如何产生的。而对于传统机器学习而言，如决策树，会给出明确的计算规则，背后的逻辑我们也能够很容易地理解。

8.1.2 深度学习的发展

深度学习其前身人工神经网络的思想源于 1943 年的 MCP 人工神经元模型，当时，研究者希望能够用计算机来模拟人的神经元反应的过程。如果从人工神经网络诞生算起，深度学习发展至今已有 70 多年的历史，可以将其分为萌芽期、发展期和爆发期。

1. 萌芽期（1943 年—2005 年）

这一时期，很多深度学习的前身——神经网络模型被提出，例如经典的感知机（Perceptron）算法、BP（Back Propagation）算法、卷积神经网络等。但是由于时代的限制和硬件设备的局限，深度学习算法不能很好地解决问题，因此在这段时期内，深度学习算法发展缓慢，甚至一度被人们放弃。

2. 发展期（2006 年—2012 年）

2006 年，Geoffrey Hinton 和他的学生在《科学》杂志上发表了一篇文章，提出了解决神经网络训练中梯度消失问题的方案。从此开始，深度学习重新回到人们的视线，并成为学术界和工业界的浪潮。

3. 爆发期（2012 年至今）

2012 年，Hinton 课题组为了证明深度学习蕴含的巨大潜力，首次参加了 ImageNet 图像识别比赛，并通过构建卷积神经网络 AlexNet 一举夺冠，且 AlexNet 远超第二名 SVM（支持向量机）的性能。至此，深度学习开始蓬勃发展至今。

8.1.3 深度学习框架

在进行深度学习项目前，选择一个合适的框架能够帮助我们事半功倍。接下来将对两种常用的深度学习框架进行简单介绍。

1. TensorFlow

TensorFlow 最初是针对深度学习和深度神经网络进行研究而开发的，目前开源后可以在各个领域内使用。TensorFlow 是现在全世界使用人数最多、社区最为庞大的框架之一，更新维护比较频繁，教程也非常完善，当之无愧为深度学习框架默认的"老大"。

但是 2019 年 3 月 TensorFlow 2.0 发布以来，其版本升级导致的不兼容性广受人们诟病，同时 PyTorch 的简洁、易用吸引了更多用户的目光，TensorFlow 的地位受到了挑战。

2. PyTorch

PyTorch 的前身是 Torch，Torch 本身是一个有大量机器学习算法支持的科学计算框架，自诞生已经有 10 年之久，但真正起势是开源了大量 Torch 的深度学习模块和扩展。Torch 的优点在于特别灵活，但是由于采用了编程语言 Lua，因此在目前深度学习大部分以 Python 为编程语言的大环境下，其缺点也非常明显。

2017 年 1 月，PyTorch 这一基于 Python 的深度学习框架，不仅能够实现强大的 GPU 加速，同时还支持动态神经网络，这是很多主流深度学习框架（如 TensorFlow 等）所不支持的。可以说 PyTorch 是深度学习框架领域的 NumPy。目前 PyTorch 已被许多知名机构所使用，包括 Twitter、卡耐基梅隆大学、Salesforce 等都已参与其中。

目前排在 TensorFlow、PyTorch 后面的深度学习开发框架还有 Keras、Caffe、MXNet、DL4J、Theano 等。国内，百度的深度学习开发框架 PaddlePaddle（飞桨）也占有一席之地。基于 PyTorch 迅猛发展的良好势头，本书将主要介绍 PyTorch 的使用。

8.2　PyTorch 概述

8.2.1　PyTorch 简介

上一小节我们已经简单介绍了几款主流的深度学习框架，本小节我们将重点介绍本书所使用的深度学习框架 PyTorch。

PyTorch 使用 Python 作为开发语言，它不仅能够实现强大的 GPU 加速，同时还支持动态神经网络。可以将其看作一个加入了 GPU 支持的 NumPy 模块，同时也可以看成一个拥有自动求导功能的强大深度神经网络，它现已被多家公司采用。

相比深度学习开发框架的"老大哥"TensorFlow，PyTorch 具有如下优点。

（1）简单且易用

PyTorch 类似于 NumPy，风格非常 Python 化，能够轻易和 Python 生态集成起来，而且可以获得 GPU 加速的便利，可以更加快速地进行数据处理工作。相比之下，符号式编程的 TensorFlow 的实现就显得非常复杂和烦琐。

（2）动态图设计

TensorFlow 遵循"数据即代码，代码即数据"的理念，可以在运行之前静态地定义图，然后调用 session 来执行图。而 PyTorch 中图的定义是动态化的，可以随时定义、随时更改、随时执行节点。这意味着我们在使用 PyTorch 时可以随意调用函数，使代码更加简洁。

（3）性能优越

虽然 PyTorch 是命令式编程，但是它能做到代码更加简洁、可用的情况下，运行效率同 TensorFlow，这也是人们选择 PyTorch 的原因之一。

8.2.2　PyTorch 安装

在浏览器中输入 https://PyTorch.org/，进入 PyTorch 的官方网站，可看到图 8-3 所示的安装页面。

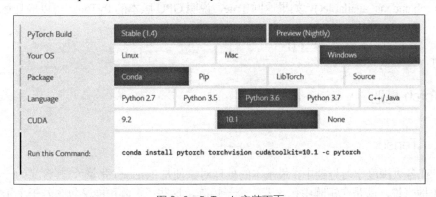

图 8-3　PyTorch 安装页面

在页面中可以选择对应的安装版本，如果你的计算机没有支持的显卡进行加速，那么你的计算机只能使用 CPU 版本的 PyTorch。相较 GPU 版本而言，CPU 版本运行速度和效率会低很多。这时 CUDA 这部分就要选择 None，然后在命令行窗口执行 Run this Command 命令即可顺利安装。

如果计算机中可以支持 GPU 显卡，那么需要先安装 CUDA 才能安装 GPU 版本的 PyTorch。GPU 版本的安装会更加复杂一点，大概需要以下几个步骤：安装 NVIDIA CUDA→安装 cuDNN→安装 GPU 版本的 PyTorch→测试。

① 安装 NVIDIA CUDA，即计算机要有 NVIDIA 系列 GPU 显卡。

CUDA 的版本需要和官网上面 CUDA 版本保持一致，在浏览器中输入 https://developer.nvidia. com/进入 NVIDIA 官网，选择与所使用的计算机相匹配的操作系统和 CUDA 版本下载即可。下载完成后，根据系统提示操作即可完成 CUDA 的安装。CUDA 安装后，有可能环境变量没有自动设定，那就需要在系统中配置 CUDA 的环境变量。例如在 Windows 10 操作系统中右击"我的电脑"，选择"属性"，然后选择"高级系统设置"，选择"环境变量"，对 Path 环境变量进行编辑，将安装 CUDA 的路径复制到 Path 环境变量中保存即可完成 CUDA 的环境变量配置。配置完成后，在命令行窗口输入 nvcc –V，若显示图 8-4 所示的信息则表明 CUDA 安装配置完成。

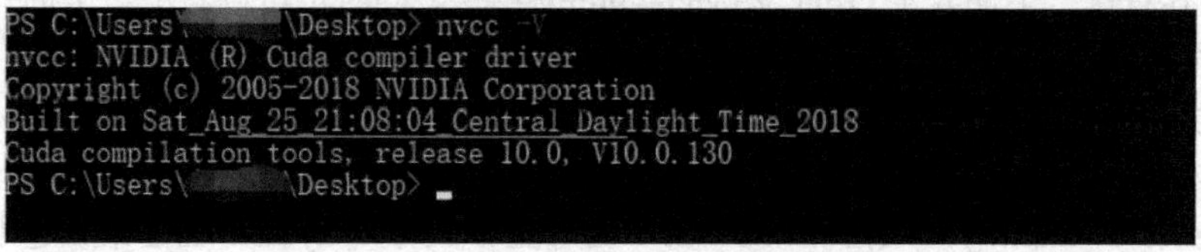

```
PS C:\Users\        \Desktop> nvcc -V
nvcc: NVIDIA (R) Cuda compiler driver
Copyright (c) 2005-2018 NVIDIA Corporation
Built on Sat_Aug_25_21:08:04_Central_Daylight_Time_2018
Cuda compilation tools, release 10.0, V10.0.130
PS C:\Users\        \Desktop>
```

图 8-4　输入 nvcc –V 测试 CUDA 是否成功安装

② 安装 cuDNN。

通过 https://developer.nvidia.com/rdp/cudnn-download 进入官网，需要注意的是注册账号后才能进行下载安装。下载完成后解压文件，将压缩包内所有文件放到 CUDA 安装目录下并跳过重复内容即可。

然后需要对其进行环境变量配置，和 CUDA 环境变量配置步骤相同，将 cuDNN 安装路径加入 Path 环境变量中即可。

③ 安装 GPU 版本的 PyTorch。

再次进入 PyTorch 官网，根据要求在命令行窗口输入命令，安装 GPU 版本的 PyTorch。

④ 测试。

上述所有步骤操作完成后，在命令行窗口输入 import torch，若不报错则说明 PyTorch 安装成功。输入 torch.cuda.is_available()，如果返回 True，说明 GPU 版本的 PyTorch 可以成功运行。示例代码如下：

```
In: torch.cuda.is_available()
Out: True
```

8.3　PyTorch 基础

8.3.1　Tensor

如今，在各大深度学习框架中，最基本的处理对象便是 Tensor（张量），其含义为一个多维的矩阵。形象地来说，就是在矩阵中包含若干个子矩阵，这些子矩阵可能又包含若干个子矩阵。

通过 torch.tensor()这个函数就可以构建一个 Tensor，同时这个函数也可以将 Python 中的 list 或 NumPy 中的 ndarray 格式转换成 Tensor。示例代码如下：

```
In: import torch
    import numpy as np
    torch.tensor([[1,-1],[-1,1]])                #构建 Tensor
    torch.tensor(np.array([[1,-1],[-1,1]]))  #将 NumPy 中的 ndarray 的格式转换成 Tensor
```

在 PyTorch 中，张量的表达与在 NumPy 模块下数据的表现形式是十分接近的，PyTorch 的 Tensor 可以通过指定函数与 NumPy 的 ndarray 进行相互转换。只是 PyTorch 中的 Tensor 可以在 CPU 与 GPU

上进行运算，而 NumPy 的 ndarray 只能在 CPU 上进行运算，效率相比 Tensor 来说低了不少。

表 8-1 所示为 PyTorch 官方给出的 Tensor 在 CPU 与 GPU 上的数据格式。默认情况下，以 torch.Tensor 的形式构建出来的 Tensor，其默认格式为 torch.FloatTensor，也可以通过 PyTorch 自带的函数改变其数据类型。CPU 版本和 GPU 版本中 Tensor 的区别如表 8-1 所示。

表 8-1　　　　　　　　　　　　　CPU 版本和 GPU 版本中 Tensor 的区别

Data type	dtype	CPU tensor	GPU tensor
32-bit floating point	torch.float32 或 torch.float	torch.FloatTensor	torch.cuda.FlostTensor
64-bit floating point	torch.float64 或 torch.double	torch.DoubleTensor	torch.cuda.DoubleTensor
16-bit floating point	torch.float16 或 torch.half	torch.HalfTensor	torch.cuda.HalfTensor
8-bit integer (unsigned)	torch.uint8	torch.ByteTensor	torch.cuda.ByteTensor
8-bit integer (signed)	torch.int8	torch.CharTensor	torch.cuda.CharTensor
16-bit integer (signed)	torch.int16 或 torch.short	torch.ShortTensor	torch.cuda.ShortTensor
32-bit integer (signed)	torch.int32 或 torch.int	torch.LongTensor	torch.cuda.IntTensor
64-bit integer (signed)	Torch.int64 或 torch.long	torch.LongTensor	torch.cuda.LongTensor
Boolean	torch.bool	torch.BoolTensor	torch.cuda.BoolTensor

8.3.2　Variable

关于变量（Variable）的概念，有使用过 TensorFlow 的读者肯定会有所了解。当我们使用深度学习框架去搭建一个神经网络的时候，往往是通过计算图的形式来实现的。从本质上来看，Variable 与 Tensor 没有区别。不过，Variable 拥有自动求导的功能，且能够通过这一特性来实现前向与后向传播。

在 PyTorch 中，我们需要 torch.autograd() 这个函数来调用 Variable。示例代码如下：

```
In: import torch
    from torch.autograd import Variable
    tensor=torch.FloatTensor([[1,2],[3,4]])
    # 构建一个 Tensor
    variable=Variable(tensor,requires_grad=True)
    # 根据这一 Tensor 构建与其对应的 Varialbe。其中 requires_grad 代表是否这一变量需要进行梯度
计算
```

2018 年 4 月 25 日，PyTorch 的重要变化之一就是将张量与变量进行了合并，将 torch. autograd. Variable 和 torch.Tensor 划分为一类。具体来说，torch.Tensor 能够像旧版本的 Variable 一样运行并同时兼容旧版本，而通过 Variable 进行转换后的 Tensor 仍旧可以像以前一样工作，但得到的是 torch.Tensor。简单地说，只要我们在定义 Tensor 的时候加入 requires_grad=True，即可实现 Tensor 的梯度计算，不必再去定义 Variable 了。以下代码为过去版本和新版本创建 Tensor 的区别。

```
In: import torch
    from torch.autograd import Variable
    #在过去版本中创建一个可以梯度计算的 Tensor
    old_tensor=torch.Tensor([[1,2],[3,4]])
    old_variable=Variable(old_tensor,requires_grad=True)
    #在新版本中创建一个可以梯度计算的 Tensor
    new_tensor=torch.Tensor([[1,2],[3,4]]).requires_grad_()
```

8.3.3　优化器

机器学习的应用很大程度上依赖于经验与大量的迭代，需要训练诸多模型才能找到合适的

那一款。所以加快模型的训练速度成了我们需要解决的一大问题，也引出了该节内容——优化算法（Optimization Algorithms，OA）。

优化算法就是通过修改参数，使得在机器学习或深度学习中，让损失函数能取得最值的策略。一般来说，目前我们所使用较多的优化算法为一阶优化算法，都是基于最普通的梯度下降所衍生的一系列变式，常见的有随机梯度下降（Stochastic Gradient Descent，SGD）算法、动量（Momentum）优化算法、RMSProp 算法、Adam 算法等。

实际上还有比一阶优化算法收敛速度更快的二阶优化算法，例如牛顿法与拟牛顿法。之所以称之为二阶优化算法，是因为这些算法不仅会沿着梯度最大的方向下降，还会考虑下一步的坡度情况，所以它们能够从全局上更为逼近目标函数。但是由于需要求二阶导数，求解 Hessian 矩阵需要复杂的运算，因此从投入与产出的角度来看，我们往往在实践过程中更倾向于选择一阶优化算法。

在 PyTorch 中，我们可以通过 torch.optim 来调用这些优化算法。下面举例介绍 Adam 优化算法的调用。代码如下：

```
In: import torch
    optimizer=torch.optim.Adam(params,lr=0.001,betas=(0.9,0.999),eps=1e-08,weight_
decay=0,amsgrad=False)
```

在 PyTorch 中，优化器调用起来非常方便，但是其中涉及很多参数。以 Adam 优化算法为例，其各参数的含义说明如下。

① params：待优化参数的迭代器或是定义了参数组的字典。

② lr：初始学习率（learning rate）。

③ betas：用于计算梯度和梯度平方平均值的参数，默认前者为 0.9，后者为 0.999，以元组的形式传入。

④ eps：为了增加数值计算的稳定而加大调整项分母的参数，默认为 1e-08。

⑤ weight_decay：L2 惩罚的参数，默认为 0。

⑥ amsgrad：是否在本次优化算法中使用 AMSGrad，默认为不使用（False）。

8.3.4　PyTorch 与 NumPy

PyTorch 的官方团队是这么形容自己的框架的：一个类似 NumPy 的张量库却拥有 NumPy 所没有的 GPU 支持（A Tensor library like Numpy, unlike Numpy it has strong GPU support）。可以看到，PyTorch 与 NumPy 之间存在着千丝万缕的联系。接下来我们将要对比两者在处理数据方面的方法异同，方便读者记忆。

1. 获取数据的基本信息

数据主要的基本信息包括数据的维度、包含的元素个数及每一维的大小等。NumPy 和 PyTorch 在获取数据方面的区别如表 8-2 所示。

表 8-2　　　　　　　　　　　　NumPy 和 PyTorch 在获取数据方面的区别

库	查看属性	类别	调用
NumPy	维度	属性	np.ndim
	元素个数	属性	np.size
	每一维的大小	属性	np.shape
PyTorch	维度	方法	torch.dim()
	元素个数	方法	torch.numel()
	每一维的大小	方法	torch.size()
	每一维的大小	属性	torch.shape

在 NumPy 中，查看数据的一些基本属性（例如维度、元素个数）主要靠调用属性，而在 PyTorch 中主要靠调用方法，在使用过程中应多注意两者的差异。两者使用方式的差异在代码中的体现如下：

```
In: import numpy as np
    n=np.random.rand(5,3)
    print(n.ndim)          #获取数据的维度
    print(n.size)          #获取数据包含元素个数
    print(n.shape)         #获取数据每一维大小

    import torch
    t=torch.rand(5,3)
    print(t.dim())         #获取数据的维度
    print(t.numel())       #获取数据包含元素个数
    print(t.shape)         #以方法方式获取数据每一维大小
    print(t.size())        #以属性方式获取数据每一维大小
Out: 2
    15
    (5,3)
    2
    15
    torch.size([5,3])
    torch.size([5,3])
```

2. 构造特定数据

在实践过程中，我们经常需要构建特殊的矩阵，如全为 0 的矩阵或全为 1 的矩阵。在构建这些矩阵时，NumPy 和 PyTorch 也存在着很大的差别，如表 8-3 所示。

表 8-3　　　　　　　　　　　NumPy 和 PyTorch 在构建矩阵方面的区别

目的	库	调用
构建等差矩阵	NumPy	np.arange()
	PyTorch	torch.arange()
构建取值为[0,1]的随机矩阵	NumPy	np.random.rand()
	PyTorch	torch.rand()
构建取值符合标准正态分布的随机矩阵	NumPy	np.random.randn()
	PyTorch	torch.randn()
构建全为 1 的矩阵	NumPy	np.ones()
	PyTorch	torch.ones()
构建全为 0 的矩阵	NumPy	np.zeros()
	PyTorch	torch.zeros()
构建单位矩阵	NumPy	np.eye()
	PyTorch	torch.eye()

接下来我们再从代码的表现来看它们之间的区别。

```
In: import numpy as np
    n1=np.arange(1,9,2)      #构建一个首项为1，末项为8，公差为2的一维矩阵
    n2=np.random.rand(3,5)   #构建一个3行5列，取值为[0,1]的随机矩阵
    n3=np.random.randn(3,5)  #构建一个3行5列，符合标准正态分布的随机矩阵
    n4=np.ones((5,3))        #构建一个5行3列的全1矩阵
```

```
n5=np.zeros((5,3))            #构建一个 5 行 3 列的全 0 矩阵
n6=np.eye(3)                  #构建一个 3 行 3 列的单位矩阵


import torch
t1=torch.arange(1,9,2)        #构建一个首项为 1, 末项为 8, 公差为 2 的一维张量
t2=torch.rand(3,5)            #构建一个 3 行 5 列, 取值为[0,1]的随机张量
t3=torch.randn(3,5)           #构建一个 3 行 5 列, 符合标准正态分布的随机张量
t4=torch.ones(5,3)            #构建一个 5 行 3 列的全 1 张量
t5=torch.zeros(5,3)           #构建一个 5 行 3 列的全 0 张量
t6=torch.eye(3)               #构建一个 3 行 3 列的单位张量
```

8.4 卷积神经网络

8.4.1 卷积神经网络简介

近年来，卷积神经网络在计算机视觉领域有着十分出色的表现，或许读者并没有听说过卷积神经网络，但肯定在现实生活中或多或少接触过与它相关的应用。计算机视觉作为深度学习的主要应用之一，具有很多应用场景，例如在无人自动驾驶中，帮助人们找到周围是否有行人、汽车、宠物等目标，以此来帮助车辆避开可能的危险；计算机视觉还使得人脸识别这一技术变得更加高效与精准，这点在目前很多公司的打卡制度上、在智能手机的解锁上都有所体现。可以说，正是深度学习卷积神经网络的发展，才使得计算机视觉逐渐融入了我们的生活。

"图片分类"（image classification）是实现计算机视觉的基础方法。例如给出一个 64 像素×64 像素的 RGB 图片，让计算机去分辨是否是狗。目标检测（object detection）是无人驾驶系统的核心之一，在设计中有时候并不一定要知道前面的物体是否是人或是车辆，只需要知道大致的距离即可，这些都需要计算机首先计算出图片中有哪些物体，再将它们抽象成一个个的小盒子。还有一个非常有趣的应用叫作图片风格迁移（Neural Style Transfer，NST），将一张图片转换成另外一张图片的风格，如将毕加索的图画风格迁移到你的自拍照上，就可以看到毕加索是怎么"画"你了。

上面这些应用听上去很吸引人，但需要注意的是，在计算机视觉领域，输入的数据量往往是十分庞大的。对于一个 64 像素×64 像素的 RGB 3 通道图片来说，每个像素点由 3 个值表示，因此，单张图片的数据量会达到 64×64×3，也就意味着输入的 X 维度为 12288。随着图片的大小不断提升，计算量级会倍数上升，很容易产生过拟合与内存不足的情况。所以说，大规模的卷积神经网络的运算往往会通过 GPU，甚至是通过云端服务器去实现。但无论如何，我们都先要从基础的"什么是卷积神经网络"开始学习。

8.4.2 二维卷积运算的基础

一个卷积神经网络往往由 3 个部分构成：卷积层、池化层和全连接层。可以将它们理解为一家公司内合作密切的 3 个部门，相互合作以达成目标。在这之中，卷积运算是卷积神经网络中最为基础的部分，本小节将使用边缘检测作为入门的例子，观察卷积是如何运转的。卷积神经网络整体结构如图 8-5 所示。

给出一张图片，如果想要找到该图片的边缘，首先想到的就是找到这张图片中的垂直分界处，图 8-6 所示窗户的边缘就可以作为这张图片的垂直分界处。此外，来往的人、车、标志杆等的轮廓线也可以看成垂线，这些都可以作为一个边缘检测器的输出，那同样地，水平边缘也可以找到。但问题在于，如何通过数学方法找到这些图片的边缘。

我们通过一个矩阵来解释。图 8-7 左边的矩阵视为一个 6 像素×6 像素灰度图像的矩阵形式。

灰度图像不存在之前提到的 RGB 通道，所以其大小就是 6×6×1。为了找到其中的边缘，可以首先构造一个 3×3 的矩阵，在卷积神经网络中，这一矩阵往往被称为"过滤器"（Filter）。所以换句话说，构建了一个 3×3 的过滤器。过滤器可以是图 8-7 右边矩阵那样的形式。在一些论文中，过滤器也被称为"核"（Kernel）。

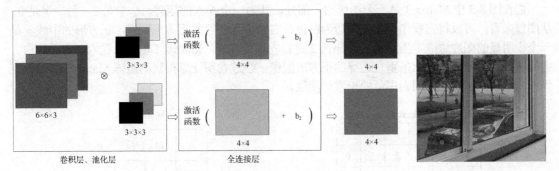

图 8-5　卷积神经网络整体结构　　　　　　　　　图 8-6　窗户

Matrix 1

1	0	0	1	0	3
0	4	7	1	4	0
2	7	1	5	7	1
4	0	2	4	0	5
2	1	0	3	1	6
1	3	4	7	3	7

Matrix 2

1	0	-1
1	0	-1
1	0	-1

图 8-7　两个矩阵进行卷积

对这两个矩阵进行卷积，公式如下。其中 ⊗ 符号为卷积符号，在数学中 × 符号也可以视为卷积符号。

$$\text{Matrix 1} \otimes \text{Matrix 2} \ 或 \ \text{Matrix 1} \times \text{Matrix 2} \tag{8-1}$$

以上卷积运算的输出将是一个 4×4 的矩阵，可以理解为一个 4 像素×4 像素的灰度图像，如图 8-8 所示。接下来将解释输出的矩阵如何计算。

Output Matrix 1

A	B	C	D
E	F	G	H
I	J	K	L
M	N	O	P

图 8-8　输出矩阵

我们以 A 为例子，将图 8-7 中 Matrix 1 中的最左上角的 3×3 子矩阵与 Matrix 2 进行弗罗贝尼乌斯内积运算，其运算结果即为 A。通俗地说，A 的值为这两个矩阵相同位置两个元素的乘积之和。即

$$1\times1+0\times1+2\times1+0\times0+4\times0+7\times0+0\times(-1)+7\times(-1)+1\times(-1)=-5$$

273

至于后续值的运算，我们可以视其为将最左上角的矩阵向右移动一格，将得到的新子矩阵与 Matrix 2 元素进行弗罗贝尼乌斯内积运算后各值相加得到 B，依此类推得到 A 至 P 的输出矩阵的所有值。

这与边缘检测有什么关系？为了更好理解，我们来看下面一个例子，如图 8-9 所示。

假设图 8-9 中 Matrix 3 是一个图像的一部分，其为一个 6×6 的矩阵，一半是 8，另一半是 0。从图像来看，可以将它视作一个左半边为白色，右半边为灰色的正方形图像，正方形的中线就是一个很明显的图片边缘。当对其与 Matrix 2 进行卷积运算时，Matrix 2 也可以视为一个左边白、中间灰、右边黑，拥有两条垂直边缘的正方形图像。经过卷积计算得到的矩阵 Matrix 4 则可以视为一个两边为灰色、中间为白色的正方形图像。

Matrix 3								Matrix 2				Matrix 4			
8	8	8	0	0	0							0	24	24	0
8	8	8	0	0	0										
8	8	8	0	0	0			1	0	-1		0	24	24	0
8	8	8	0	0	0			1	0	-1		0	24	24	0
8	8	8	0	0	0			1	0	-1		0	24	24	0
8	8	8	0	0	0							0	24	24	0

图 8-9　卷积运算示例

在卷积运算后得到的矩阵中，可以明显地看到找到了边缘所在的位置，即正方形中间的位置，但维数不够精确。这是由于例子中的图片太小了，如果使用像素大一些的图片，边缘的寻找将更加精准。

这么一来，我们可以发现，卷积运算可以较为有效地找到边缘。研究者对边缘检测的过滤器有很多研究，诞生了诸如 Sobel filter、Scharr filter 等过滤器。但是在实际应用中，找到一张复杂图片的边缘显然不可能像上面的例子那样简单，那我们可以将过滤器矩阵的各个值都视为权重参数，通过神经网络的反向传播方法来更新过滤器矩阵各个值，从而获得一个更加出色的边缘检测器，使其不仅能够检测水平或垂直的边缘，还能够检测任意角度。

8.4.3　二维卷积运算的填充与步长

对于一个 $n×n$ 的矩阵，如果将其与一个 $f×f$ 的过滤器矩阵进行卷积运算，得到的矩阵将会是一个 $(n-f+1)×(n-f+1)$ 的矩阵。如果保持这种计算方法，会有以下两个缺点。

① 每当进行一次卷积操作，得到的图像就会缩小。当进行若干次卷积运算后，得到的图像将会变得十分小，甚至可能达到 1×1。

② 图像的边缘像素点被忽视。通过上一小节的计算可以发现，最边缘的一圈像素点相比于靠近中心的像素点被计算的次数明显少了。换句话说，这种计算方式会丢失图像边缘的信息。

解决这一问题的一个办法就是事先人为地填充（padding）图片，以上一小节的矩阵为例，在外围加一圈像素，如图 8-10 所示。黑色的一圈即为填充上去的像素，使得图片从原先的 6 像素×6 像素大小变成 8 像素×8 像素的大小。这样一来，进行一次卷积运算后得到的矩阵为 (8-3+1)×(8-3+1)（即 6×6）的矩阵，这一大小与原图片大小一致。

通常用 0 进行填充，在这个例子中，设 padding = 1，即意味着使用一

图 8-10　图片填充

个像素点对图像进行填充。如此一来，相对于没有使用填充的图片，边缘信息得到了更好的保留。当然，padding 可以是任意值，如填充两个像素点则 padding 就为 2，依此类推。

那么，如何选择合适的 padding 就成了问题。通常来说有两个选择，其一为 Valid 卷积，另一个为 Same 卷积。Valid 卷积表示不使用填充（no padding）。而 Same 卷积表示保证卷积前后的输入与输出大小是一致的。根据这个原则，假设原图片大小为 $n×n$，过滤器矩阵大小为 $f×f$，padding $= p$，那么根据卷积维数计算的法则，需要保证 $n+2×p−f+1 = n$。

在计算机视觉领域内，过滤器矩阵的维数通常是一个奇数，极少数情况下是一个偶数。从 p 的计算可以发现，若 f 为偶数，则 p 的计算结果是一个非整数，这将使得填充不自然。

在之前提到的卷积运算中，当进行一次弗罗贝尼乌斯内积运算后，我们会将子矩阵向右移动一格。所谓步长（stride），就是在完成一次元素智能乘积后移动的步数。注意，无论是向右移动还是向下移动，都要按照步长的值进行移动。

如果通过公式来计算，假定拥有一个 $n×n×1$ 的图像矩阵和一个 $f×f×1$ 的过滤器矩阵，填充的 padding 值为 p，步长 stride 的值为 s，最后得到输出矩阵的维数为：

$$(\text{Length}, \text{Width}, \text{Channels}) = (\frac{n+2×p−f}{s}+1, \frac{n+2×p−f}{s}+1, 1) \tag{8-2}$$

注意：当上式的商不为一个整数时，会对分数向下取整。

8.4.4 三维卷积运算

在之前的一系列讲解中，我们将目光都放在了二维矩阵的卷积运算上，但在实际应用过程中，往往涉及的是三维卷积。形象地来说，二维卷积就好比在图片上做卷积，而三维卷积就好比在一个立体图像上做卷积。

我们通过一个例子来加深对其的理解。实际上图像不仅仅只有灰度图像，还往往拥有着 RGB 3 种通道，如果说单通道的大小为 6×6，那 RGB 通道下的图片就将达到 6×6×3 的大小了，可以将其视为 3 张 6×6 的图片进行堆叠。卷积运算离不开过滤器，同样地，在三维运算中，过滤器也不仅仅只是二维的矩阵了，而是扩展到了三维。如果原先二维的过滤器大小为 3×3，那么在面对 RGB 通道下的图片时，过滤器大小可能就变成了 3×3×3。三维通道的图片如图 8-11 所示。

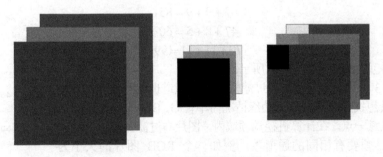

图 8-11　三维通道的图片

两个三维矩阵进行卷积运算，得到的结果不是一个三维矩阵，而是一个二维矩阵。在上面的例子中，一个 6×6×3 的 RGB 图片卷积上一个 3×3×3 的过滤器，其结果为一个 4×4 的二维矩阵，运算方式与二维相似。我们可以理解为将原 RGB 图片第一个 R 通道下的 6×6 矩阵与过滤器下第一个通道的 3×3 矩阵进行二维卷积，同位置 G 与 B 通道下的矩阵与其对应位置的第二、第三个过滤器进行卷积运算，将得到的 27 个数字相加即为结果位置对应的数。

接下来将详细介绍如何计算两个三维矩阵的卷积。

矩阵 1：大小为 3×3×3，在这里将 3 个 3×3 的矩阵平铺开以方便观察，黑色区域代表第 1 个二维、浅色区域代表第 2 个二维、灰色区域代表第 3 个二维，如图 8-12 所示。

矩阵 2：各维度分布同上，如图 8-13 所示。

图 8-12　三维卷积矩阵 1

图 8-13　三维卷积矩阵 2

计算步骤如下所示。

① 黑色区与灰区进行卷积：

$$1×1+4×3+2×2+5×4=37$$
$$4×1+7×3+5×2+8×4=67$$
$$2×1+3×2+5×3+6×4=47$$
$$5×1+6×2+8×3+9×4=77$$

② 浅色区与白区进行卷积：

$$4×1+5×0+1×0+2×1=6$$
$$1×1+2×0+7×0+8×1=9$$
$$5×1+6×0+2×0+3×1=8$$
$$2×1+3×0+8×0+9×1=11$$

③ 灰色区与浅灰区进行卷积：

$$7×0+8×0+1×1+2×1=3$$
$$1×0+2×0+4×1+5×1=9$$
$$8×0+9×0+2×1+3×1=5$$
$$2×0+3×0+5×1+6×1=11$$

④ 将对应数字相加：

$$37+6+3=46$$
$$67+9+9=85$$
$$47+8+5=60$$
$$77+11+11=99$$

⑤ 整理成矩阵格式，如图 8-14 所示。

由于 RGB 3 个通道相互独立，过滤器的 3 个通道也相互独立，这就可以实现诸如只想找到 R 通道下的边缘情况而不管 G、B 两个通道下的边缘情况。需要注意一点，在计算机视觉领域内，图片与过滤器可以有不同的长宽，但是必须要有相同的通道数。例如一个 RGB 图片的大小为 64×64×3，那么对于过滤器而言，可以是 5×5×3，也可以是 7×7×3，但是不能出现 9×9×4 的情况。

| 46 | 85 |
| 60 | 99 |

图 8-14　三维卷积结果

这样一来就产生了一个问题，即由于单个过滤器一次只能识别特定的边缘，那如果我们想同时识别垂直边缘、水平边缘等任意边缘，又该如何进行呢？

图 8-15 所示为两种同时进行的卷积运算，我们假设上边的运算是为了找到垂直边界，而下边的运算是为了找到水平边界，这样一来就有了两个 4×4 的结果矩阵。

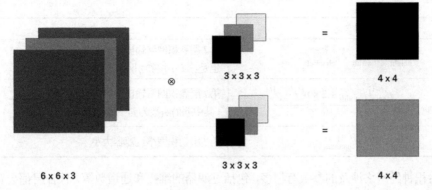

图 8-15 卷积运算

接下来将两张结果矩阵堆叠在一起，就形成了一个 4×4×2 的三维矩阵。这里没有进行任何计算，只是简单堆叠，4×4 是原先输出矩阵的大小，2 代表着这里用到了两个不同的过滤器。

8.4.5 其他卷积神经网络组件

关于卷积的基础知识，在前面的几小节中已经有所介绍了，接下来我们将学习如何构建一个简单的卷积神经网络。

在上一小节的末尾，我们谈到对一个 6×6×3 的图片与两个不同的过滤器进行卷积操作，最后得到两个 4×4 矩阵的三维卷积运算。在这里，我们将这两个输出的矩阵各自加上一个偏差（Bias），根据矩阵的加法，其意味着输出的矩阵中的每个值都加上同一偏差。作为神经网络的一层，需要在该层引入激活函数。关于激活函数，我们已经在第 6 章中详细介绍。对于卷积神经网络而言，目前普遍以 ReLU 作为激活函数。

值得一提的是，激活函数的输出仍为 4×4 的矩阵。图 8-16 所示为卷积神经网络进行一次图 8-15 计算所得结果的表达图，在这个例子中，最终我们得到两个 4×4 的矩阵，将这两个 4×4 的矩阵一前一后堆叠在一起形成一个 4×4×2 的三维矩阵，这就是简单卷积神经网络的一层。我们可以理解为将 6×6×3 的 $a^{[0]}$ 经过卷积运算，再由激活函数转换为 4×4×2 的 $a^{[1]}$，而其中的两个 3×3×3 的过滤器代表有两个特征。

4×4×2

图 8-16 卷积神经网络的一次计算

如果设置 10 个不同的特征过滤器，也就是说有 10 个维数为 3×3×3 的过滤器，那么最后得到的输出矩阵维数就为 4×4×10。

卷积神经网络拥有不少的参数，表达起来也比较烦琐，所以我们先来梳理一下在卷积神经网络中用到的符号与字母，如表 8-4 所示。

表 8-4　　　　　　　　　　　　　卷积神经网络中用到的符号和字母

符号与字母	含义
l	第 l 层卷积网络
$f^{[l]}$	第 l 层卷积网络的过滤器大小
$p^{[l]}$	第 l 层卷积网络的 padding 数量
$s^{[l]}$	第 l 层卷积网络的步长（stride）数量
$n_{\text{height}}^{[l-1]} \times n_{\text{width}}^{[l-1]} \times n_{\text{channels}}^{[l-1]}$	第 $l-1$ 层卷积网络输出层的大小，也是第 l 层卷积网络输入层的大小

符号与字母	含义
$n_{\text{height}}^{[l]} \times n_{\text{width}}^{[l]} \times n_{\text{channels}}^{[l]}$	第 l 层卷积网络输出层的大小， 也是第 $l+1$ 层卷积网络输入层的大小
$n_{\text{height/width}}^{[l]} = \text{int}(\dfrac{n_{\text{height/width}}^{[l-1]} + 2 \times p^{[l]} - p^{[l]}}{s^{[l]}} + 1)$	第 l 层卷积网络输出层维数计算公式 （其中 int() 函数为向下取整）
$f^{[l]} \times f^{[l]} \times n_{\text{channels}}^{[l-1]}$	第 l 层卷积网络过滤器大小

一个卷积神经网络涉及的参数有很多，包括过滤器的维数和通道数等，且各层都会有所差异。关于如何选择参数和优化卷积神经网络，我们会在下面的小节进行详细介绍。总的来说，随着卷积神经网络层数的深入，输出的矩阵会逐步变小，但过滤器数量会逐步增加。

最开始的时候我们就提到，对于卷积神经网络而言，通常有以下 3 种层结构。

第一种为卷积层（conv layer），上述各个例子中展现的就是卷积层的运作。

第二种为池化层（pool layer）。

第三种为全连接层（fully connected layer）。

虽然仅仅使用卷积层搭建神经网络有时候可能就已经足够用了，但是目前大部分的研究者在设计卷积神经网络时仍然会为其添加池化层与全连接层。实际上，相对于卷积层而言，池化层与全连接层会更加容易设计一些，这两层的概念也会在下面的小节中进行介绍。

至此，我们已经搭建了一个简单的卷积神经网络，相信读者也对卷积神经网络有了更深的理解。关于如何在计算机中逐步实现卷积神经网络，本章的最后一小节会详细介绍。

1. 池化层

前面我们有提到，目前对于卷积神经网络而言，常常会引入池化层。池化层可以缩减模型的大小以提高计算速度，同时又能提高所提取特征的鲁棒性。

首先通过一个最大池化例子来了解一下什么是池化。

假设下方第一个矩阵是输入的 4×4 矩阵，那么进行完最大池化操作后的输出矩阵就为一个 2×2 的矩阵。最大池化的操作是将输入的矩阵分为 4 个区域，并分别使用 4 种不同的颜色表示。对于 2×2 的输出矩阵而言，每个区域的值为输入矩阵对应区域的最大值，如图 8-17 所示左图中左上角的 4 个格子中最大值为 6，右上角的 4 个格子中最大值为 9，左下角的 4 个格子中最大值为 6，右下角的 4 个格子中最大值为 7。输出的矩阵如图 8-17 右图所示。

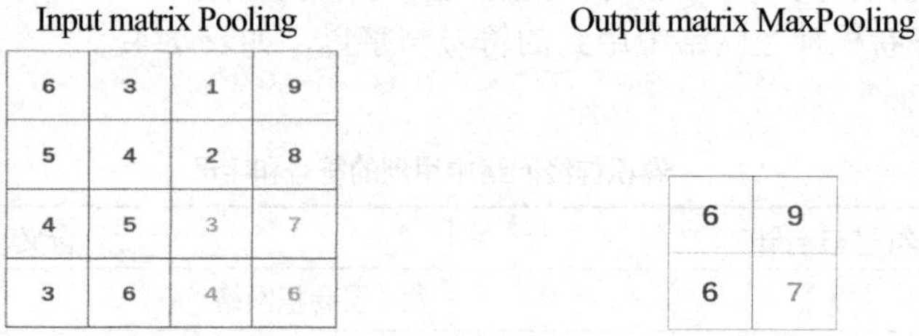

图 8-17　池化层化简矩阵示例

实际上，最大池化相当于添加了一个能够找到对应区域最大值的过滤器。值得注意的是，在上面的例子中，过滤器的步长为 2，代表着它在 2×2 的区域内寻找最大值。最大池化操作像是在提取每个区域中的特定特征，例如将人脸分为 4 个区域，可能就会提取出眼睛的信息。

还有一种池化方法叫作平均池化，其在目前的实践中并不常用，但在技术程度很深的神经网络中会被用到。平均池化顾名思义，不是选择区域中最大值作为对应区域输出，而是计算输入矩阵中对应区域的平均值，并将其作为输出。还是用上面的输入矩阵为例，经过平均池化后的输出矩阵如图 8-18 所示。

Output matrix AveragePooling

4.5	5
4.5	5

图 8-18 平均池化

池化操作所涉及的参数只有步长和过滤器大小，习惯上会将它们的值设为 2，可以理解为将原图片的长宽都缩小一半。当然根据实际情况我们可以添加 padding，但在最大池化中基本不用 padding。由于步长与过滤器大小都是人为指定的参数，其实并没办法进行后向传播，所以池化操作只是作为提取矩阵静态特征的一种手段。

2. 全连接层

到目前为止，构建一个比较完整的卷积神经网络所需的基本模块都已经介绍完了。这里我们将通过一个例子来把这些模块串在一起，并介绍最后一个模块的内容：全连接层。

假设我们拥有一张大小为 32×32×3 的 RGB 图片，图片内容为手写字母 "A"。我们可以通过构建一个卷积神经网络，识别图片中的手写字母是 A～Z 中的哪一个。实际上，接下来的构造方法、一些参数的选择都很像经典的卷积网络：LeNet-5。

输入层为一个 32×32×3 的矩阵。

第一层使用的过滤器数量为 6、大小为 5×5、步长（stride）为 1、填充（padding）为 0。那么，经过这一层过滤器后的输出矩阵大小为 28×28×6，使用的激活函数为非线性激活函数，通常为 ReLU 函数。我们将这一层记为 Conv1，也就是第一层中的卷积层。接下来我们再构造池化层，在这里采用最大池化，设置 2×2 的池化过滤器、步长为 2、填充为 0。通过这一池化，我们得到的矩阵高度与宽度都会减少一半，而通道数不变，即上一层卷积层的输出 28×28×6 经过最大池化后变成了 14×14×6。我们将这一层记为 Pool1，也就是第一层中的池化层。注意这里的表述，目前在一些文献或表述中对卷积神经网络 "层" 的概念有两种表述，其中一种为一个卷积层加上一个池化层合在一起称为 "一层"，像在上述的例子中，"Conv1 + Pool1" 一起才被称为 "第一层"；另外一种为将卷积层与池化层各自视为一层，那么在上述的例子中就有两层了。通常在讨论神经网络层数的时候，只计算拥有权重与参数的层，而因为池化层本身并不会更新参数与权重，仅有一些参数，所以在本书中，我们将一个卷积层及其对应的池化层合在一起称为一层卷积网络。

经过第一层的卷积运算后，我们得到 14×14×6 的输出矩阵，接下来再构建第二个卷积网络。首先是卷积层，设置 10 个 5×5 的过滤器、步长为 1、填充为 0，最后得到的卷积层输出大小为 10×10×10，记为 Conv2。接上池化层，这里还是采用最大池化，设置过滤器大小为 2×2、步长为 2、填充为 0，记为 Pool2。最后我们得到 5×5×10 的输出矩阵，在这个矩阵中，拥有总计 $5 \times 5 \times 10 = 250$ 个元素。我们将这 250 个元素平整展开成一列构成大小为 250 的一维向量，并连接上全连接层。

全连接层本身很像在人工神经网络中提到过的单层神经网络。我们还是以上一段的大小为 250 的一维列矩阵为例，假设我们希望通过全连接层将原来大小为 250×1 的矩阵转换为大小为 120×1 的一维矩阵，那么我们就需要全连接层的权重矩阵的大小为 120×250。当然不要忘记还有偏差矩阵，其大小为 120×1。在得到的输出矩阵变成一个 120×1 的矩阵后，再连接一层全连接层，得到大小为 84×1 的列矩阵，其中所包含的权重矩阵与偏差矩阵的大小就交给读者来思考一下。

回到我们最初的目的：识别手写字母 A～Z。由于是多分类问题，所以对于上一段得到的 84×1 的输出矩阵，需要再连接一个有 26 个输出的 softmax 层。至此，一个简单的识别手写字母的卷积神经网络就搭建好了。

值得注意的是，这个例子涉及很多参数，例如在卷积网络中每个层的步长、过滤器数量、填充情况，以及在全连接层中的学习率。对于这些参数的设定，这里建议读者可以先去查阅相关应用场景下一些表现比较好的模型的参数，尽量避免自己凭空想象，因为模型调试本身需要大量的时间与精力。

在上述例子中，随着我们加深卷积神经网络，得到的矩阵高度与宽度都会减少，而通道数会增加，这个特征也被认为是表现比较好的卷积神经网络中所共有的，也为我们自己设定参数提供了依据。实际应用中，还有一种常见的卷积网络是多个卷积层连接后再接一个池化层，重复这个操作后，再进入全连接层。

至此，卷积神经网络最为重要的模块都已经介绍完了。下面将介绍另一个重要的神经网络：循环神经网络。

8.5 循环神经网络

与上一节介绍的能够有效处理空间信息的卷积神经网络不同，循环神经网络（Recurrent Neural Network，RNN）对可变长度的序列数据有更强的处理能力。它能够"记忆"过去的状态信息，并与当前的输入共同决定当前的输出。

RNN 具有独特的"记忆能力"，其对具有时间序列特性的数据非常有效，能够挖掘数据中的时序信息和寻找语句中的语义信息。因此 RNN 有着极为广泛的实际应用，如文本分类、股票预测、视频分析等。

本节将具体讲解 RNN 的结构、RNN 存在的问题，以及两种特殊的 RNN（LSTM 与 GRU）。

8.5.1 RNN 的结构

RNN 的基本结构相对来说较为简单，即使用一个特殊的结构将网络的输出保存在一个记忆单元中，然后将这个记忆单元和下一次的输入一起传入神经网络中以实现记忆功能。最简单的RNN 结构如图 8-19 所示。

图 8-19 展示了一个最简单的 RNN 结构，其整个结构分为 4层：输入层、隐藏层、循环层和输出层。其中循环层是 RNN 实现"记忆功能"的核心模块，隐藏层的状态 h_t 不仅与当前输入X_t有关，还与上一个时刻状态 h_{t-1} 有关。

基于循环方向的不同，我们又可以将 RNN 划分为单向 RNN和双向 RNN。

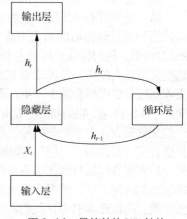

图 8-19　最简单的 RNN 结构

1. 单向 RNN

单向 RNN，顾名思义就是只能记忆一个方向传入信息的循环神经网络。图 8-19 所示即为一个简单的单向 RNN 结构，可以看出实质上它和卷积神经网络一样，数据由输入层单向传播至输出层，只是多了一层"循环层"来实现其记忆功能。单向 RNN 结构展开如图 8-20 所示。

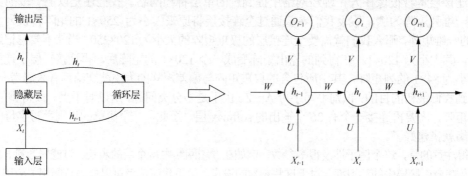

图 8-20　单向 RNN 结构

图 8-20 中左侧是单向 RNN 的结构，右侧则是根据时序数据展开的结构。从图 8-20 中我们可以看出，网络的输入按照时序由前至后传递，当前隐藏层的输出 h_t 取决于当前隐藏层的输入 X_t 和上一层的输出 h_{t-1}。单向 RNN 表达式如下：

$$O_t = g(V \times h_t)$$
$$h_t = f(U \times X_t + W \times h_{t-1}) \tag{8-3}$$

其中 O_t 为输出层的计算公式，h_t 为隐藏层的计算公式，g 和 f 为激活函数，V、U 和 W 分别为权重。需要注意的是，在多层网络结构中，这 3 个权重都是一样的，因为 RNN 的每次循环步骤中，这些参数都是共享的，这也是循环神经网络的结构特征之一。

2. 双向 RNN

上面介绍的单向循环神经网络只能存储来自一个方向的信息输入，但是有的时候信息不只是单边有用，两边的信息可能对预测结果都很重要，例如英语的完形填空需要综合考虑上下文的信息。因此这时候我们就需要引入双向循环神经网络（Bi-directional Recurrent Neural Network，BRNN）来解决这一问题，其主要思想是训练一个分别向前传播和向后传播的循环神经网络，但是让它们共用一个输出层来综合考虑上下文的所有信息，其结构如图 8-21 所示。

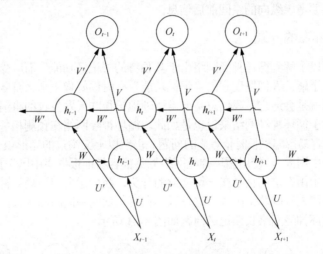

图 8-21　双向 RNN 结构

从图 8-21 可以看出，使用双向 RNN 时，网络会先从序列的正方向读取数据，然后从序列的反方向读取数据，最后将输出的两种结果合在一起形成最终的输出结果。双向 RNN 的表达式如下：

$$O_t = g(V \times h_t + V' \times h_t')$$
$$h_t = f(U \times X_t + W \times h_{t-1})$$
$$h_t' = f(U' \times X_t + W' \times h_{t-1}') \tag{8-4}$$

和公式 8-3 相同，双向 RNN 只是多了一个反向传输的过程，并将其和正向传播的结果一起作为输出结果。

3. 深度循环神经网络

上面介绍的单向 RNN 和双向 RNN 都只是一个隐藏层的简单结构，但是在现实生活中，往往需要引入多个隐藏层来解决实际问题，深度循环神经网络结构如图 8-22 所示。

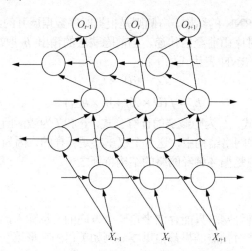

图 8-22 深度循环神经网络结构

从图 8-22 可以看出，深度循环神经网络是多层双向 RNN 的叠加，输出结果不仅要考虑横向的时间前后信息，还要考虑纵向的空间前后信息。

8.5.2 RNN 存在的问题

根据前文我们可以了解到循环神经网络由于其独特的"记忆功能"而广受追捧，但是随着对循环神经网络的深入了解，人们发现它的"记忆功能"有时候好像不那么有效。

记忆最大的问题就是会遗忘，我们总是非常清晰地记得昨天发生过的事情，但是会遗忘很久之前发生的事情，对于循环神经网络来说也是如此。循环神经网络在预测相邻时间发生的事件时表现很好，但是它很容易忽略"长时依赖"的问题。仍然以上文举过的完形填空为例，"我出生在中国，所以我是一个中国人"，使用循环神经网络能够很容易地根据"中国"预测出"中国人"。但是如果"我出生在中国"这句话是在一篇文章的开头，我们想要使用循环神经网络来预测文章结尾的"我是一个中国人"就非常困难，这是因为在两句话的中间跨度太大，循环神经网络很难学到前面的信息。循环神经网络长期记忆问题如图 8-23 所示。

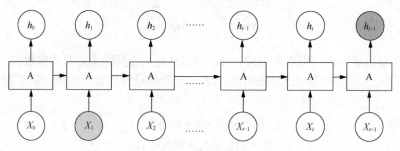

图 8-23 循环神经网络长期记忆问题

如图 8-23 所示，由于中间的时间跨度太大，因此 $t+1$ 时刻的神经元想要学习 X_1 时刻的神经元信息将会变得非常困难。

如果用深度学习领域的专业术语来描述上述问题，则可以称其为"梯度消失"和"梯度爆炸"。RNN 的"梯度消失"说的是如果梯度较小（<1），多层迭代以后，指数相乘，梯度值将会快速下降（设想一下，0.9 的 n 次方，当 n 足够大时，值将很小）。"梯度爆炸"则反过来，如果梯度较大（>1），多层迭代以后，又导致了梯度过大（设想一下，1.1 的 n 次方，当 n 足够大时，值将趋于正无穷）。尽管在理论上，RNN 能够捕获长距离依赖性，但实际上由于梯度消失或爆炸问题，其特征学习速度和效率较差，难以提取出长距离依赖的信息。

为了解决上述梯度消失和爆炸的问题，学者们又提出了一些循环神经网络的变体，如 LSTM、GRU 等，这些变体可以有效地解决循环神经网络的上述问题。

8.5.3 LSTM

长短期记忆网络模型（Long Short-Term Memory，LSTM）是在循环神经网络的基础上改进而来，引入一个新的状态单元 Cell 作为计算核心，从而有效缓解了传统循环神经网络中梯度消失和梯度爆炸问题。

LSTM 的核心由 3 个门控机制组成，包括输入门、输出门和遗忘门，这使得 LSTM 可以有选择地记住、遗忘或更新历史消息。因此 LSTM 可以解决 RNN 的梯度消失问题，其结构如图 8-24 所示。

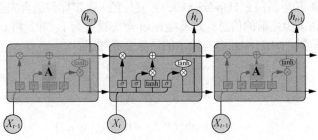

图 8-24　LSTM 结构

LSTM 的门结构功能如下。

① 遗忘门。作用是决定从 Cell 中丢弃什么信息，其数学模型如下：

$$f_t = \rho(W_f \times [h_{t-1}, X_t] + b_f) \tag{8-5}$$

② 输入门。作用是控制哪些信息被放入 Cell 中，其数学模型如下：

$$i_t = \sigma(W_i \times [h_{t-1}, X_t] + b_i)$$

$$\tilde{C}_t = \tanh(W_c \times [h_{t-1}, X_t] + b_c) \tag{8-6}$$

③ 在进行输出之前，会确定更新的信息和需要从旧状态中丢弃的信息，公式如下：

$$C_t = f_t \times C_{t-1} + i_t \times C_t \tag{8-7}$$

④ 输出门。作用是控制信息输出，其数学模型如下：

$$o_t = \sigma(W_o \times [h_{t-1}, X_t] + b_o)$$

$$h_t = o_t \times \tanh(C_t) \tag{8-8}$$

式中 f_t、i_t、o_t 分别为遗忘门、输入门、输出门的输出，σ、$\tanh$ 为激活函数且取值为[0,1]，X_t 为 t 时刻输入，h_t 为 t 时刻输出，C_t 为 t 时刻 Cell 状态，W、b 为参数矩阵。

正是由于这一独特的设计结构，LSTM 具有记忆功能，可以有效对时序数据进行处理，对过去信息进行筛选并与当前信息进行结合，共同用于指导预测未来时刻信息。

LSTM 与 RNN 相比，最大的特色在于使用了 3 个门控单元（输入门、输出门和遗忘门），因而可以控制网络实现长时记忆的功能。接下来将会介绍和 LSTM 比，有着更大区别的网络结构——GRU。

8.5.4 GRU

门限循环单元（Gated Recurrent Unit，GRU）是循环神经网络的变种之一，与 LSTM 相似，同样可以有效地缓解梯度消失和梯度爆炸的问题。在结构上，GRU 与 LSTM 类似，但是 GRU 结构更为简化；RNN 和 GRU 的结构对比如图 8-25 所示。

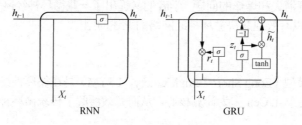

图 8-25　RNN 和 GRU 结构

GRU 模型可以看作 LSTM 模型的简化版（LSTM 有 3 个门函数），它仅仅包含两个门函数：复位门 r（Reset Gate）和更新门 z（Update Gate）。复位门 r 决定如何结合先前的信息与当前的输入，更新门 z 决定保留多少先前的信息。如果将 reset 全部设置为 1，并且将 update gate 设置为 0，则模型退化为 RNN 模型。GRU 中状态与输出的计算公式如下：

$$
\begin{aligned}
z_t &= \sigma\left(U^z X_t + W^z h_{t-1}\right) \\
r_t &= \sigma\left(U^r X_t + W^r h_{t-1}\right) \\
h_t &= \tanh\left(U^h X_t + W^h\left(h_{t-1} \odot r_t\right)\right) \\
h_t &= \left(1 - z_t\right) \odot h_t + z_t \odot h_{t-1}
\end{aligned}
\tag{8-9}
$$

GRU 模型中的参数 $U \in \boldsymbol{R}^{d \times k}$ 和 $W \in \boldsymbol{R}^{d \times k}$，在所有时间节点中共享，并在模型训练过程中学习。$\odot$ 表示元素之间相乘，描述 U 和 W 中的 k 是表示隐藏层向量维度的参数。如果更新门关闭，即 $z_t = 0$，则无论序列有多长，都可以保持初始时间节点处的信息。

8.6　CNN 与 RNN 的 PyTorch 实现

前面几节我们已经详细介绍了卷积神经网络与循环神经网络的理论和计算公式。值得庆幸的是，在 PyTorch 中已经集成好了一切供我们调用。本节主要介绍如何使用 PyTorch 调用卷积神经网络与循环神经网络。

8.6.1　卷积层

我们再来回顾一下卷积层的运行方式，即当给出一张 6×6 的 RGB 图片，经过两个 3×3×3 的过滤器后，我们将得到 4×4×2 的运算结果，如图 8-26 所示。在 PyTorch 中，我们可以通过 torch.nn.Conv2d() 来调用卷积层运算，具体传入的参数如下所示。

① in_channels：表示输入矩阵的通道数。

② out_channels：表示输出矩阵的通道数，也代表过滤器的数量。

③ kernel_size：表示过滤器大小，这里只接收 int 型数据。

④ stride：表示过滤器的步长，默认为 1。

⑤ padding：表示对矩阵进行填充，默认为 0。

这里需要注意 in_channels 与 out_channels 这两个参数，前者代表输入的通道数，而后者代表输出的通道数。有时候我们会将若干个卷积层相连，那么前一层 out_channels 的值就会是下一层 in_channels 的值，这很好理解。但需要注意给定 in_channels、out_channels 与 kernel_size 后，过滤器数量与大小就已经确定下来了，即 out_channels 个大小为 (kernel_size,kernel_size,in_channels)的矩阵。用图 8-26 的例子来说就是 in_channels = 3、out_channels = 2、kernel_size = 3、stride = 1、padding = 0。

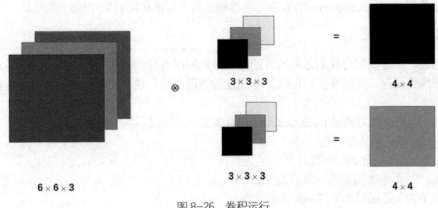

图 8-26 卷积运行

让我们将这些参数传入 PyTorch 函数中，即 torch.nn.Conv2d(in_channels=3,out_channels=2, kernel_size=3,stride=1,padding=0)。

到这里还没有结束卷积层的编写，还缺少激活函数。在 PyTorch 中，激活函数的调用也十分简单，直接使用 torch.nn 再加激活函数名即可。这里使用的激活函数为 ReLU，所以实现调用的代码为 torch.nn.ReLU()。最后我们整合一下便可完成卷积层的编写。示例代码如下：

```
In: import torch
    #构建卷积层
    torch.nn.Conv2d(in_channels=3,out_channels=2,kernel_size=3,stride=1,padding=0),
    #添加激活函数
    torch.nn.ReLU()
```

8.6.2 池化层

由于池化层常常伴随着卷积层共同出现，因此 PyTorch 给了它们特别处理。逻辑上它们被视为一层，即卷积后，加激活函数，再跟上池化，形成"卷积+激活+池化"的固定搭配。在 PyTorch 中，最大池化通过 torch.nn.MaxPool2d()调用，而平均池化通过 torch.nn.AvgPool2d()调用，两者传入的参数是相同的。具体传入的参数如下所示。

① kernel_size：表示过滤器大小。

② stride：表示步长，默认为 1。

③ padding：表示对矩阵使用 padding，默认为 0。

示例代码如下：

```
In: torch.nn.Sequential(
    #构建卷积层
    torch.nn.Conv2d(in_channels=3,out_channels=2,kernel_size=3,stride=1,padding=0),
    #添加激活函数
    torch.nn.ReLU(),
    #构建最大池化层
    torch.nn.MaxPool2d(kernel_size=3,stride=1,padding=0)
    )
Out: Sequential(
    (0): Conv2d(3,2,kernel_size=(3,3),stride=(1,1))
```

```
(1): ReLU()
(2): MaxPool2d(kernel_size=3,stride=1,padding=0,dilation=1,ceil_mode=False)
)
```

将池化层的参数传入，并与上一小节的卷积层相结合，便得到一个完整的卷积层加池化层。通常我们会使用 torch.nn.Sequential() 来将一层卷积层与一层池化层有顺序地连接起来。

8.6.3　全连接层

简单地说，全连接层与我们之前所讲的简单神经网络有异曲同工之处，本质上都是对输入的矩阵做一层线性变换。线性变换后再添加非线性的激活函数，这里我们还是使用 ReLU 作为激活函数。

在 PyTorch 中，我们通过 torch.nn.Linear() 来添加全连接层。其中的参数如下所示。

① in_features：输入矩阵的大小。

② out_features：输出矩阵的大小。

③ bias：是否添加偏差项，默认为 True。

一个完整的全连接层在 PyTorch 中的实现如下：

```
In: torch.nn.Sequential(
    torch.nn.Linear(9216,4096),      #构建全连接层
    torch.nn.ReLU(),                 #添加激活函数
    torch.nn.Linear(4096,9)          #添加全连接层
    )
Out: Sequential(
    (0): Linear(in_features=9216,out_features=4096,bias=True)
    (1): ReLU()
    (2): Linear(in_features=4096,out_features=9,bias=True)
    )
```

其中 9216 代表全连接层的矩阵行数为 9216，而 4096 代表着全连接层的矩阵列数为 4096。当然，全连接层往往不止一个。多个全连接层可以直接相连，同样我们通过 torch.nn.Sequential() 来实现前后连接，只是需要注意上一层的输出应该是下一层的输入。

8.6.4　RNN

先给出循环神经网络 RNN 的示意图，在此基础上进行 PyTorch 调用的介绍将更加清晰易懂，如图 8-27 所示。

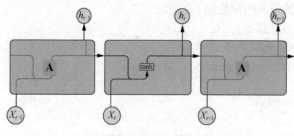

图 8-27　RNN 结构

从图 8-27 可以看出，RNN 内部网络的计算公式如下：

$$h_t = \tanh(w_{ih}X_t + b_{ih} + w_{hh}h_{t-1} + b_{hh}) \tag{8-10}$$

这里的 h_t 是在 t 时刻的隐藏层状态，X_t 是在 t 时刻的输入，h_{t-1} 是上一时刻的隐藏层状态，tanh 是激活函数。

在 PyTorch 中的调用也非常简单，安装好相应的环境后，使用 torch.nn.RNN()即可，可传入的参数如下所示。

① input_size：表示输入 X_t 的特征大小。

② hidden_size：表示隐藏层 h_t 的特征大小。

③ num_layer：表示网络层数，默认为一层，如果将其设置为 2，第二层的输入即为前一层的输出。

④ nonlinearity：表示激活函数，默认为 tanh，也可以将其改为 ReLU 函数。

⑤ bias：表示是否使用偏置，默认为 True。

⑥ batch_first：表示网络输入的维度数据，默认为 False，按照(seq, batch, feature)的格式输入；设置为 True 后，输入格式则为(batch, seq, feature)。其中 seq 代表序列长度、batch 代表批量、feature 代表输入的特征大小。

⑦ dropout：默认为 0。

⑧ bidirectional：默认为 False，即为单向 RNN，如果将其设置为 True，则为双向 RNN。

循环神经网络的每一层神经元都需要接收输入数据，对其进行处理后会将数据输出给下一层神经元。接下来我们会介绍 RNN 输入和输出的数据格式。RNN 接收序列数据 X_t 和记忆单元 h_0，X_t 的维度根据上文参数 batch_first 的设置判断，记忆单元 h_0 的维度为(num_layer×num_direction, batch, hidden_size)，即(层数×方向,批量,隐藏层的特征大小)。如果循环神经网络的结果是双向的，那么 num_direction 为 2，否则为 1。RNN 输出 output 和隐藏状态 h_n，output 表示网络实际的输出，维度为(seq,batch, num_layer×num_direction);h_n 表示记忆单元，维度和 h_0 的相同。

下面用一个例子来简单说明上面所述简单 RNN 在 PyTorch 中的调用。

① 构造一个循环神经网络 RNN。示例代码如下：

```
Simple_RNN = torch.nn.RNN(input_size=100,hidden_size=50,num_layer=2)
```

② 设置网络输入。示例代码如下：

```
X = torch.randn(100,32,20)          #seq,batch,feature
h0 = torch.randn(2,32,50)           #layer×direction,batch,hidden_size
```

③ 确定网络输出。示例代码如下：

```
Output_size = (100,32,50)           #seq,batch,hidden_size×direction
h1_size = (2,32,50)                 #和h0保持一致
```

8.6.5 LSTM

LSTM 在本质上和 RNN 相同，只不过它内部的算法更加复杂。

LSTM 在 PyTorch 中的调用也非常简单，使用 torch.nn.LSTM()即可，里面的参数和 RNN 中的参数也大致相同，因此这里就不再重复介绍。

和介绍 RNN 相同，我们先来看 LSTM 的示意图，如图 8-28 所示。

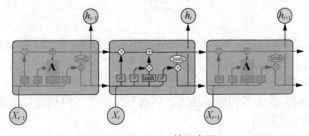

图 8-28　LSTM 的示意图

与 RNN 不同的是，LSTM 的输出和下一层的输入多了一个 memory 单元 C_0，它和 h_0 共同构成 LSTM 的输入。和 h_0 一样，C_0 的维度也为(num_layer×num_direction, batch, hidden_size)。同样地，输出状态也包含 h_n 和 C_n。

下面用一个简单的例子说明 LSTM 在 PyTorch 中是如何调用的。

① 构造一个循环神经网络 LSTM。示例代码如下：

```
LSTM = torch.nn.LSTM(input_size=100,hidden_size=50,num_layer=2)
```

② 设置网络输入。示例代码如下：

```
X = torch.randn(100,32,20)        #seq,batch,feature
```

③ 确定网络输出。示例代码如下：

```
Output_size = (100,32,50)         #seq,batch,hidden_size×direction
h0_size = (2,32,50)               #layer×direction,batch,hidden_size
C0_size = (2,32,50)               #和h0保持一致
```

8.6.6 GRU

前面已经详细介绍了 GRU 的原理，本质上它和 LSTM 一样，但不同的是在具体实现时，GRU 更像传统的 RNN，输出结果和下一层的输入只有 h_0，没有 C_0 这个记忆单元，其他部分和 LSTM 完全相同，这里就不再赘述。

本章小结

本章首先从数据、硬件、问题解决方式、训练时间、可解释性 5 个方面详细介绍了深度学习与机器学习的区别，以此说明深度学习在科技领域和我们生活方方面面的重要性和不可替代性。对深度学习进行深入的探索和研究离不开对深度学习框架的研究与学习，因此本章介绍了几个当前主流的深度学习框架：TensorFlow、Torch 和 PyTorch。经过优缺点对比后，本章选择 PyTorch 作为深度学习的工具。在介绍了 PyTorch 的简单安装和使用后，本章又介绍了 PyTorch 的基础知识，并通过与 NumPy 的对比具体说明 PyTorch 简洁、易用、易学的性能。

当提到深度学习时，我们就不得不说深度学习的前身——神经网络。神经网络通过让计算机模仿人类大脑的运行过程来解决复杂的问题，典型的神经网络算法有卷积神经网络和循环神经网络，两者各有所长。其中卷积神经网络主要解决图像识别问题，在计算机视觉领域有着出色的表现；而循环神经网络对序列数据有着更强的解决能力，由于其独特的记忆能力，循环神经网络在时间序列数据方面有着更突出的表现。

本章还详细介绍了两种经典的神经网络算法在 PyTorch 中的调用和参数设置，为下一章项目实战的讲解奠定基础。

习题

1．机器学习既可以解决科技领域内的大部分问题，又方便、易学，并且能够被大多数人所掌握，那么深度学习还有存在的必要吗？

2．试说明 PyTorch 中 Tensor 与 Variable 之间的区别。

3．PyTorch 与 NumPy 有许多相似的地方，试着写出两者各自构建以下矩阵的方法。

（1）大小为 5×3 的全 1 矩阵。

（2）大小为 4×4 的全 0 矩阵。

（3）长度为 10 的等差矩阵。

4. 在实践过程中，我们往往要查看张量的大小，如果想要在 PyTorch 中查看张量的维度、元素个数，以及每一维的大小，应该如何实现呢？

5. 传统循环神经网络存在着什么缺点？

6. 根据给出的循环神经网络和网络输入状态，请计算第一次输出状态。

（1）构建一个传统神经网络，代码如下：

```
nn.RNN(input_size=20,hidden_size=50,num_layer=2)
```

其输入状态为：

```
X = torch.randn(200,64,20)
h0 = torch.randn(2,64,50)
```

求该神经网络第一次输出 Output 和隐藏状态 h1。

（2）构建一个长短期记忆（LSTM）网络，代码如下：

```
nn.LSTM(input_size=100,hidden_size=20,num_layer=2)
```

其输入状态为：

```
X = torch.randn(10,3,100)
```

求该神经网络第一次输出 Output、h_0 和 C_0 的状态。

7. 在 PyTorch 中，图片信号的输入与输出符合以下格式：

$$(N, Channels, Height, Width)$$

其中，N 代表依次输入多少图片，Channels 代表图片的通道数，Height 与 Width 代表图片的长和宽。

试计算当 100 张图片经过如下 4 次卷积层运算后，各层的输出大小（注意各层的 padding 与步长）。

```
self.conv1 = torch.nn.Sequential(
    torch.nn.Conv2d(in_channels=1,
        out_channels=16,
        kernel_size=3,
        stride=2,
        padding=1),
    torch.nn.BatchNorm2d(16),
    torch.nn.ReLU()
)
self.conv2 = torch.nn.Sequential(
    torch.nn.Conv2d(16,32,3,2,1),
    torch.nn.BatchNorm2d(32),
    torch.nn.ReLU()
)
self.conv3 = torch.nn.Sequential(
    torch.nn.Conv2d(32,64,3,2,1),
    torch.nn.BatchNorm2d(64),
    torch.nn.ReLU()
)
self.conv4 = torch.nn.Sequential(
    torch.nn.Conv2d(64,64,2,2,0),
    torch.nn.BatchNorm2d(64),
    torch.nn.ReLU()
)
```

第 9 章　深度学习应用

本章基于卷积神经网络和循环神经网络的基础知识来实施具体的应用案例，让读者能够切身感受深度学习的魅力。

深度学习应用的知识框架如图 9-1 所示。本章将从以下这些知识点具体展开深度学习的应用，代码使用 PyTorch 实现。

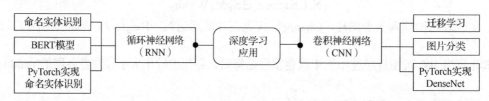

图 9-1　深度学习应用的知识框架

9.1　图片分类与迁移学习

9.1.1　迁移学习与传统模型

1. 迁移学习

迁移学习（Transfer Learning），又称为领域适应（Domain Adaptation），泛指要将源领域（Source Domain）学习到的知识应用到目标领域（Target Domain）上的方法。而源领域和目标领域之间可能会存在不同的数据分布情况。简单来说，就是找到已有知识和新知识之间的相似性。应用迁移学习主要是因为对目标从头开始学习的硬件与时间成本太高，所以转而利用源领域相关模型的参数与框架来辅助尽快地学习新知识。

在机器学习领域中，迁移学习的应用方法主要是将已有模型架构或权重直接应用到新的、不同的却有一定关联的任务中去。传统机器学习在处理不同分布、不同维度的数据时，表现不够灵活且效果也不够好；而迁移学习放宽了这些要求，在数据分布、特征维度及模型输出变化的条件下，有效地利用现有知识来对新数据更好地建模。另外，在缺乏已标注数据的情况下，迁移学习可以很好地利用相关领域已经标注的数据完成新领域数据的标注。传统机器学习和迁移学习的区别如表 9-1 所示。

理论上，任何领域之间都可以做迁移学习。但是，如果源领域和目标领域之间相似度不能达到一定程度，迁移学习效果并不会理想，甚至会出现所谓的负迁移情况。所以说，源领域与目标领域相似度高是迁移学习能够成功的前提与基础。

表 9-1　　　　　　　　　　　　　　传统机器学习和迁移学习的区别

项目需求	传统机器学习	迁移学习
数据分布	训练集和测试集需要满足相同分布	训练集和测试集可以有不同的样本空间
数据标注	人工标注足够的数据以用于训练模型	不需要足够的标注数据
模型	每个任务分别建立模型	模型可以在不同任务间转移

使用迁移学习的原因主要有以下 4 个。

（1）标注数据少

在标注数据较少的情况下，无法准确地训练高准确度的模型。对于这样的问题，我们一般会选择增加标注数据，但这在通常情况下意味着人工的大量投入。若能够不依赖于人工，那无疑可以减少成本。那么如何增加这些标注数据呢？利用迁移学习的思想，我们可以运用和目标数据相类似的标注数据，并利用这些数据来构造模型，增加目标数据的标注。

（2）计算成本高

高性能的计算机是业界的奢侈品，不可能所有的公司或个人都有能力置办性能很好的计算机。为了利用大数据进行快速的模型训练，通过迁移学习的思想，可以将先前研究者分享的或是一些公司训练好并开放的模型迁移到我们的实际任务中，并针对特定任务进行微调，从而使我们也可以在自己的数据集上利用配置不是很高的计算机来训练模型。

（3）个性化需求

针对"琳琅满目"的数据，我们会有各式各样的模型需求，因此可以采用迁移学习的思想进行自适应学习。考虑不同任务和用户间的相似性、差异性，普适化自己的模型以满足自身的需求。

（4）数据量少

通常情况下，训练模型需要的数据是缺少的。仅靠有限的数据，很难获得高质量的模型，模型泛化效果差。而使用迁移学习的一个主要原因就是解决数据资源的可获得性差问题。

2. 迁移学习的实现

假设已经训练好了一个图像识别的神经网络，要用该网络去进行另一场景图像识别工作，可以将最后一层输出层替换掉，将最后一层的连接权重也删除，然后为最后一层重新赋予随机权重，最后在新数据集上训练，这就是迁移学习。迁移学习具有两种不同的训练方法。

① 倘若新数据集很小，那么只需要更新最后一层的权重，并保持之前几层的参数不变。

② 如果新数据集很大，可以重新训练网络中所有参数。

迁移学习的模型并不是拿来就可以用的，因为应用场景的区别会导致模型需要适当调整。以 ImageNet 为例，ImageNet 的目标是将所有的图像正确地划分到 1000 类目下，这 1000 个分类基本上都来源于我们的日常生活，如猫猫狗狗的种类、各种家庭用品、日常通勤工具等。在迁移学习中，这些预训练的网络对 ImageNet 数据集以外的图片也表现出了很好的识别效果。既然预训练模型已经训练得很好，我们就不会在短时间内去修改过多的权重，在迁移学习中用到它的时候，往往只是进行微调（fine tune）。模型的微调有如下 3 种方法。

① 特征提取：主要将预训练模型当作特征提取装置来使用。具体做法是将输出层去掉，然后将之前的网络结构当作一个固定的特征提取器，从而应用到新的数据集中。

② 采用预训练网络结构：还可以采用预训练模型的结构，但是要先将所有的权重随机初始化，然后依据自己的数据集进行训练。

③ 训练特定层，冻结其他层：使模型起始一些层的权重保持不变，重新训练后面的层，得到新的权重。在这个过程中可以多次进行尝试，以便能够依据结果找到冻结层和重新训练层之间的最佳搭配。

深度学习需要大量的数据来学到数据中蕴藏的本质规律。迁移学习就是将在一个领域中已经学习到的知识拿来处理另外一个领域的问题。迁移学习既可用于有监督学习，也可用于无监督学习的任务中。目前，业界的应用普遍以有监督学习为主，无监督学习为辅。本书后面介绍的示例主要是在有监督学习中应用迁移学习。

9.1.2　图片分类的经典案例

图片分类是深度学习中非常重要的技术，目的是对图像进行处理、分析及理解，进而识别出多种不一样模式的对象和目标。随着 5G 的快速发展，图片数据将呈爆炸式增长，图片的识别与分类将越来越重要。

在第 8 章中，我们已经学习了关于图片分类的核心算法——卷积神经网络中的一些组成部分：卷积层、池化层及全连接层等。在很长的一段时间中，计算机视觉的研究者把目光聚焦在将上述的这些组成部分合理、高效地组合起来，构建一个有效的卷积神经网络。而对于深度学习的初学者而言，要想找到适合具体场景下的组合搭配，最好的方法就是去了解一些经典的案例。

图片分类模型历经了很长时间的发展，较为经典的图片分类模型介绍和对比如表 9-2 所示。

表 9-2　　　　　　　　　　较为经典的图片分类模型介绍和对比

框架	技术手段	结构特点
LeNet-5	激活函数为 ReLU，分类器使用 softmax 回归	网络结构简单，模型深度较浅，图像特征提取能力一般，训练过程中容易出现过拟合
AlexNet	激活函数为 ReLU，采用 dropout 技术、数据增强技术、多 GPU 平行训练技术等	有效避免过拟合现象，网络模型的收敛速度会相对稳定，能避免或抑制网络训练时的梯度消失现象，模型训练速度较快。具有更深的网络结构，计算量增大，具有更多的参数
ZF-Net	激活函数为 ReLU，采用 dropout 技术、数据增强技术、多 GPU 平行训练技术，使用较小 filter，分类器使用 softmax 回归等	调节了参数，性能比 AlexNet 更强，保留更多原始像素信息，网络结构没什么改进，同 AlexNet
VGGNet	激活函数为 ReLU，采用 dropout 技术、数据增强技术、多 GPU 平行训练技术，使用 1×1 和 3×3 的小卷积核，分类器使用 softmax 回归	小卷积核使判决函数更具有判决性，具有更少的参数，增加了非线性表达能力，网络结构更深，计算量更大
GoogLeNet	激活函数为 ReLU，采用 dropout 技术、数据增强技术、多 GPU 平行训练技术，引入 Inception 结构代替了单纯的"卷积+激活"的传统操作技术，分类器使用 softmax 回归等	引入 Inception 结构，使用 1×1 卷积核来降维，解决了计算量大的问题。中间层使用 LOSS 单元作为辅助更新，网络全连接层全部替换为简单的全局平均 pooling，参数更少，虽然网络深，但参数数量只是 AlexNet 的 1/12
ResNet	激活函数为 ReLU，采用多 GPU 平行训练技术，引入残差块、平均池采用化，分类器使用 softmax 回归等	引入残差单元，通过直接将输入信息绕道传到输出，保护了信息的完整性，整个网络只需要学习输入、输出差别的那一部分，简化了学习目标和难度。在一定程度上解决了信息传递的时候或多或少会存在的信息丢失、损耗等问题，同时还会有导致梯度消失或梯度爆炸，以及导致很深的网络无法训练等问题
DenseNet	激活函数为 ReLU，采用多 GPU 平行训练技术、平均池化，分类器使用 softmax 回归等	由若干个 DenseBlock 串联起来而得到的，在每个 DenseLock 之间有一个"卷积+池化"的操作，DenseNet 通过连接操作来结合 Featuremap，并且每一层都与其他层有关系，这种方式使得信息流最大化。解决了深层网络的梯度消失问题，加强了特征的传播，鼓励特征重用，减少了模型参数

从表9-3中可以看出,图片识别的CNN模型主要经历了从LeNet-5、AlexNet、ZF-Net、VGGNet、GoogLeNet、ResNet 发展到现在的 DenseNet 等。DenseNet 网络作为全新的一种卷积神经网络结构,在网络结构上其实并不复杂,但非常有效,在 CIFAR 上的表现甚至优于残差网络(ResNet)。我们可以这么认为,DenseNet 在吸收了 ResNet 精华部分的基础上,同时也进行了更多创新,使得网络性能进一步提升。

DenseNet 是一种各个结构都紧密相连的卷积神经网络,该架构含有卷积层、池化层,增长率为 4 的稠密连接模块,其中增长率是为了使通道特征维度保持在一个适中的程度,以防过大。DenseNet 包含若干个 DenseBlock 模块,其中一个 DenseBlock 又由 BatchNorm+ReLU+Conv(1×1)+BatchNorm+ReLU+Conv(3×3)组成,DenseBlock 之间的层称为 Transitionlayers,由 BatchNorm+Conv(1×1)+AveragePooling(2×2)组成,如图 9-2 所示。由于输出的 Featuremap 维度是一个很大的数,因此在 Transitionlayers 模块中加入了 1×1 的卷积做降维,从而提升计算效率。

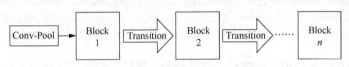

图 9-2　DenseNet 的网络结构示意图

在 DenseNet 中,上文所说的连接紧密体现在任意两层之间都有着密不可分的联系,具体来说便是网络中任意一层的输入都是前面所有层输出结果的叠加综合,而该层得到的输出结果也将和之前的输出一同作为输入传输给下一层,这样依次向下传输。

将之前所有层的特征输出作为当前层的输入,即 $x_0, x_1, \cdots, x_{l-1}$ 为第 1 层到第 $l-1$ 层的特征图,通过级联的连接方式经过第 1 层,最后用复合函数 $H_l(*)$ 得到输出 x_l,即

$$x_l = H_l([x_0, x_1, \cdots, x_{l-1}]) \tag{9-1}$$

其中,$H_l(*)$ 定义为依次经过 3×3 的卷积(Conv2d)、池化(pool)、批量归一化(Batch Normalization,BN),以及非线性激活函数(ReLU)4 种运算的复合函数。

可以看到,类似 DenseNet 的密集连接不会带来冗余,每层网络计算量的减少和特征的高度利用使得 DenseNet 比其他网络效率更高,涉及的参数也少了不少。所以该方式能进一步提高模型的容量和参数利用率,在准确率上也比传统的残差网络(ResNet)要高。

通常来说,对于一个 K 层的普通卷积神经网络,总共有 K 层连接,而在 DenseNet 中,就有 $K \times (K + 1) / 2$ 层连接。在 DenseNet 之前的卷积神经网络创新都是通过加深网络或加宽网络的方式实现的,而 DenseNet 是对特征序列进行调整;另外,由于该网络每一层的特征图较浅且卷积核较少,减少了网络模型参数,因此 DenseNet 在某些领域中达到了较好的效果。下面我们归纳一下 DenseNet 所具有的优点。

① 相比于传统卷积网络,在一定程度上缓解了梯度消失问题。

② 强化了特征的传播,可以更有效地利用特征。

③ 同时由于每一层都会利用前面所有层的结果,因此减少了参数数量。

9.1.3　PyTorch 实现 DenseNet

前面我们已经详细介绍了 DenseNet 网络的原理,DenseNet 作为新出现的卷积神经网络之一,在图片分类的性能和效果方面都表现得很好。

在本小节中,我们将通过 PyTorch 来实现 DenseNet,并用实现的模型对新的数据进行预测。PyTorch的安装与基础操作已经在其他部分的相关内容中有所介绍,这里就不再重复。接下来将直接从代码的部分逐步讲解。

① 导入相关的包和数据集。示例代码如下：

```
In: import re
    from collections import OrderedDict
    import torch
    import torch.nn as nn
    import torch.nn.functional as F
    import torch.utils.model_zoo as model_zoo
    import torchvision.transforms as transforms
    from PIL import Image    #image 数据集
    import numpy as np
```

② 下载迁移学习模型。示例代码如下：

```
In: model_urls = {
        'densenet121':' https://download.pytorch.org/models/densenet121-a639ec97.pth',
        'densenet169':' https://download.pytorch.org/models/densenet169-b2777c0a.pth',
        'densenet201':' https://download.pytorch.org/models/densenet201-c1103571.pth',
        'densenet161':' https://download.pytorch.org/models/densenet161-8d451a50.pth',
    }
```

因为个人计算机训练模型时间较长，效果较差，所以我们选择从网上下载 DenseNet 模型。DenseNet 系列有 4 种模型可供选择，分别为 densenet121、densenet169、densenet201 和 densenet161，在后续可以自行选择这 4 种模型使用。

③ 定义一个卷积块。示例代码如下：

```
In: class _DenseLayer (nn.Sequential):
        """Basic unit of DenseBlock (using bottleneck layer)"""
        def __init__(self, num_input_features, growth_rate, bn_size, drop_rate) :
            super(_DenseLayer,self).__init__()
            self.add_module("norml",nn.BatchNorm2d(num_input_features))
            self.add_module("relul",nn.ReLU(inplace=True) )
            self.add_module("conv1",nn.Conv2d (num_input_features, bn_size*growth_rate,
                                        kernel_size=1, stride=1, bias=False))
            self.add_module("norm2",nn.BatchNorm2d(bn_size*growth_rate) )
            self.add_module("relu2",nn.ReLU(inplace=True) )
            self.add_module("conv2",nn.Conv2d(bn_size*growth_rate, growth_rate,
                                        kernel_size=3, stride=1,
                                        padding=1, bias =False))
            self.drop_rate = drop_rate


        def forward(self, x):
            new_features = super(_DenseLayer, self). forward(x) ,
            if self.drop_rate > 0:
                new_features = F.dropout(new_features, p=self.drop_rate,
                                    training=self.training)
            return torch.cat([x, new_features], 1)
```

这里使用的是 BN+ReLU+1×1 Conv+BN+ReLU+3×3 Conv 结构，最后加入了 dropout 层用来防止模型过拟合。

④ 实现 DenseBlock 模块。示例代码如下：

```
In: class _DenseBlock(nn.Sequential):
        """DenseBlock"""
        def __init__(self, num_layers, num_input_features, bn_size,
                    growth_rate, drop_rate):
```

```
        super(_DenseBlock, self).__init__()
        for i in range (num_layers) :
            layer = _DenseLayer(num_input_features+i*growth_rate,
                        growth_rate, bn_size, drop_rate)
            self.add_module("denselayer%d" % (i+1,), layer)
```

⑤ 实现 TransitionBlock 模块。示例代码如下：

```
In: class _Transition(nn. Sequential):
        """Transition layer between two adjacent DenseBlock"""
        def __init__(self, num_input_feature, num_output_features) :
            super(_Transition, self).__init__()
            self.add_module("norm",nn.BatchNorm2d(num_input_feature) )
            self.add_module("relu",nn.ReLU(inplace=True) )
            self.add_module("conv",nn.Conv2d(num_input_feature, num_output_features,
                                    kernel_size=1, stride=1, bias=False))
            self.add_module("pool",nn.AvgPool2d(2,stride=2))
```

DenseNet 网络会不断对维度进行拼接，当层数非常高时，输出通道会变得越来越大，因此参数和计算量也会越来越大。为了避免这个问题带来的巨大消耗，需要引入过渡层（TransitionBlock）来降低输出通道的数据量。

⑥ 实现 DenseNet 网络。示例代码如下：

```
In: class DenseNet(nn.Module):
        def __init__(self, growth_rate =32, block_config=(6, 12, 24, 16),
                    num_init_features=64, bn_size=4,
                    compression_rate=0.5, drop_rate=0, num_classes=1000) :
            super(DenseNet,self).__init__()
            #first Conv2d
            self.features = nn.Sequential(OrderedDict([
                ("conv0",nn.Conv2d(3,num_init_features,kernel_size=7,
                                stride=2,padding=3,bias=False)),
                ("norm0",nn.BatchNorm2d(num_init_features)),
                ("relu0",nn.ReLU(inplace=True)),
                ("pool0",nn.MaxPool2d(3,stride=2,padding=1))]))
            #DenseBlock
            num_features=num_init_features
            for i,num_layers in enumerate(block_config):
                block=_DenseBlock(num_layers,num_features,bn_size,
                            growth_rate,drop_rate)
                self.features.add_module("denseblock%d"%(i+1),block)
                num_features+=num_layers*growth_rate
                if i!=len(block_config)-1:
                    transition=_Transition(num_features,
                                        int(num_features*compression_rate))
                    self.features.add_module("transition%d"%(i+1),transition)
                    num_features=int(num_features*kcompression_rate)

In: #final bn+ReLU
    self.features.add_module("norm5",nn.BatchNorm2d(num_features))
    self.features.add_module("relu5",nn.ReLU(inplace=True))
    #classification layer
    self.classifier=nn.Linear(num_features,num_classes)
    #params initialization
```

```
            for m in self.modules():
                if isinstance(m,nn.Conv2d):
                    nn.init.kaiming_normal_(m.weight)
                elif isinstance(m,nn.BatchNorm2d):
                    nn.init.constant_(m.bias,0)
                    nn.init.constant_(m.weight,1)
                elif isinstance(m,nn.Linear):
                    nn.init.constant_(m.bias,0)
        def forward(self,x):
            features=self.features(x)
            out=F.avg_pool2d(features,7,stride=1).view(features.size(0),-1)
            out=self.classifier(out)
            return out
```

⑦ 选择不同的模型来实现不同深度的 DenseNet（这里选择的是 densenet121）。示例代码如下：

```
In: def densenet121(pretrained=False,**kwargs):
        """densenet121"""
        model = DenseNet(num_init_features=64,growth_rate=32,
                         block_config=(6,12,24,16),**kwargs)
        if pretrained:
            pattern=re.compile(
                r'^(.*denselayer\d+\.(?:norm|relu|conv)))\.
                ((?:[12])\.(?:weight|bias|running_mean|running_var))$')
            stage_dict=model_zoo.load_url(model_urls['densenet121'])
            for key in list(state_dict.keys()):
                res = pattern.match(key)
                if res:
                    new_key=res.group(1)+res.group(2)
                    state_dict[new_key]=state_dict[key]
                    del state_dict[key]
            model.load_state_dict(state_dict)
        return model
```

⑧ 使用预训练好的网络对图片进行测试。示例代码如下：

```
if __name__=="__main__":
    densenet = densenet121(pretrained=True)
    densenet.eval()

    img = Image.open("./images/cat.jpg")

    trans_ops = transforms.Compose([
        transforms.Resize(256),
        transforms.CenterCrop(224),
        transforms.ToTensor(),
        transforms.Normalize(mean=[0.485,0.456,0.406],
                             std=[0.229,0.224,0.225])
    ])

    images = trans_ops(img).view(-1,3,224,224)
    print(images)
    outputs = densenet(images)

    _, predictions = outputs.topk(5,dim=1)
```

```
labels = list(map(lambda s:s.strip(),
                open("./data/imagenet/synset_words.txt").readlines()))
for idx in predictions.numpy()[0]:
    print("Predicted labels:",labels[idx])
```

⑨ 预测结果如下：

```
Predicted labels: ['Egyptian cat', 'tiger cat', 'lynx', 'catamount', 'kit fox', 'Vulpes
macrotis']
Predicted labels: ['Egyptian cat', 'tiger cat', 'lynx', 'catamount', 'kit fox', 'Vulpes
macrotis']
Predicted labels: ['Egyptian cat', 'tiger cat', 'lynx', 'catamount', 'kit fox', 'Vulpes
macrotis']
Predicted labels: ['Egyptian cat', 'tiger cat', 'lynx', 'catamount', 'kit fox', 'Vulpes
macrotis']
Predicted labels: ['Egyptian cat', 'tiger cat', 'lynx', 'catamount', 'kit fox', 'Vulpes
macrotis']
```

到这里，读者应该可以使用 PyTorch 实现卷积神经网络了。可以看到在 PyTorch 中，实现卷积神经网络来进行图片分类并不复杂，而且通过 Class 进行编写可以很清晰地看到每一层的结构。

9.2 命名实体识别

9.2.1 命名实体识别基础

1. 命名实体识别概述

命名实体识别（Named Entity Recognition，NER）是信息提取、问答系统、句法分析、机器翻译等自然语言应用领域的重要基础与必不可少的工具。

命名实体识别应用场景如图 9-3 所示。

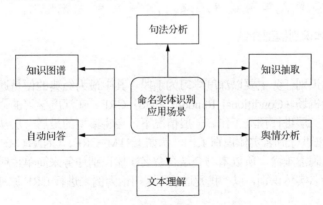

图 9-3 命名实体识别应用场景

要想掌握命名实体识别，那么我们首先要理解什么是"实体"。简单地说，实体就是一个概念的实例。例如，"时间"是一个概念，那么"春节"就是时间类别的实体。而所谓的"命名实体识别"，就是从一段文本中挑选出实体的过程。例如"小明是从华东师范大学毕业的"这句话，我们经过命名实体识别挑选出"小明"（人名）、"华东师范大学"（机构名）这两个实体。以人的思维来看，虽然这件事情非常简单，但是如果让计算机完成上述工作，则并不是一件简单的事情。因此，本节会介绍命名实体识别最经典的模型和算法，以及其原理和实现，让读者能够深刻了解命名实体识别。

2. 命名实体识别的数据标注方式

命名实体识别本质上是一个序列标注问题，因此所采用的数据标注方式也要遵循序列标注的规范。标注规范有多种，这里主要介绍 BIO 和 BIOES 两种，如表 9-3 和表 9-4 所示。

表 9-3　　　　　　　　　　　　　　　　　　BIO 标注规范

标注字母	含义
B	Begin，表示一个实体的开始
I	Intermediate，表示一个实体的中间部位
O	Other，表示其他，用于标记无关字符

表 9-4　　　　　　　　　　　　　　　　　　BIOES 标注规范

标注字母	含义
B	Begin，表示一个实体的开始
I（有时也用 m，即 middle）	Intermediate，表示一个实体的中间部位
E	End，表示一个实体的结尾部位
S	Single，表示单个字符作为一个实体出现
O	Other，表示其他，用于标记无关字符

将"小陈在华东师范大学的游泳馆看了游泳队的一场比赛"这句话使用 BIOES 格式进行序列标注，其中人名使用标签名 PER、机构名使用 ORG、地理位置使用 LOC，标注结果如下：

```
[B-PER,E-PER,O, B-ORG,I-ORG,I-ORG,I-ORG,I-ORG,E-ORG,O,B-LOC,I-LOC,E-LOC,O, O,B-ORG,
I-ORG,E-ORG,O,O,O,O,O]
```

对应的文本序列为：

```
[小,陈,在,华,东,师,范,大,学,的,游,泳,馆,看,了,游,泳,队,的,一,场,比,赛]
```

3. 经典命名实体识别模型介绍

（1）条件随机场

目前，命名实体识别任务主要以深度学习为手段，其中最为经典的便是通过 LSTM+CRF 进行实体识别。条件随机场（Conditional Random Field，CRF）在深度学习的命名实体识别工作中可以作为模型的最后一层进行预测工作。一般情况下，会将模型的最后一层从原来的全连接层转换为连接一层 CRF 来进行命名实体识别工作，例如 LSTM+CRF、CNN+CRF 等。由于条件随机场背后的理论和公式晦涩难懂，所以本书会结合命名实体识别任务来简单说明 CRF 的原理。

下面我们通过命名实体识别，以"我爱运动"这句话为例来进行 CRF 原理的介绍。示例代码如下：

```
Instance:我爱运动
word_alphabet:{0:'我',1:'爱',2:'运',3:'动',4:'unk',5:'pad'}
label_alphabet:{0:b,1:m,2:e,3:s,4:o,5:'start',6:'pad'}
word_nums=6
label_nums=7
```

其中，label_alphabet 表示以 BIOES 格式对数据进行序列标注的结果；start 和 pad 表示 label 序列的开始和结束。一般先要将文本序列中的字或词转换成计算机容易处理的数字格式，因此接下来将上述例子转化成索引格式。如下：

```
word_index  0  1  2  3
```

```
word          我   爱  运 动
label         start o  o  b  e  pad
label_index 5    4  4  0  2  6
```

为了方便，我们只看 word_index 和 label_index 列，如下：

```
word_index     0  1  2  3
label_index 5  4  4  0  2  6
```

因为 label 有 7 种，每一个字被预测的 label 就有 7 种可能。为了将这些可能性数字化，我们从 word_index 到 label_index 设置一种分数，叫作发射分数 emit。如下：

```
word_index     0  1  2  3
                  ↓
label_index 5  4  4  0  2  6
```

从 word_index 中 1 到 label_index 中 4 的小箭头就代表发射分数，记作 emit[1][4]。但是，如果我们只用这一个发射分数来评价未免过于单一，因为一个序列需要考虑上下文。如果前面的 label 为 O（其他），那么这时的 label 被预测的肯定不能是 M（中间部位）或 S（单独实体）。所以为了考虑上下文，我们需要一个分数来表示前一个 label 到此时这个 label 的分数，我们称其为转移分数 T。如下：

```
word_index     0  1  2  3
                  ↓
label_index 5  4→4  0  2  6
```

其中，横向的小箭头就是由一个 label 到另一个 label 转移的意思，此时的转移分数为 T[4][4]。此时，我们得出 word_index=1 到 label_index=4 的分数为 emit[1][4]+T[4][4]。但是，CRF 为了全局考虑，将前一个分数也累加到当前分数上，这样更能表达出已经预测序列的整体分数，最终得分 score 为：

$$\text{score}[1][4] = \text{score}[0][4] + \text{emit}[1][4] + \text{T}[4][4]$$

所以整体的 score 就为：

$$\text{score} = \text{T}[5][4] + \text{emit}[0][4] + \text{T}[4][4] + \text{emit}[1][4] + \text{T}[4][0] +$$
$$\text{emit}[2][0] + \text{T}[0][2] + \text{emit}[3][2] + \text{T}[2][6]$$

最终的计算公式为：

$$\text{score}(X, y) = \sum_{i=0}^{n} \text{T}_{y_{i+1}, y_i} + \sum_{i=1}^{n} \text{T}_{i, y_i} \tag{9-2}$$

其中 X 为 word_index 序列，y 为预测的 label_index 序列。

因为这里预测序列有很多，但是其中只有一种组合是正确的。这时候为了找到正确的组合，我们找到分数最大的一个组合即可。这时我们一般对其 softmax 化，即：

$$\log(p(y|X)) = \log(\frac{\text{e}^{S(X,y)}}{\sum_{\tilde{y} \in Y_X} \text{e}^{S(X,\tilde{y})}}) \tag{9-3}$$

最后，这个值越小，预测就越准，因此最终找到的最小值即是我们预测的序列结果。

（2）BiLSTM+CRF 模型

BiLSTM+CRF，顾名思义就是双向长短期记忆网络模型，最后一层连接条件随机场进行输出，该模型是自然语言处理时最常用的模型之一，其模型结构如图 9-4 所示。

在图 9-4 中，词向量层用来处理语料，即将中文语料处理为计算机能够理解的词向量；在 BiLSTM 层，采用 LSTM 中的 3 个门控制送入记忆门的输入信息，以及遗忘之前阶段信息的比例，再对细胞状态进行更新，最后用 tanh 方程对更新后的细胞状态再做处理，与 Sigmoid 叠加相乘作为输出传送给 CRF 层；在 CRF 层，将通过深度神经网络输出的结果作为特征，预测序列概率，并输出最终结果。

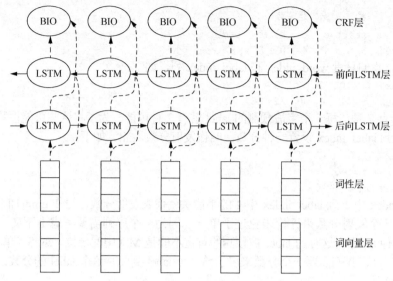

图 9-4 BiLSTM+CRF 模型结构

（3）BERT+BiLSTM+CRF 模型

BERT 模型是一种 Pre-training of Deep Bidirectional Transformers for Language Understanding（深度双向预训练语言理解）模型，英文单词说明了 BERT 模型的特征。例如：Pre-training 说明 BERT 是一个预训练模型，读者在使用 BERT 时不需要对其训练即可使用；Bidirectional 说明 BERT 采用的是双向语言模型的方式，能够更好地融合前后文的知识；Transformers 说明 BERT 采用 Transformers 作为特征抽取器；Deep 说明模型很深，base 版本有 12 层，large 版本有 24 层。

BERT 模型采用多层的双向 Transformer 连接而成，有 12 层和 24 层两个版本，模型结构如图 9-5 所示，其中 E1,…,En 表示输入向量，T1,…,Tn 表示输出向量。BERT 之所以采用双向 Transformer 的模型，是为了融合字左右两侧的上下文。该模型还提出了"Masked 语言模型"（以 MLM 表示）和"句子预测"（以 NSP 表示）两个任务，分别捕捉词级别和句子上的表示，便于模型进行联合训练。

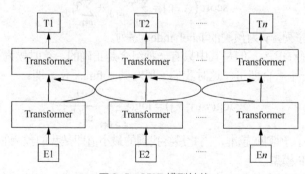

图 9-5 BERT 模型结构

我们前面讲了很多模型，但是这些模型支持的输入数据只能是一个句子或文档，而 BERT 模型对数据输入做了更宽泛的定义，输入数据既可以是一个句子也可以是多个句子。输入数据 En 包含 3 个组成部分，分别是 Token Embeddings、Segment Embeddings 和 Position Embeddings，如图 9-6 所示。其中，Token Embeddings 为词向量，第一个词为 CLS，用于下游的分类任务；Segment Embeddings 用于区分不同句子，便于预训练模型做句子级别分类任务；Position Embeddings 则是人为给定的序列位置向量。

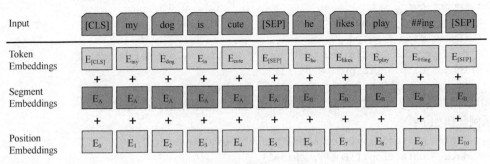

图 9-6　BERT 模型输入数据

BERT模型在接收了正确的输入数据格式后，会进行两个子任务的任务训练：Masked Language Model（MLM）任务和 Next Sentence Prediction（NSP）任务。其中 MLM 是为了训练双向语言模型的表示向量，该方法随机遮住15%的单词，用符号[MASK]代替，通过预测这部分被遮住的内容，让网络学习语义、句法和词义信息。而 NSP 任务是预测下一句，就是输入两个句子，判断第二个句子是不是第一个句子的下一句。

使用 BERT 模型进行命名实体识别主要是使用 BERT 模型替换了原来 BiLSTM+CRF 模型的处理词向量的部分，构成模型的词向量层，模型的其他部分同样适用双向 LSTM 层和最后的 CRF 层完成序列预测工作。图 9-7 所示为 BERT+LSTM+CRF 模型。

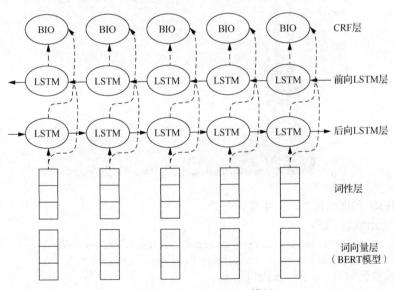

图 9-7　BERT+LSTM+CRF 模型

9.2.2　PyTorch 实现命名实体识别

本书将使用上文介绍的 BERT+BiLSTM+CRF 模型进行命名实体识别实验，下面将介绍 PyTorch 实现的代码。

由于篇幅有限，本书只介绍部分核心代码。若读者对命名实体识别感兴趣，可以参考 Github 或 CSDN 上面的相关内容。

① 导入相关的包，如果导入某包代码报错，需要根据错误提示下载安装缺少的包。

代码示例如下:

```
In: import torch
    import numpy as np
    import pandas as pd
    from pytorch_pretrained_bert import BertTokenizer,BertModel
    import matplotlib.pyplot as plt
    from seqeval.metrics import classification_report
```

② 数据准备和导入,在具体代码实施中也需要严格根据格式准备数据。

示例代码如下:

```
In: data = pd.read_csv(r'data\train.csv', encoding='utf8')
    data = data.drop(['POS'], axis=1)
    data = data.fillna(method="ffill")

    # calling sentenceGetter class and get_next function
    getter = sentenceGetter(data)
    sent = getter.get_next()
    words, tags, n_words, n_tags = getter.wordTag()
    sentences = getter.sentences
    largest_sen = getter.find_largest_sentence()
    getter.plot_sentence_based_on_length()
```

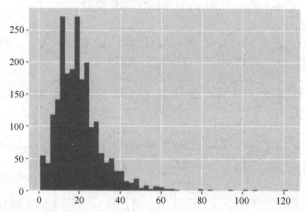

biggest sentence has 122 words

③ 加载 BERT 预训练模型,并生成词向量。

加载模型,示例代码如下:

```
In: tokenizer = BertTokenizer.from_pretrained('bert-base-uncased')
    model2 = BertModel.from_pretrained('bert-base-uncased')
```

使用模型构建词向量,示例代码如下:

```
In: taglist = []
    for i in range(len(sentences)):
        content = []
        for j in range(len(sentences[i])):
            content.append(sentences[i][j][1])
        taglist.append(content)
    tokenized_senlist = []
    for i in range(len(new_X)):
        rowtoklist = []
        for j in range(len(new_X[i])):
```

```
            tokenized_text = tokenizer.tokenize(new_X[i][j])
            indexed_tokens = tokenizer.convert_tokens_to_ids(tokenized_text)
            rowtoklist.append(indexed_tokens)
        tokenized_senlist.append(rowtoklist)
In: max_len = 122
    new_y = []
    for seq in y:
        new_seq = []
        for i in range(max_len):
            try:
                new_seq.append(seq[i])
            except:
                new_seq.append(15)
        new_y.append(new_seq)
    for i in range(len(new_X)):
        for j in range(len(new_X[i])):
            if len(tokenized_senlist[i][j]) > 1:
                new_X[i][j] = r"[UNK]"
    newtokenized_senlist = []
    for i in range(len(new_X)):
        rowtoklist = []
        for j in range(len(new_X[i])):
            tokenized_text = tokenizer.tokenize(new_X[i][j])
            indexed_tokens = tokenizer.convert_tokens_to_ids(tokenized_text)
            rowtoklist.append(indexed_tokens)
        newtokenized_senlist.append(rowtoklist)
```

将上述的数据转化成 PyTorch 的 Tensor 格式，示例代码如下：

```
In: tensor_X = torch.LongTensor(newtokenized_senlist)
    tensor_y = torch.LongTensor(new_y)
    X_train = tensor_X[:1500]
    X_test = tensor_X[1500:]
    y_train = tensor_y[:1500]
    y_test = tensor_y[1500:]
```

④ 模型参数配置。

示例代码如下：

```
In: class Config(object):
        def __init__(self):
            self.max_length = 300
            self.use_cuda = True
            self.gpu = 0
            self.batch_size = 4
            self.bert_path = './data/bert'
            self.rnn_hidden = 500
            self.bert_embedding = 768
            self.dropout1 = 0.5
            self.dropout_ratio = 0.5
            self.rnn_layer = 1
            self.lr = 0.0001
            self.lr_decay = 0.00001
            self.weight_decay = 0.00005
```

```
        self.checkpoint = 'result/'
        self.optim = 'Adam'
        self.load_model = False
        self.load_path = None
        self.base_epoch = 10
    def update(self, **kwargs):
        for k, v in kwargs.items():
            setattr(self, k, v)
    def __str__(self):
        return '\n'.join(['%s:%s' % item for item in self.__dict__.items()])
```

读者在实际构建模型时，也可以在此处添加自定义的模型参数配置。

⑤ BiLSTM 层构建。

示例代码如下：

```
In: class BERT_LSTM_CRF(nn.Module):
        def __init__(self, bert_config, tagset_size, embedding_dim, hidden_dim,
                        rnn_layers, dropout_ratio, dropout1, use_cuda=False):
            super(BERT_LSTM_CRF, self).__init__()
            self.embedding_dim = embedding_dim
            self.hidden_dim = hidden_dim
            self.word_embeds = model2
            self.lstm = nn.LSTM(embedding_dim, hidden_dim,
                            num_layers=rnn_layers, bidirectional=True,
                            dropout=dropout_ratio, batch_first=True)
            self.rnn_layers = rnn_layers
            self.dropout1 = nn.Dropout(p=dropout1)
            self.crf = CRF(target_size=tagset_size, average_batch=True,
                            use_cuda=use_cuda)
            self.liner = nn.Linear(hidden_dim*2, tagset_size+2)
            self.tagset_size = tagset_size
        def forward(self, sentence, attention_mask=None):
            batch_size = sentence.size(0)
            seq_length = sentence.size(1)
            embeds, _ = self.word_embeds(sentence,
                                    attention_mask=attention_mask,
                                    output_all_encoded_layers=False)
            hidden2 = self.rand_init_hidden(batch_size)
            if embeds.is_cuda:
                hiddennow = list(hidden2)
            hidden3 = Variable(hiddennow[0].cuda()), Variable(hiddennow[1].cuda())
            lstm_out, hidden3 = self.lstm(embeds, hidden3)
            lstm_out = lstm_out.contiguous().view(-1, self.hidden_dim*2)
            d_lstm_out = self.dropout1(lstm_out)
            l_out = self.liner(d_lstm_out)
            lstm_feats = l_out.contiguous().view(batch_size, seq_length, -1)
            return lstm_feats
```

⑥ CRF 层构建。

示例代码如下：

```
In: class CRF(nn.Module):
        def __init__(self, **kwargs):
```

```
        super(CRF, self).__init__()
        for k in kwargs:
            self.__setattr__(k, kwargs[k])
        self.START_TAG_IDX, self.END_TAG_IDX = -2, -1
        init_transitions = torch.zeros(self.target_size+2, self.target_size+2)
        init_transitions[:, self.START_TAG_IDX] = -1000.
        init_transitions[self.END_TAG_IDX, :] = -1000.
        if self.use_cuda:
            init_transitions = init_transitions.cuda()
        self.transitions = nn.Parameter(init_transitions)
    def _forward_alg(self, feats, mask=None):
        batch_size = feats.size(0)
        seq_len = feats.size(1)
        tag_size = feats.size(-1)
        mask = mask.transpose(1, 0).contiguous()
        ins_num = batch_size * seq_len
        feats = feats.transpose(1, 0).contiguous().view(
            ins_num, 1, tag_size).expand(ins_num, tag_size, tag_size)
        scores = feats + self.transitions.view(
            1, tag_size, tag_size).expand(ins_num, tag_size, tag_size)
        scores = scores.view(seq_len, batch_size, tag_size, tag_size)
        seq_iter = enumerate(scores)
        try:
            _, inivalues = seq_iter.__next__()
        except:
            _, inivalues = seq_iter.next()
        partition = inivalues[:, self.START_TAG_IDX, :].
        clone().view(batch_size, tag_size, 1)
        for idx, cur_values in seq_iter:
            cur_values = cur_values + partition.contiguous().view(
                batch_size, tag_size, 1).expand(batch_size, tag_size, tag_size)
            cur_partition = log_sum_exp(cur_values, tag_size)
            mask_idx = mask[idx, :].view(batch_size, 1).expand(batch_size, tag_size)
            masked_cur_partition = cur_partition.masked_select(mask_idx.byte())
            if masked_cur_partition.dim() != 0:
                mask_idx = mask_idx.contiguous().view(batch_size, tag_size, 1)
                partition.masked_scatter_(mask_idx.byte(), masked_cur_partition)
        cur_values = self.transitions.view(1, tag_size, tag_size).expand(
            batch_size, tag_size, tag_size) + partition.contiguous().view(
                batch_size, tag_size, 1).expand(batch_size, tag_size, tag_size)
        cur_partition = log_sum_exp(cur_values, tag_size)
        final_partition = cur_partition[:, self.END_TAG_IDX]
        return final_partition.sum(), scores
```

⑦ 模型运行并显示迭代过程。

示例代码如下:

```
In: def model_train(model, dev_loader, epoch, config):
        eval_loss = 0
        true = []
        pred = []
        length = 0
        for i, batch in enumerate(dev_loader):
```

```
        inputs, masks, tags = batch
        length += inputs.size(0)
        inputs, masks, tags = Variable(inputs), Variable(masks), Variable(tags)
        if config.use_cuda:
            inputs, masks, tags = inputs.cuda(), masks.cuda(), tags.cuda()

        feats = model(inputs, masks)
        path_score, best_path = model.crf(feats, masks.byte())
        loss = model.loss(feats, masks, tags)
        eval_loss += loss.item()
        pred.extend([t for t in best_path])
        true.extend([t for t in tags])
    print('eval epoch: {}| loss: {}'.format(epoch, eval_loss/length))
model.train()
return eval_loss
```

本章小结

上一章我们已经了解了深度学习的基础，并重点介绍了循环神经网络和卷积神经网络的原理和经典模型，本章则展开实战，其中 9.1 节主要介绍了图片分类和迁移学习的用法，以及迁移学习的优缺点；9.2 节主要介绍了命名实体识别的经典模型和其在 PyTorch 中的调用。但是由于篇幅有限，本章内容只是初步介绍了图片分类和命名实体识别的实现。如果读者对深度学习感兴趣，可以去网上获取更多、更新的知识和代码，不断地学习和成长。

习题

1. 现如今 GPU 的使用使得计算机的训练速度极大提升，那么为什么还需要迁移学习？
2. 请简述命名实体识别的应用场景。
3. 请使用 BIO 和 BIOES 标注规范对下面这句话进行数据标注。
      深度学习是实现人工智能的必经之路
4. 请简述 BERT 模型和 LSTM 模型输入格式的区别。

参考文献

[1] 许嘉, 吕品. 哈佛大学数据科学课程教学初探[J]. 教育界: 高等教育研究(下), 2015(5): 109-110.

[2] Swan A, Brown S. The skills, role and career structure of data scientists and curators: An assessment of current practice and future needs[J]. London Jisc Retrieved September, 2008.

[3] Pedregosa F, Varoquaux, Gramfort A, et al. Scikit-learn: Machine Learning in Python[J]. Journal of Machine Learning Research, 2011, 12(10):2825-2830.

[4] 刘鹏, 张燕, 李肖俊. Python 语言[M]. 北京: 清华大学出版社, 2019.

[5] 范建农. Python 程序设计教程[M]. 北京: 电子工业出版社, 2017.

[6] 包子阳. 神经网络与深度学习: 基于 TensorFlow 框架和 Python 技术实现[M]. 北京: 电子工业出版社, 2019.

[7] 张云河, 刘友祝, 王硕. Python 3.x 全栈开发从入门到精通[M]. 北京: 北京大学出版社, 2019.

[8] 刘宇宙. Python 3.5 从零开始学[M]. 北京: 清华大学出版社, 2017.

[9] 吕云翔, 孟爻. Python 程序设计入门[M]. 北京: 清华大学出版社, 2018.

[10] 夏敏捷, 杨关, 张慧档, 等. Python程序设计: 从基础到开发[M]. 北京: 清华大学出版社, 2017.

[11] 徐光侠, 常光辉, 解绍词, 等. Python 程序设计案例教程[M]. 北京: 人民邮电出版社, 2017.

[12] 覃雄派, 陈跃国, 杜小勇. 数据科学概论[M]. 北京: 中国人民大学出版社, 2018.

[13] 周永章, 张良均, 张奥多, 等. 地球科学大数据挖掘与机器学习[M]. 广州: 中山大学出版社, 2018.

[14] 黄红梅, 张良均, 张凌, 等. Python数据分析与应用[M]. 北京: 人民邮电出版社, 2018.

[15] 刘鹏, 张燕, 陶建辉, 等. 数据挖掘基础[M]. 北京: 清华大学出版社, 2018.

[16] 朱明. 数据挖掘[M]. 2 版. 合肥: 中国科学技术大学出版社, 2008.

[17] 徐继业, 朱洁华, 王海彬. 气象大数据[M]. 上海: 上海科学技术出版社, 2018.

[18] 王朝霞. 数据挖掘[M]. 北京: 电子工业出版社, 2018.

[19] 周凯, 邬学军, 宋军全. 数学建模[M]. 杭州: 浙江大学出版社, 2018.

[20] 刘顺祥. 从零开始学 Python 数据分析与挖掘[M]. 北京: 清华大学出版社, 2018.

[21] 狄松, 祝迎春, 张文霖, 等. 谁说菜鸟不会数据分析(SPSS 篇)[M]. 北京: 电子工业出版社, 2016.

[22] 赵志升, 梁俊花, 李静, 等. 大数据挖掘[M]. 北京: 清华大学出版社, 2019.

[23] 赵卫东, 董亮. 机器学习[M]. 北京: 人民邮电出版社, 2018.

[24] 刘鹏, 叶晓江, 朱光耀, 等. 大数据实验手册[M]. 北京: 电子工业出版社, 2017.

[25] 于卫红. R 语言与网络舆情处理[M]. 北京: 清华大学出版社, 2018.

[26] 范淼, 李超. Python 机器学习及实践: 从零开始通往 Kaggle 竞赛之路[M]. 北京: 清华大学出版社, 2016.

[27] 程光, 周爱平, 吴桦. 互联网大数据挖掘与分类[M]. 南京: 东南大学出版社, 2015.

[28] M. 巴斯蒂安. 数据仓库与数据挖掘[M]. 武森, 高学东, 译. 北京: 冶金工业出版社, 2003.

[29] 麦好. 机器学习实践指南: 案例应用解析[M]. 2 版. 北京: 机械工业出版社, 2014.

[30] 魏建香. 学科交叉知识发现及可视化[M]. 南京: 南京大学出版社, 2011.

[31] 李广建. 数字时代的图书馆网络信息系统[M]. 北京: 北京图书馆出版社, 2006.

[32] 饶元. 舆情计算方法与技术[M]. 北京: 电子工业出版社, 2016.

[33] 阮光册. 主题模型与文本知识发现应用研究[M]. 上海: 华东师范大学出版社, 2018.

[34] 许鑫, 万家华. 商业分析丛书: 商业数据挖掘[M]. 上海: 华东师范大学出版社, 2015.

[35] 唐进民. 深度学习之 PyTorch 实战计算机视觉[M]. 北京: 电子工业出版社, 2018.

[36] 廖星宇. 深度学习入门之 PyTorch[M]. 北京: 电子工业出版社, 2018.

[37] 李开复, 王咏刚. 人工智能[M]. 北京: 文化发展出版社, 2017.